"十四五"职业教育国家规划教材

网络操作系统：
Windows Server 配置与管理

主审 赵 斗
主编 孟庆菊

教·学资源

航空工业出版社

北京

内 容 提 要

本书基于实际应用需求,以 Windows Server 2022 操作系统为平台,采用项目化教学方式组织教材内容。全书共 12 个项目,内容包括 Windows Server 2022 环境部署、用户和组管理、文件系统管理、磁盘管理、打印机管理、域和活动目录管理、配置 DNS 服务器、配置 Web 服务器、配置 DHCP 服务器、配置 FTP 服务器、配置 VPN 服务器,以及配置数字证书服务器。

本书内容全面、语言精练、图文并茂、通俗易懂,可作为职业院校相关专业和技术培训的教学用书,也可供广大初、中级网络技术人员参考使用。

图书在版编目(CIP)数据

网络操作系统:Windows Server 配置与管理 / 孟庆菊主编. -- 北京:航空工业出版社,2025.1
(2025.8 重印). -- ISBN 978-7-5165-3959-0

Ⅰ.TP316.86

中国国家版本馆 CIP 数据核字第 2024LM9153 号

网络操作系统:Windows Server 配置与管理
Wangluo Caozuo Xitong: Windows Server Peizhi yu Guanli

航空工业出版社出版发行
(北京市朝阳区京顺路 5 号曙光大厦 C 座四层 100028)
发行部电话:010-85672666 010-85672683   读者服务热线:010-85672635

北京同文印刷有限责任公司印刷	全国各地新华书店经销
2025 年 1 月第 1 版	2025 年 8 月第 2 次印刷
开本:787×1092 1/16	字数:381 千字
印张:16.5	定价:59.80 元

前 言
PREFACE

本书根据当前教学环境的现状，结合职业需求，采用"项目教学"思路，基于工作过程，以"项目任务"的形式编写而成。

本书内容

本书共分为 3 篇：

（1）第 1 篇为基础知识篇，主要介绍网络操作系统的概念和 Windows Server 2022 操作系统的安装与配置。

（2）第 2 篇为网络管理篇，主要介绍用户和组的创建与管理、文件系统管理、磁盘管理、打印机管理、域和活动目录管理。

（3）第 3 篇为网络服务篇，主要介绍 DNS 服务器的安装与配置、Web 服务器的安装与配置、DHCP 服务器的安装与配置、FTP 服务器的安装与配置、VPN 服务器的安装与配置、数字证书服务器的安装与配置。

本书特色

一、三位一体，协同育人

本书积极贯彻"价值塑造、能力培养、知识传授"三位一体的育人理念，在正文中适时安排了"薪火相传""科技之光""匠心独运"等栏目，同时在每个项目末尾安排了"拓展阅读"栏目，将能够提升学生知识水平、激发学生创新思维、增强学生爱国情感的内容潜移默化地融入技能教育中，力求培养有担当、高素质、高水平的专业型人才。

二、校企合作，学以致用

本书邀请实践经验丰富的相关企业专家指导和参与编写，书中所选案例与实际应用紧密相关，可以使读者更好地了解和掌握网络操作系统 Windows Server 2022 的配置与管理，做到即学即练、学以致用。

i

网络操作系统：Windows Server 配置与管理

三、全新形态，全新理念

本书遵循"理论够用，实践为重"的原则，结合课程特点，采用项目任务教学法编排内容，每个项目包含多个任务，首先介绍任务涉及的相关理论知识，然后实现每个任务，做到理实一体。最后还安排了"举一反三"和"项目检测"，帮助读者练习和巩固本项目所学知识和技能。此外，本书还根据内容需要安排了"提示""知识库""小技巧"等栏目，适时提醒读者在学习中需要注意的问题，让读者少走弯路、提高学习效率。

四、数字资源，丰富多彩

本书配有丰富的数字资源，读者可以借助手机或其他移动设备扫描书中二维码进行查看，也可以登录文旌综合教育平台"文旌课堂"查看和下载本书配套资源。读者在使用过程中有任何疑问，都可以登录该平台寻求帮助。

此外，本书还提供了在线题库，支持"教学作业，一键发布"，教师只需通过微信或"文旌课堂"App 扫描扉页二维码，即可迅速选题、一键发布、智能批改，并查看学生的作业分析报告，提高教学效率、提升教学体验。学生可在线完成作业，巩固所学知识，提高学习效率。

本书由赵斗担任主审，孟庆菊担任主编，苏敏、崔炜、杨绪坤、李立功、胡国林、祖晓东担任副主编。本书在编写过程中，参考了大量的资料并引用了部分文章。这些引用的资料大部分已获原作者授权，但仍有部分资料难以确认出处或暂时无法联系到原作者，对此，我们深表歉意，并欢迎原作者随时与我们联系，我们将按规定支付稿酬。

本书由编写团队精心策划编写，书中存在的疏漏或不当之处，敬请广大读者批评指正。

🔍 **本书配套资源下载网址和联系方式**

🌐 网址：https://www.wenjingketang.com
📞 电话：400-117-9835
✉ 邮箱：book@wenjingketang.com

目 录 CONTENTS

基础知识篇

项目 1　Windows Server 2022 环境部署 ··········· 2
1.1　项目背景 ··········· 3
1.2　相关知识 ··········· 3
1.3　项目过程 ··········· 4
　　1.3.1　任务 1　新建虚拟机（裸机） ··········· 4
　　1.3.2　任务 2　安装 Windows Server 2022 ··········· 9
　　1.3.3　任务 3　配置 Windows Server 2022 ··········· 14
1.4　举一反三 ··········· 17
1.5　拓展阅读——华为发布分布式操作系统鸿蒙 OS ··········· 17
1.6　项目检测 ··········· 18

网络管理篇

项目 2　用户和组管理 ··········· 20
2.1　项目背景 ··········· 21
2.2　相关知识 ··········· 21
2.3　项目过程 ··········· 23
　　2.3.1　任务 1　新建本地用户账户 ··········· 24
　　2.3.2　任务 2　设置本地用户账户属性 ··········· 25
　　2.3.3　任务 3　创建与管理本地组 ··········· 27
　　2.3.4　任务 4　设置账户策略 ··········· 29
　　2.3.5　任务 5　用户系统权限设置 ··········· 34
2.4　举一反三 ··········· 36
2.5　拓展阅读——加强权限设置，打造第一道安全关卡 ··········· 36

2.6 项目检测 37

项目3 文件系统管理 38
- 3.1 项目背景 39
- 3.2 相关知识 39
- 3.3 项目过程 41
  - 3.3.1 任务1 项目环境设置 42
  - 3.3.2 任务2 设置 NTFS 权限 42
  - 3.3.3 任务3 NTFS 文件权限的继承 44
  - 3.3.4 任务4 特殊 NTFS 文件权限 46
  - 3.3.5 任务5 设置文件夹共享 48
  - 3.3.6 任务6 设置文件夹共享权限 51
  - 3.3.7 任务7 访问共享文件夹 52
  - 3.3.8 任务8 分布式文件系统 53
- 3.4 举一反三 63
- 3.5 拓展阅读——国产文件系统：便捷共享与知识产权保护的双重奏 64
- 3.6 项目检测 65

项目4 磁盘管理 66
- 4.1 项目背景 67
- 4.2 相关知识 67
- 4.3 项目过程 69
  - 4.3.1 任务1 基本磁盘管理 69
  - 4.3.2 任务2 动态磁盘管理 74
  - 4.3.3 任务3 磁盘配额管理 84
- 4.4 举一反三 86
- 4.5 拓展阅读——分布式存储技术：数据存储的未来之路 86
- 4.6 项目检测 87

项目5 打印机管理 89
- 5.1 项目背景 90
- 5.2 相关知识 90
- 5.3 项目过程 91
  - 5.3.1 任务1 项目环境设置 92
  - 5.3.2 任务2 服务器端安装本地打印机并共享 92
  - 5.3.3 任务3 客户端安装网络打印机 94
  - 5.3.4 任务4 安装和配置打印服务器 96
  - 5.3.5 任务5 客户端使用 Internet 打印机 102
- 5.4 举一反三 103

5.5 拓展阅读——智能打印机：打印领域的创新与变革 104
5.6 项目检测 104

项目 6　域和活动目录管理　105

6.1 项目背景 106
6.2 相关知识 106
6.3 项目过程 107
  6.3.1 任务 1　项目环境设置 107
  6.3.2 任务 2　安装和配置域控制器 107
  6.3.3 任务 3　将一台计算机加入域 115
  6.3.4 任务 4　创建和管理域用户 118
  6.3.5 任务 5　创建和管理域组 121
  6.3.6 任务 6　管理域中共享文件夹 123
  6.3.7 任务 7　管理域中共享打印机 125
6.4 举一反三 126
6.5 拓展阅读——互联网下半场，新的网络架构在布局 127
6.6 项目检测 127

网络服务篇

项目 7　配置 DNS 服务器　130

7.1 项目背景 131
7.2 相关知识 131
7.3 项目过程 135
  7.3.1 任务 1　项目环境设置 135
  7.3.2 任务 2　安装 DNS 服务器 135
  7.3.3 任务 3　创建正向查找区域 137
  7.3.4 任务 4　创建主机记录 138
  7.3.5 任务 5　创建反向查找区域 139
  7.3.6 任务 6　创建指针记录 140
  7.3.7 任务 7　DNS 客户端测试 141
  7.3.8 任务 8　创建别名记录 142
  7.3.9 任务 9　查看域名根提示 143
  7.3.10 任务 10　配置 DNS 转发器 144
  7.3.11 任务 11　配置辅助 DNS 服务器 146
7.4 举一反三 150
7.5 拓展阅读——DNS 服务器与 IPv6：构建未来网络的基石 150
7.6 项目检测 151

项目 8　配置 Web 服务器 · 152

- 8.1 项目背景 · 153
- 8.2 相关知识 · 153
- 8.3 项目过程 · 154
  - 8.3.1 任务 1 项目环境设置 · 154
  - 8.3.2 任务 2 安装 Web 服务器 · 155
  - 8.3.3 任务 3 新建 Web 网站 · 158
  - 8.3.4 任务 4 客户端访问 Web 网站 · 161
  - 8.3.5 任务 5 配置端口号不是 80 的 Web 网站 · 161
  - 8.3.6 任务 6 控制客户端访问权限 · 163
  - 8.3.7 任务 7 配置 Web 网站身份验证 · 164
  - 8.3.8 任务 8 配置虚拟目录 · 166
  - 8.3.9 任务 9 配置基于 IP 地址的 Web 网站 · 168
  - 8.3.10 任务 10 配置基于主机名的 Web 网站 · 170
- 8.4 举一反三 · 171
- 8.5 拓展阅读——1994 年，中国插上了"互联网的翅膀" · 171
- 8.6 项目检测 · 171

项目 9　配置 DHCP 服务器 · 173

- 9.1 项目背景 · 174
- 9.2 相关知识 · 174
- 9.3 项目过程 · 175
  - 9.3.1 任务 1 项目环境设置 · 176
  - 9.3.2 任务 2 安装 DHCP 服务器 · 177
  - 9.3.3 任务 3 创建 IP 作用域 · 178
  - 9.3.4 任务 4 配置 DHCP 作用域选项 · 180
  - 9.3.5 任务 5 配置 DHCP 客户端 · 181
  - 9.3.6 任务 6 配置 DHCP 保留 · 182
  - 9.3.7 任务 7 配置 DHCP 中继代理 · 183
- 9.4 举一反三 · 191
- 9.5 拓展阅读——万物互联时代：DHCP 为物联网保驾护航 · 191
- 9.6 项目检测 · 191

项目 10　配置 FTP 服务器 · 193

- 10.1 项目背景 · 194
- 10.2 相关知识 · 194
- 10.3 项目过程 · 194
  - 10.3.1 任务 1 项目环境设置 · 195
  - 10.3.2 任务 2 安装 FTP 服务器 · 195

	10.3.3	任务3	新建FTP站点	197
	10.3.4	任务4	客户端匿名访问FTP站点	199
	10.3.5	任务5	设置安全的FTP站点	199
	10.3.6	任务6	配置端口号不是21的FTP站点	202
	10.3.7	任务7	配置FTP站点用户隔离	204

10.4 举一反三 207

10.5 拓展阅读——镭速传输，大数据传输加速先行者 208

10.6 项目检测 209

项目11 配置VPN服务器 210

11.1 项目背景 211

11.2 相关知识 211

11.3 项目过程 213

    11.3.1 任务1 项目环境设置 213

    11.3.2 任务2 安装VPN服务器 214

    11.3.3 任务3 配置并启用路由和远程访问服务 216

    11.3.4 任务4 创建具有远程访问权限的用户 218

    11.3.5 任务5 在客户端上建立VPN连接并登录 219

11.4 举一反三 223

11.5 拓展阅读——走进VPN技术：构建网络安全的重要力量 224

11.6 项目检测 225

项目12 配置数字证书服务器 226

12.1 项目背景 227

12.2 相关知识 227

12.3 项目过程 229

    12.3.1 任务1 项目环境设置 230

    12.3.2 任务2 安装与配置数字证书服务器 230

    12.3.3 任务3 为Web服务器申请数字证书 238

    12.3.4 任务4 颁发数字证书 242

    12.3.5 任务5 下载数字证书并导入Web网站 243

    12.3.6 任务6 为Web网站绑定数字证书并启用SSL 246

    12.3.7 任务7 客户端申请数字证书 248

12.4 举一反三 251

12.5 拓展阅读——数字证书服务器：安全与信任的保障者 251

12.6 项目检测 252

参考文献 253

基础知识篇

项目 1

Windows Server 2022 环境部署

本项目主要介绍在虚拟机软件 VMware 上安装及配置 Windows Server 2022 网络操作系统的过程及注意事项。通过本项目的学习,读者应达到以下目标。

知识目标

- 了解网络操作系统的基本概念和特征。
- 掌握 Windows Server 2022 的安装过程及注意事项。
- 掌握虚拟机软件 VMware 的配置及使用。
- 掌握网络服务器与客户端的连通测试方法。

能力目标

- 能安装虚拟机软件 VMware,并对其进行配置和使用。
- 能安装 Windows Server 2022 网络操作系统,并完成简单配置。
- 能在虚拟机中启动 Windows Server 2022 并测试网络系统的连通性。

素质目标

- 培养严谨细致的工作作风、认真负责的工作态度,提升职业素养。
- 了解我国操作系统的发展现状,领略前沿科技,增强民族自豪感和自信心。

项目 1　Windows Server 2022 环境部署

1.1　项目背景

　　铁道学院组建了学校的校园网，需要架设一台网络服务器来为校园网用户提供相关网络服务，现需要选择一种既安全又易于管理的网络操作系统。

　　基于中长期规划和未来发展需要，经过调研和充分论证，铁道学院决定使用 Windows Server 2022 作为服务器的操作系统。Windows Server 2022 网络操作系统是当前比较流行的服务器操作系统，其具备高性能、高可靠性和高安全性的特点，其主要功能是在网络上构建各种网络服务。

1.2　相关知识

1．操作系统的概念

　　操作系统（operating system, OS）是一种系统软件，它负责控制和管理整个计算机系统的硬件和软件资源，并合理地组织调度计算机的工作流程，以提供给用户和其他软件方便的接口和运行环境。

　　作为计算机系统的核心软件，操作系统的功能包括进程管理、存储管理、设备管理、文件管理和用户接口等。

2．网络操作系统的概念

　　网络操作系统（network operating system, NOS）是网络用户与计算机网络之间的接口，它不仅具有单机操作系统的资源管理和用户接口的功能，而且能够提供网络通信和网络资源管理等功能，并为网络用户提供各种服务。作为网络的心脏和灵魂，网络操作系统不仅负责协调和管理网络中的资源共享，如文件、打印机和其他硬件设备，同时也保障了用户之间的高效通信。通过提供安全的访问控制和强大的网络管理工具，网络操作系统确保了网络环境的稳定运行，并促进了信息的有效流通。

3．网络操作系统的特征

　　网络操作系统的特征包括开放性、一致性、透明性、安全性、容错性和可扩展性等。

　　（1）开放性：系统遵循国际标准规范，凡遵循国际标准所开发的硬件和软件，都能彼此兼容、实现互连。

　　（2）一致性：指网络向用户、低层向高层提供一个一致性的服务接口。

　　（3）透明性：指某实际存在实体的不可见性，也就是对使用者来说，该实体看起来是不存在的。

　　（4）安全性：具备强大的安全机制，包括用户身份认证、访问控制、数据加密等，保护网络资源免受非法访问和攻击。

　　（5）容错性：采用容错技术和备份机制，确保网络在单点故障时仍能正常运行，提高系统的稳定性和可用性。

　　（6）可扩展性：能够随着网络的增长和需求的变化进行扩展，支持更多的用户和设备。

4. 常用的网络操作系统

目前常用的网络操作系统有 Windows Server、Linux、UNIX 等。

（1）Windows Server。Windows Server 是微软公司提供的服务器操作系统，广泛应用于企业环境。它提供多种服务器角色，如文件服务器、域控制器、DHCP 服务器、DNS 服务器等，同时内嵌 Active Directory 以实现高效的用户和资源管理。随着版本的持续升级，Windows Server 还不断增强安全性、虚拟化、云服务和容器的支持，以助力企业数字化转型。

（2）Linux。Linux 是一款开源操作系统，因其稳定性、安全性和灵活性而在服务器操作系统市场中占据重要地位。它支持多种硬件架构，拥有强大的网络功能和丰富的软件生态，广泛应用于 Web 服务器、数据库管理、云计算和大数据分析等场景。常见的 Linux 发行版包括 Red Hat Enterprise Linux、Ubuntu Server 和 Debian 等。

（3）UNIX。作为最早的网络操作系统之一，UNIX 遵循国际标准，以其卓越的稳定性、可靠性和可移植性而著称，广泛应用于大型企业和组织的网络环境中。UNIX 提供了丰富的网络服务和功能，包括文件共享、Web 服务、邮件服务等，其主要的商业版本包括 Sun Solaris、IBM-AIX 和 HP-UX 等，这些版本在各自的专业领域内提供了强大而灵活的解决方案，支持关键业务应用的高效运行。

5. 虚拟机软件 VMware Workstation

VMware Workstation（简称 VMware）是一款通过软件模拟的具有完整硬件系统功能的、运行在一个完全隔离环境中的完整计算机系统。通过 VMware 虚拟机，可以在一台物理计算机上模拟出一台或多台虚拟计算机，这些虚拟机完全就像真正的计算机那样进行工作。例如，可以在虚拟机上安装操作系统、安装应用程序、访问网络资源等。

1.3 项目过程

项目过程可分为以下几个任务执行。
（1）新建虚拟机（裸机）。
（2）安装 Windows Server 2022。
（3）配置 Windows Server 2022。

1.3.1 任务 1 新建虚拟机（裸机）

新建虚拟机（裸机）

为了教学需要，选择在虚拟机软件 VMware 中安装 Windows Server 2022 操作系统，在实际工作中需要在物理机上安装 Windows Server 2022，但安装过程一样。在安装 Windows Server 2022 操作系统之前，需要先新建虚拟机（裸机），具体操作步骤如下。

步骤 1▶ 双击桌面上的"VMware Workstation"图标，启动虚拟机系统，打开"VMware Workstation"窗口，单击"创建新的虚拟机"按钮，如图 1-1 所示。

步骤 2▶ 弹出"新建虚拟机向导"对话框，选择"自定义（高级）"单选按钮，单击"下一步"按钮，如图 1-2 所示。

步骤 3▶ 显示"选择虚拟机硬件兼容性"界面，单击"下一步"按钮，如图 1-3 所示。

项目1　Windows Server 2022 环境部署

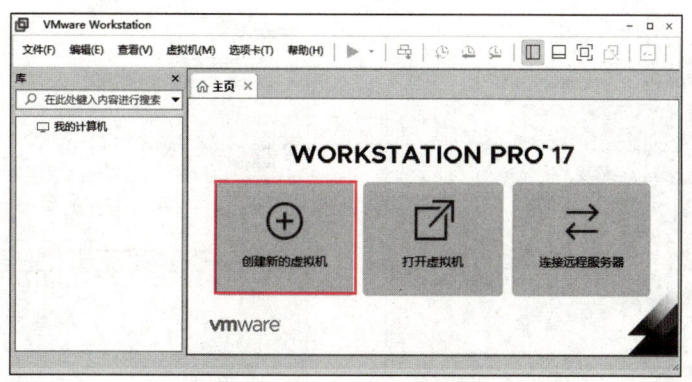

图 1-1　"VMware Workstation"窗口

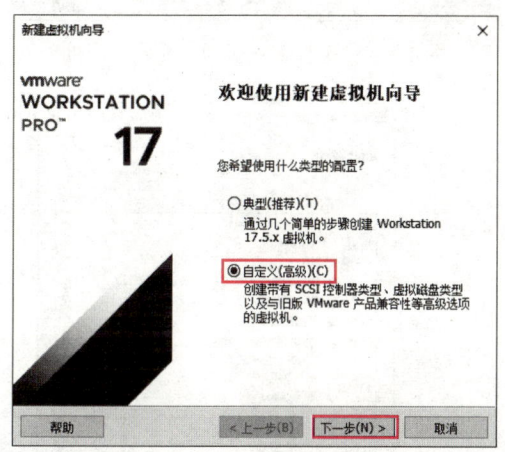

图 1-2　"新建虚拟机向导"对话框　　　图 1-3　"选择虚拟机硬件兼容性"界面

　显示"安装客户机操作系统"界面，选择"稍后安装操作系统"单选按钮，单击"下一步"按钮，如图 1-4 所示。

> **提示**
>
> 如果选择"安装程序光盘映像文件"单选按钮，并指定操作系统镜像文件，单击"下一步"按钮后，会直接显示操作系统安装界面。

步骤 5▶　显示"选择客户机操作系统"界面，在"客户机操作系统"列表中选择"Microsoft Windows"单选按钮，在"版本"下拉列表框中选择"Windows Server 2022"，单击"下一步"按钮，如图 1-5 所示。

步骤 6▶　显示"命名虚拟机"界面（见图 1-6），在"虚拟机名称"编辑框中输入虚拟机的名称，如"Windows Server 2022"，在"位置"编辑框中输入虚拟机的存储位置（也可单击"浏览"按钮，在弹出的"浏览文件夹"对话框中选择路径，单击"确定"按钮，如图 1-7 所示），单击"下一步"按钮。

5

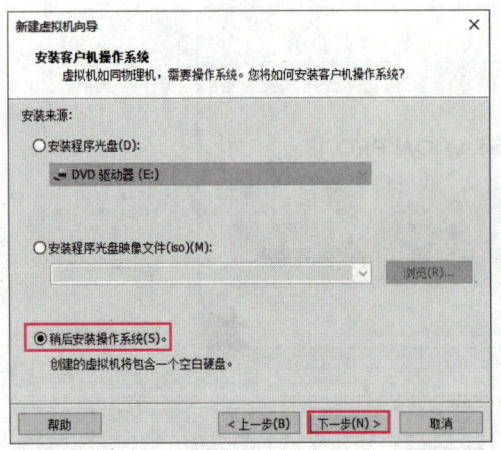

图1-4 "安装客户机操作系统"界面

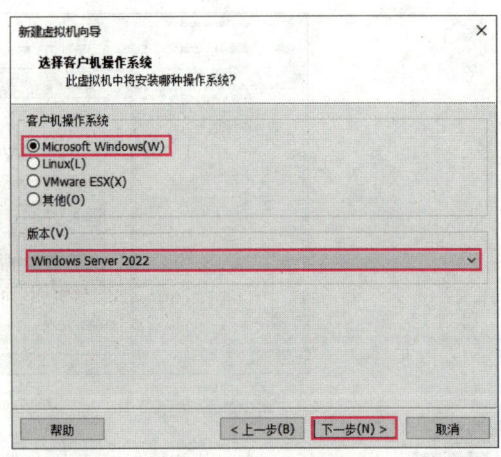

图1-5 "选择客户机操作系统"界面

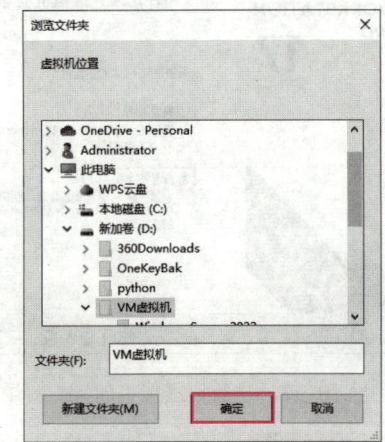

图1-6 "命名虚拟机"界面   图1-7 "浏览文件夹"对话框

提示

在新建虚拟机时，所选取的磁盘分区要有较大的空闲存储空间，随着虚拟机的使用，所占用的存储空间会逐渐增多。

步骤7▶ 显示"固件类型"界面，设置虚拟机的引导设备类型，此处选择"UEFI"单选按钮，单击"下一步"按钮，如图1-8所示。

步骤8▶ 显示"处理器配置"界面，设置虚拟机的处理器数量（配置后虚拟机的内核总数通常不超过本机物理CPU内核数的50%），单击"下一步"按钮，如图1-9所示。

提示

BIOS（基本输入输出系统）和UEFI（统一可扩展固件接口）是两种不同的计算机启动和固件更新机制，BIOS是一种传统的启动模式，UEFI是BIOS的继任者，旨在提供更丰富的功能和更好的性能。

项目 1　Windows Server 2022 环境部署

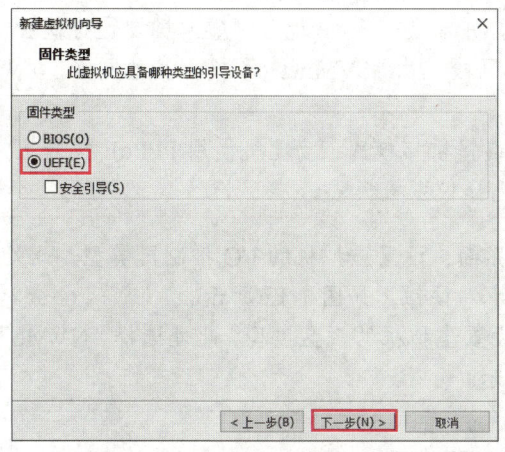
图 1-8　"固件类型"界面

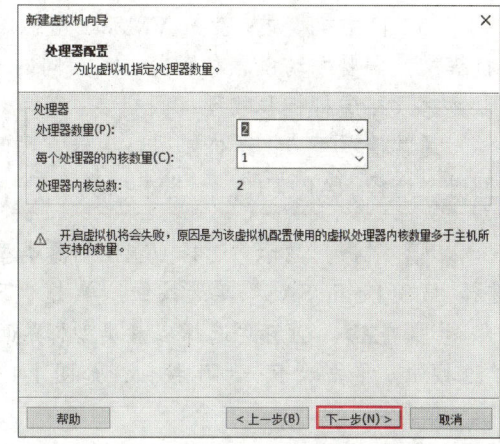
图 1-9　"处理器配置"界面

步骤 9▶　显示"此虚拟机的内存"界面,设置虚拟机的内存大小(虚拟机内存通常不超过本机物理内存的 50%),单击"下一步"按钮,如图 1-10 所示。

步骤 10▶　显示"网络类型"界面,设置虚拟机的网络类型为"使用桥接网络",单击"下一步"按钮,如图 1-11 所示。

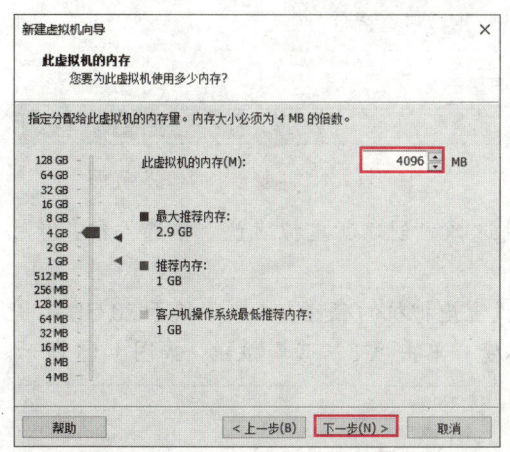
图 1-10　"此虚拟机的内存"界面

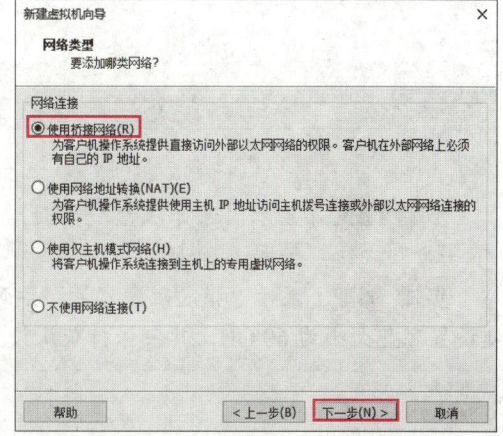
图 1-11　"网络类型"界面

提示

虚拟机的网络类型有以下 3 种。

(1)桥接模式:无实体虚拟网卡,其实就是一个协议,会在对应网卡上加入 VMware bridge protocol(桥接协议),其作用相当于使用一个虚拟交换机连接虚拟机和物理机网卡。

(2)NAT 模式:网络地址转换,生成 VMnet8 虚拟机网卡,并通过 VMware NAT service 提供网关和地址转换服务,VMware DHCP service 提供虚拟机 IP 地址自动分配服务,通过 VMnet8 与虚拟机通信。

（3）仅主机模式：生成 VMnet1 虚拟网卡，并定义一个 IP 地址，虚拟机设置为仅主机模式，需要手动设置和 VMnet1 相同的子网网段，由于 VMnet1 不接入其他网络，所以数据只在虚拟机和物理机间交换。

通常情况下，物理机使用路由器上网时，选择桥接模式；物理机使用 PPPoE 拨号上网时，选择 NAT 模式；不想虚拟机上网时，选择仅主机模式。

步骤 11▶ 显示"选择 I/O 控制器类型"界面，设置虚拟机的 I/O 控制器类型，此处选择"LSI Logic SAS"单选按钮，单击"下一步"按钮，如图 1-12 所示。

步骤 12▶ 显示"选择磁盘类型"界面，设置虚拟机的磁盘类型，此处选择"NVMe"单选按钮，单击"下一步"按钮，如图 1-13 所示。

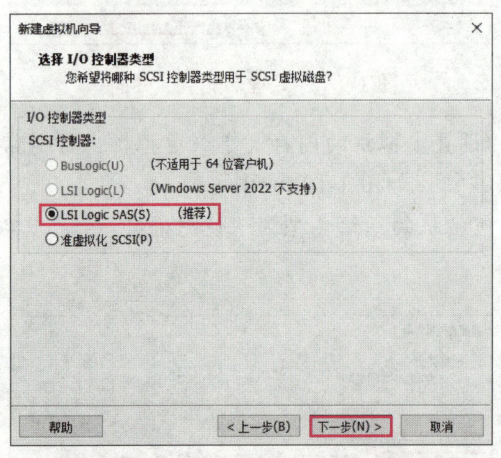

图 1-12 "选择 I/O 控制器类型"界面

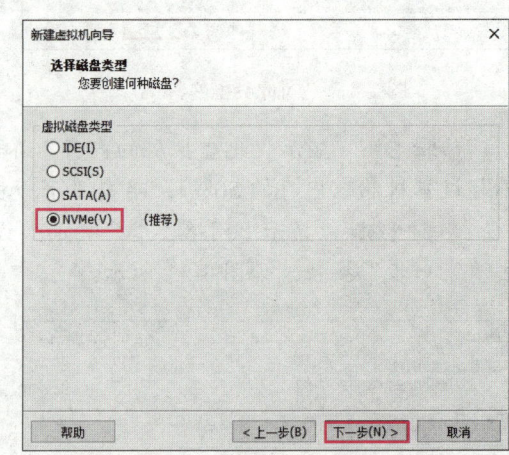

图 1-13 "选择磁盘类型"界面

步骤 13▶ 显示"选择磁盘"界面，此处选择"创建新虚拟磁盘"单选按钮，单击"下一步"按钮，如图 1-14 所示。

步骤 14▶ 显示"指定磁盘容量"界面，设置虚拟机的磁盘大小（不低于 20 GB），此处设置磁盘大小为 60 GB，其余保持默认设置不变，单击"下一步"按钮，如图 1-15 所示。

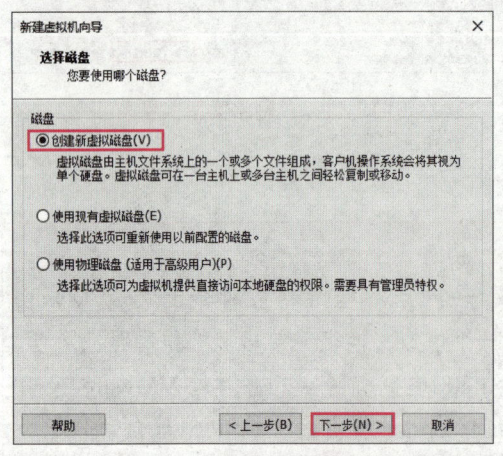

图 1-14 "选择磁盘"界面

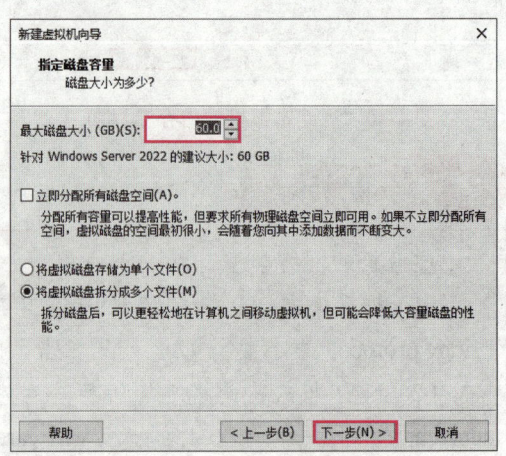

图 1-15 "指定磁盘容量"界面

项目 1　Windows Server 2022 环境部署

步骤 15▶ 显示"指定磁盘文件"界面，设置虚拟机的磁盘文件名称，此处使用默认的文件名，单击"下一步"按钮，如图 1-16 所示。

步骤 16▶ 显示"已准备好创建虚拟机"界面，该界面显示了虚拟机的所有配置，单击"完成"按钮，完成虚拟机裸机的创建，如图 1-17 所示。

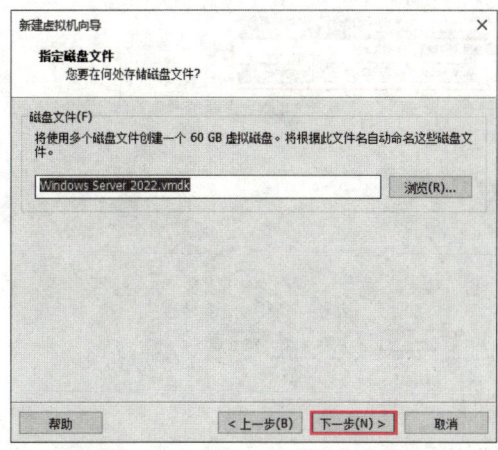
图 1-16　"指定磁盘文件"界面

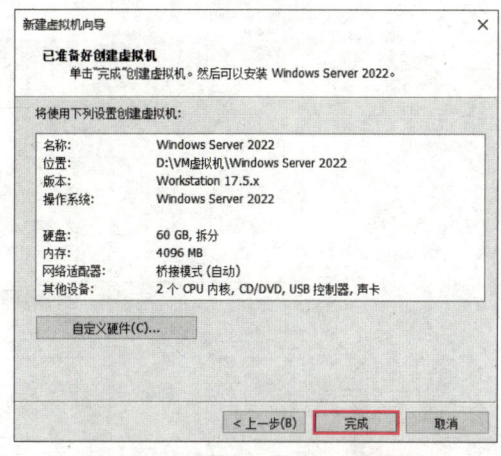
图 1-17　"已准备好创建虚拟机"界面

步骤 17▶ 在"VMware Workstation"窗口中选择刚创建的虚拟机，可查看其配置信息，如图 1-18 所示。

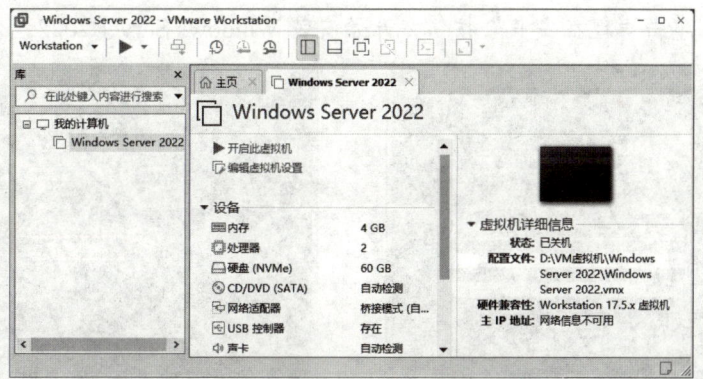
图 1-18　查看虚拟机配置信息

1.3.2　任务 2　安装 Windows Server 2022

创建虚拟机裸机后，就可以安装 Windows Server 2022 网络操作系统了，具体操作步骤如下。

安装 Windows Server 2022

步骤 1▶ 在"VMware Workstation"窗口中单击"编辑虚拟机设置"按钮，弹出"虚拟机设置"对话框，在左侧列表中选择"CD/DVD"选项，在右侧的"连接"组中选择"使用 ISO 映像文件"单选按钮，然后指定 ISO 文件所在的位置，最后单击"确定"按钮，如图 1-19 所示。

网络操作系统：Windows Server 配置与管理

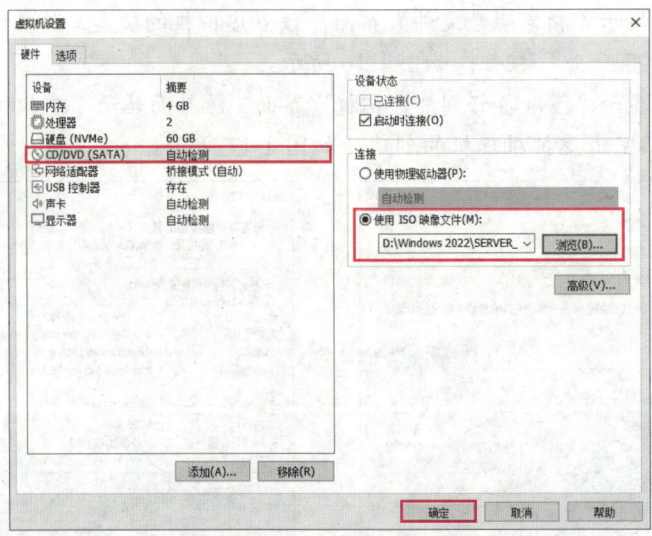

图 1-19　"虚拟机设置"对话框

步骤 2▶ 返回"VMware Workstation"窗口，单击"开启此虚拟机"按钮，启动 Windows Server 2022 虚拟机。

步骤 3▶ 在打开的 Windows Server 2022 安装向导中配置地区选项，本例保持默认设置，直接单击"下一页"按钮，如图 1-20 所示。

步骤 4▶ 单击"现在安装"按钮，开始安装 Windows Server 2022，如图 1-21 所示。

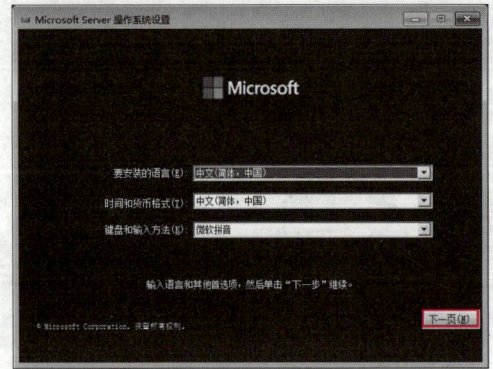

图 1-20　配置地区选项　　　　　　　　图 1-21　单击"现在安装"按钮

步骤 5▶ 输入产品密钥，单击"下一页"按钮，如图 1-22 所示。

步骤 6▶ 选择操作系统版本，本例选择"Windows Server 2022 Datacenter Evaluation（Desktop Experience）"选项，然后单击"下一页"按钮，如图 1-23 所示。

项目 1　Windows Server 2022 环境部署

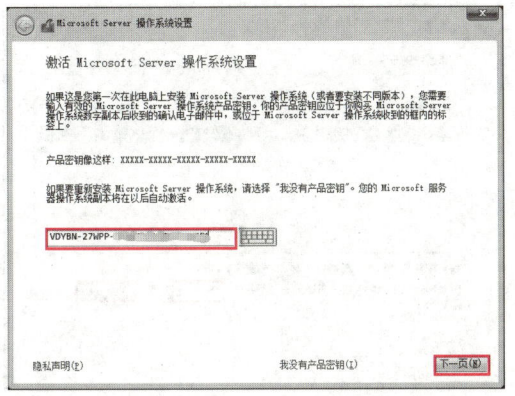

图 1-22　输入产品密钥

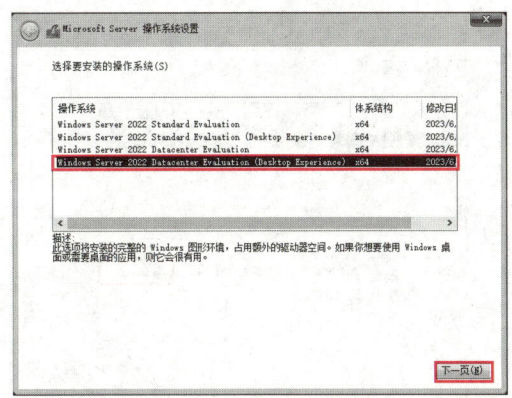

图 1-23　选择要安装的操作系统版本

步骤 7 ▶　阅读软件许可条款，勾选"我接受 Microsoft 软件许可条款。如果某组织授予许可，则我有权绑定该组织。"复选框，然后单击"下一页"按钮，如图 1-24 所示。

步骤 8 ▶　选择操作系统安装类型，本例选择"自定义：仅安装 Microsoft Server 操作系统（advanced（C））"选项进行安装，如图 1-25 所示。

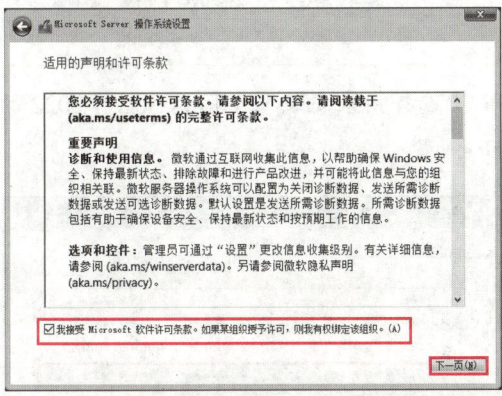

图 1-24　阅读软件许可条款

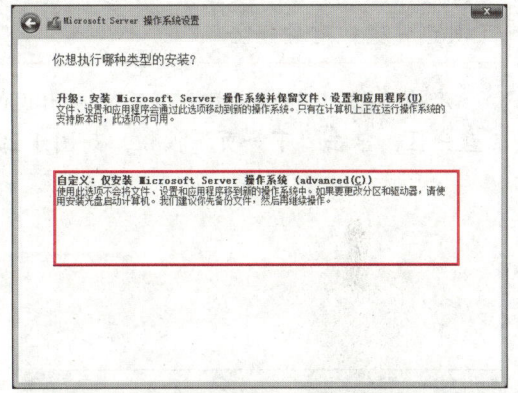

图 1-25　选择操作系统安装类型

步骤 9 ▶　选择要安装操作系统的磁盘分区，如果还没有为硬盘创建磁盘分区，单击"新建"按钮，如图 1-26 所示。

步骤 10 ▶　在如图 1-27 所示界面中的"大小"编辑框中输入所需的磁盘分区大小（安装 Windows Server 2022 的磁盘分区通常不低于 30 000 MB），设置好后单击"应用"按钮。

网络操作系统：Windows Server 配置与管理

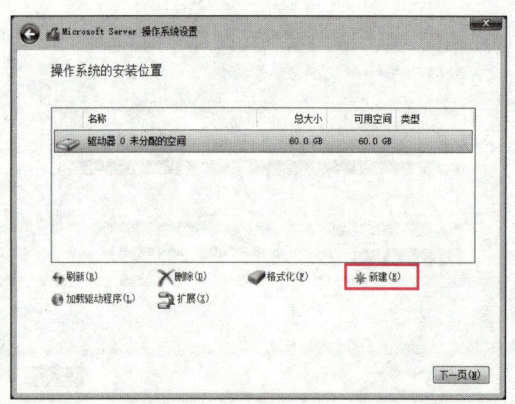

图 1-26 单击"新建"按钮

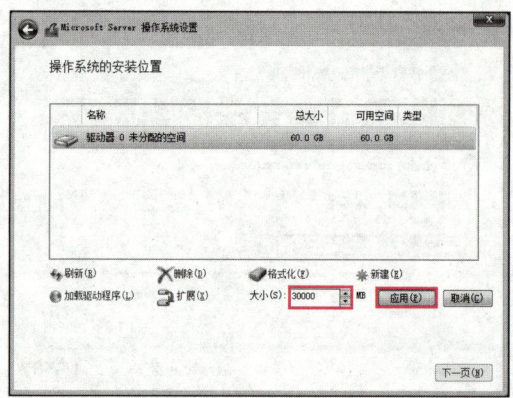

图 1-27 设置磁盘分区的大小

步骤 11▶ 在弹出的"Microsoft Server 操作系统设置"对话框中单击"确定"按钮，完成磁盘分区的创建，如图 1-28 所示。

提 示

可用上述方法将硬盘划分为多个磁盘分区，也可在安装好操作系统后，再利用分区工具创建其他磁盘分区。

步骤 12▶ 创建磁盘分区后，在出现的界面中选择用来安装 Windows Server 2022 的磁盘分区，单击"下一页"按钮，如图 1-29 所示。

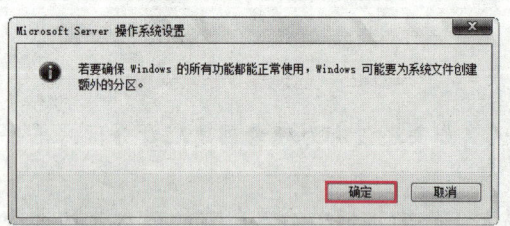

图 1-28 单击"确定"按钮

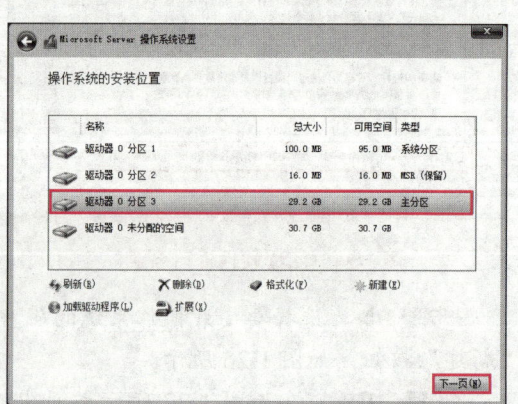

图 1-29 选择安装 Windows Server 2022 的磁盘分区

步骤 13▶ 开始安装 Windows Server 2022，并出现复制文件界面，如图 1-30 所示。

项目 1　Windows Server 2022 环境部署

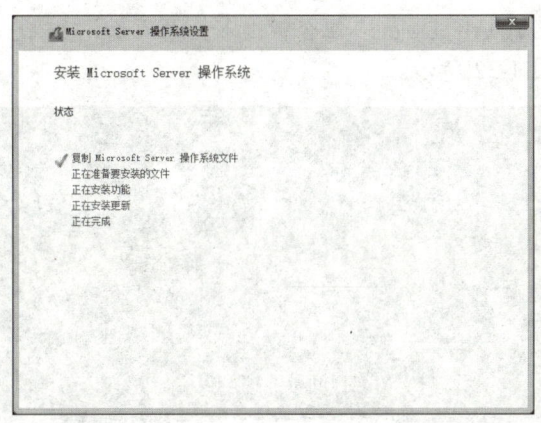

图 1-30　开始安装 Windows Server 2022

步骤 14▶　等待 5～20 分钟后（具体时间取决于计算机的运行速度），便可以完成 Windows Server 2022 的前期安装工作，这时虚拟机会自动重启。重启后在打开的"自定义设置"界面中，用户可根据需要设置管理员 Administrator 的密码，然后单击"完成"按钮，如图 1-31 所示。

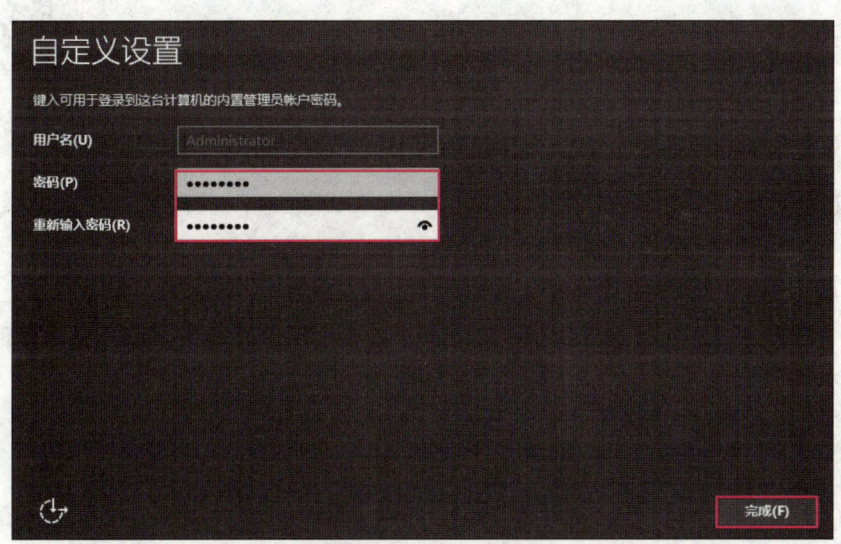

图 1-31　设置管理员 Administrator 的密码

居安思危

在实际生产环境中，管理员 Administrator 的密码至关重要，一旦被破解，系统将面临安全问题，故应将管理员 Administrator 的密码设置为不易破解的强密码形式。例如，密码至少 8 个字符，要包括大小写字母、符号、数字这 4 组字符中的 3 组。

13

步骤 15▶ 按"Ctrl+Alt+Delete"组合键进入登录页面,输入管理员密码后按"Enter"键即可进入系统,如图 1-32 所示。

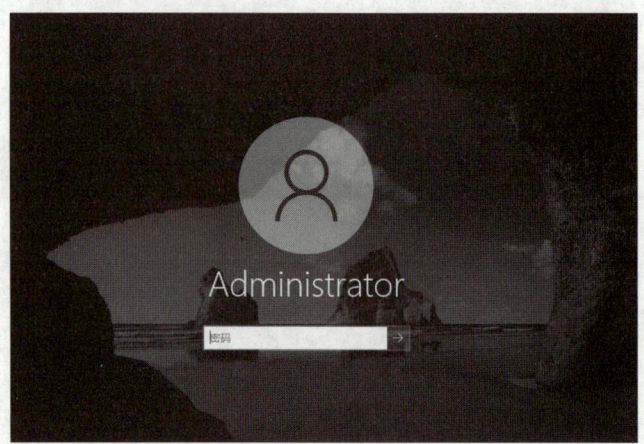

图 1-32 管理员登录

1.3.3 任务 3 配置 Windows Server 2022

安装完成 Windows Server 2022 后,应先进行一些基本设置,如计算机名、IP 地址等,这些均可在"服务器管理器"中完成。

配置 Windows Server 2022

1. 更改计算机名

Windows Server 2022 系统在安装过程中不需要设置计算机名,而是使用由系统随机配置的计算机名。但系统配置的计算机名不仅冗长,而且不便于标记。因此,为了更好地标识和识别服务器,应将其更改为易记或有一定意义的名称,具体操作步骤如下。

步骤 1▶ 单击"开始"按钮,在打开的"开始"菜单中选择"服务器管理器"选项,打开"服务器管理器"窗口,选择"本地服务器"选项,如图 1-33 所示。

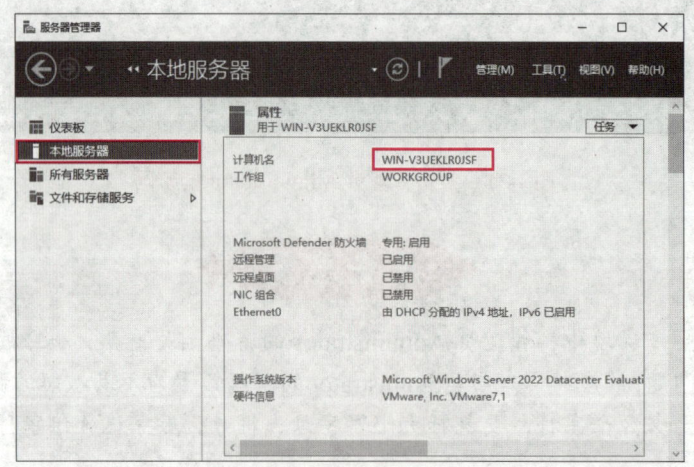

图 1-33 "服务器管理器"窗口

项目 1　Windows Server 2022 环境部署

步骤 2 单击"计算机名"后面的名称，弹出"系统属性"对话框（见图 1-34），单击"更改"按钮，弹出"计算机名/域更改"对话框，在"计算机名"文本框中输入新的名称（如 SERVER1），单击"确定"按钮，如图 1-35 所示。

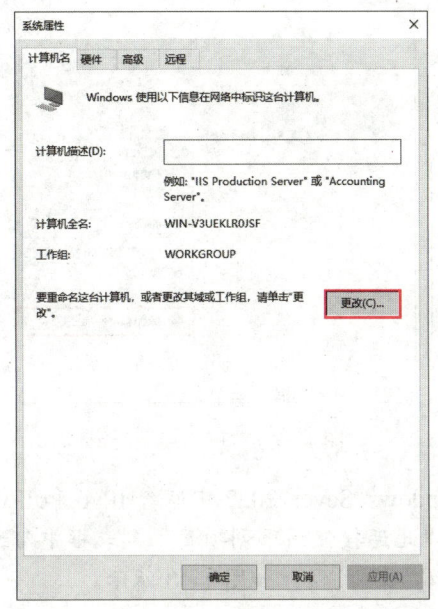
图 1-34　"系统属性"对话框

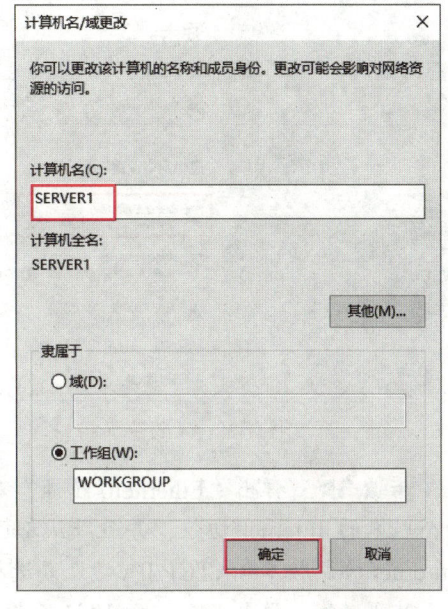
图 1-35　"计算机名/域更改"对话框

步骤 3 弹出"计算机名/域更改"提示框，提示必须重启计算机才能应用更改，单击"确定"按钮，如图 1-36 所示。

步骤 4 回到"系统属性"对话框，单击"关闭"按钮，关闭"系统属性"对话框。接着弹出提示框，提示必须重新启动计算机才能应用更改，单击"立即重新启动"按钮，即可重新启动计算机并应用新的计算机名，若单击"稍后重新启动"按钮，则不会立即重新启动计算机，如图 1-37 所示。

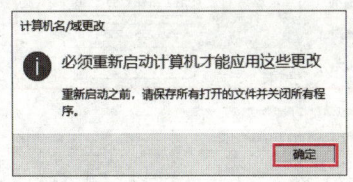
图 1-36　"计算机名/域更改"提示框

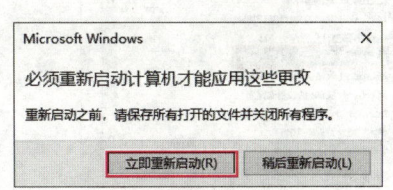
图 1-37　"Microsoft Windows"提示框

2．配置网络

配置网络是提供各种网络服务的前提。在 Windows Server 2022 安装完成后，默认为自动获取 IP 地址。但是，由于 Windows Server 2022 是为网络提供服务的，通常需要设置静态 IP 地址，具体操作步骤如下。

步骤 1 右击任务栏中的"网络连接"图标，在弹出的快捷菜单中选择"打开网络和 Internet 设置"选项,打开"设置"窗口,选择"更改适配器选项",如图 1-38 所示。

步骤 2▶ 打开"网络连接"窗口,右击"Ethernet0",在弹出的快捷菜单中选择"属性"选项,如图 1-39 所示。

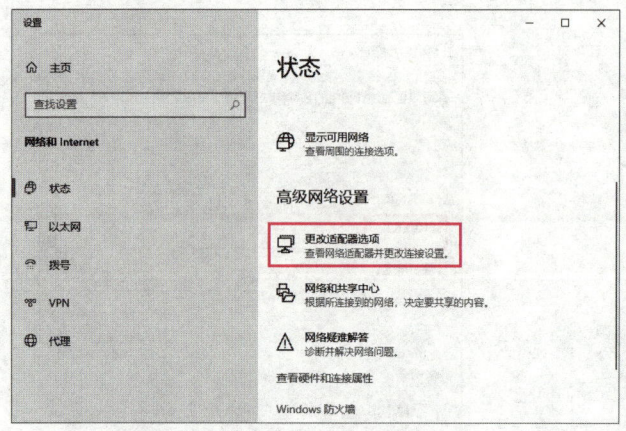
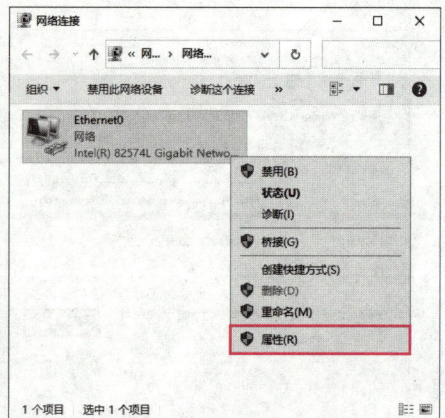

图 1-38 "设置"窗口　　　　　　　　图 1-39 "网络连接"窗口

步骤 3▶ 弹出"Ethernet0 属性"对话框,Windows Sever 2022 中包含 IPv6 和 IPv4 两个版本的 Internet 协议,并且默认都已启用。在"此连接使用下列项目"列表框中勾选"Internet 协议版本 4(TCP/IPv4)"复选框,单击"属性"按钮,如图 1-40 所示。

步骤 4▶ 弹出"Internet 协议版本 4(TCP/IPv4)属性"对话框,选择"使用下面的 IP 地址"单选按钮,输入 IP 地址(192.168.50.10)和子网掩码(255.255.255.0),单击"确定"按钮完成静态 IP 地址的设置,如图 1-41 所示。

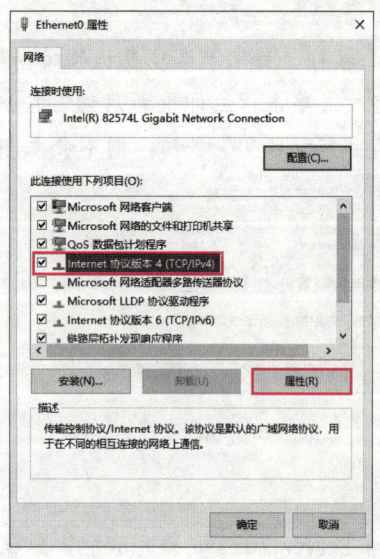
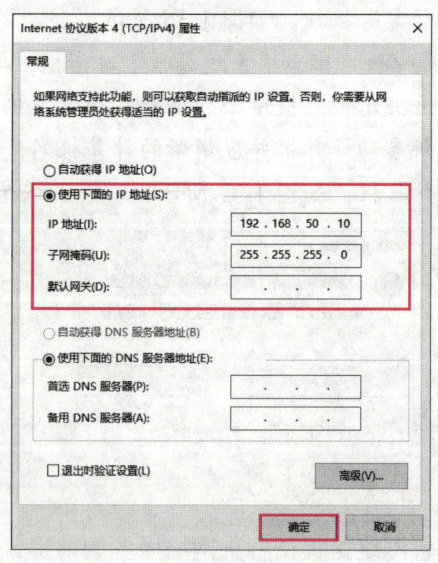

图 1-40 "Ethernet0 属性"对话框　　　图 1-41 "Internet 协议版本 4(TCP/IPv4)属性"对话框

1.4 举一反三

安装完 Windows Server 2022 操作系统后,再创建一台虚拟机安装 Windows 10 操作系统作为客户端,为以后服务器配置等实验做好准备。

(1)新建虚拟机(可选用"典型(推荐)"安装方式)。

(2)安装 Windows 10 操作系统。

(3)配置 Windows 10 操作系统,将其计算机名改为"Win10",将其 IP 地址设置为 192.168.50.20、子网掩码设置为 255.255.255.0。

(4)使用 ping 命令测试客户端(Windows 10 操作系统)与服务器之间(Windows Server 2022 操作系统)的连通性。

> **提示**
>
> 若要连通两台计算机,需要将客户端和服务器的 IP 地址设置在同一个网段中,且必须将操作系统的防火墙关闭或者启用防火墙高级设置下"入站规则"中的 ICMP 回显请求。

> **知识库**
>
> ping 命令格式:ping x.x.x.x,其中"x.x.x.x"表示目的主机的 IP 地址。
>
> ping 命令各参数的使用如下。
>
> ping x.x.x.x -t   不停 ping 目的主机,直到按"Ctrl+C"组合键结束。
>
> ping x.x.x.x -n 数字   改变 ping 命令数据包的个数(默认是 4 个),具体个数由"-n"后面的数字决定。
>
> ping x.x.x.x -l 数字   改变每个数据包的大小(默认是 32 bit),数据包的大小由"-l"后面的数字决定。
>
> ping -a x.x.x.x   把指定的 IP 地址解析为计算机名称。

1.5 拓展阅读——华为发布分布式操作系统鸿蒙 OS

2019 年 8 月 9 日,华为正式发布全新分布式操作系统——鸿蒙 OS。这是华为公司开发的一款基于微内核、耗时 10 年、4 000 多名研发人员投入开发、面向 5G 物联网、面向全场景的分布式操作系统。

华为鸿蒙 OS 致力于打通手机、计算机、平板、电视、工业自动化控制、无人驾驶、车机设备、智能穿戴等,创造一个超级虚拟终端互联的世界,将人、设备、场景有机地联系在一起,将消费者在全场景生活中接触的多种智能终端实现极速发现、极速连接、硬件互助、资源共享,用合适的设备提供场景体验。

2021 年 9 月,鸿蒙 OS 凭借在互联网产业创新方面发挥的积极作用,在世界互联网大会上获得"领先科技成果奖"。

2021年10月，华为宣布搭载鸿蒙OS的设备破1.5亿台。

2021年11月9日，华为于北京举行的"操作系统产业峰会2021"上宣布鸿蒙OS已经实现了内核技术共享，未来将进一步在分布式软总线、安全OS、设备驱动框架、新编程语言等方面实现共享。

2023年8月，鸿蒙OS已拥有超过220万注册应用开发者，稳健发展成第三大智能手机操作系统。

2024年6月13日，根据研究机构Counterpoint Research发布的最新数据，2024年第一季度，鸿蒙OS在中国市场首次超越苹果iOS。这意味着，鸿蒙OS已成为中国手机市场的第二大操作系统。

华为鸿蒙OS的宣告问世，在全球引发热烈反响。人们普遍相信，这款由华为打造的操作系统在技术上是先进的，并且具有逐渐建立起自己生态的成长力。它的诞生和发展将拉开永久性改变操作系统全球格局的序幕。

1.6 项目检测

1. 选择题

（1）Windows Server 2022 操作系统中 Administrator 用户的新密码不能有的字符是（　　）。

  A．#　　　　　　　　　　　B．数字
  C．字母　　　　　　　　　　D．空格

（2）配置虚拟机时，其CPU内核总数通常不超过本机物理CPU内核数的（　　）%。

  A．25　　　　　　　　　　　B．50
  C．75　　　　　　　　　　　D．100

2. 填空题

（1）操作系统是一种_____软件，它负责控制和管理整个计算机系统的硬件和软件资源，并合理地组织调度计算机的工作流程，以提供给用户和其他软件方便的接口和运行环境。

（2）网络操作系统的英文缩写为_____。

（3）虚拟机网络类型有桥接模式、_____和仅主机模式。

（4）使用_____命令可以测试网络连通性。

3. 简答题

（1）简述操作系统的基本功能。

（2）简述网络操作系统的特征。

（3）列出当前常用的网络操作系统，并说明每一个网络操作系统的特点和应用场景。

网络管理篇

项目 2
用户和组管理

本项目主要介绍 Windows Server 2022 网络操作系统用户和组的管理功能，包括用户和组的概念、创建方法和安全管理方法等。通过本项目的学习，读者应达到以下目标。

知识目标

- 掌握系统用户账户的概念及管理方法。
- 掌握系统组账户的概念及管理方法。
- 掌握特殊内置组的概念及作用。
- 掌握用户密码的设定方法。

能力目标

- 能建立新用户，并配置本地用户账户属性。
- 能创建与管理本地组。
- 能设置账户策略。
- 能设置用户系统权限。

素质目标

- 增强数据保护意识和能力，自觉维护数据安全。
- 弘扬爱岗敬业、忠于职守的职业精神。
- 加强遵守安全操作规则的职业意识，养成良好的职业素养。

项目 2　用户和组管理

2.1　项目背景

铁道学院的服务器由专人负责维护，由于学校的服务器业务量比较大，需要一个网络管理团队来对服务器进行日常维护，因此，服务器安装网络操作系统后，需要对服务器中的用户和组进行管理。

Windows Server 2022 是多用户、多任务的操作系统，拥有完备的系统账户和安全、稳定的工作环境，系统提供的账户类型主要包括用户账户和组账户。用户只有登录到系统中，才能使用系统所提供的资源。系统管理员根据不同用户的需求，建立不同的用户账户，指派不同的权限。

2.2　相关知识

在一个网络中，用户和计算机都是网络的主体，两者缺一不可。拥有用户账户是用户登录到网络并使用网络资源的基础。用户账户是用来记录用户的用户名和口令、隶属的组、可以访问的网络资源及用户的个人文件和设置等。用户账户主要用于验证用户或计算机的身份，授权对资源的访问，审核使用计算机账户所执行的操作等。

1. 用户账户类型

用户账户根据登录和使用资源的范围，可分为本地用户账户和域用户账户两类；根据创建方式的不同，可分为内置用户账户和自定义用户账户两类。

（1）**本地用户账户**：驻留在本地计算机上的安全账户管理数据库中。

（2）**域用户账户**：驻留在域控制器上的活动目录数据库中。

（3）**内置用户账户**：由系统自动创建的用户账户，如 Administrator（管理员账户）和 Guest（来宾账户）。

（4）**自定义用户账户**：由管理员手工创建的用户账户。

2. 用户账户命名的注意事项

用户账户由"用户名"来标识，Windows Server 2022 操作系统用户账户命名遵循如下原则。

（1）用户名必须唯一，这意味着在同一系统中不能有两个或多个账户使用相同的用户名。

（2）用户名不区分大小写字母。

（3）用户名最多包含 20 个字符。

（4）在用户名中不能使用 \、/、[、]、:、|、<、>、+、=、;、,、?、*、@ 等字符。

严于律己

Windows Server 2022 操作系统的用户账户在命名时须遵守命名规则，以免在使用时出现不必要的错误。同样的，每个人在日常生活中也需要遵守有形的规则和无形的规矩，强化自我约束。

21

3．创建具有强保密性的密码

为了提高系统的安全性，Windows Server 2022 密码至少应满足如下条件。

（1）长度：密码的长度不得小于 8 位。

（2）复杂性：密码必须包含数字、小写字母、大写字母和特殊符号中的 3 种。

为了确保用户账户的安全性，防止未经授权用户的访问，如通过猜测或使用常见的密码破解手段侵入系统，定期更换密码、避免使用容易被猜中的个人信息（如生日、姓名等）是提高账户安全的重要措施。

4．账户策略

账户策略在计算机上定义，可以影响用户账户与计算机交互作用的方式。账户策略包含密码策略和账户锁定策略两个子集。

（1）密码策略：用于确定密码设置，包括强制密码历史、密码最长使用期限、密码最短使用期限、密码长度最小值、密码必须符合复杂性要求和用可还原的加密来存储密码。

（2）账户锁定策略：决定系统锁定账户的时间、锁定哪些账户及账户锁定阀值。

5．身份验证协议

身份验证是系统安全的基础，用于确认访问网络资源的用户身份。Windows Server 2022 操作系统身份验证针对所有网络资源启用登录，用户可以使用密码向网络中的计算机验证身份。

下列是多种行业标准类型的身份验证。

（1）Kerberos V5 身份验证：与密码或智能卡一起使用的用于交互式登录的协议，它也适用于服务器的默认网络身份验证。

（2）SSL/TLS 身份验证：用户尝试访问 Web 服务器时使用的协议。

（3）NTLM 身份验证：客户端或服务器使用早期的 Windows 时使用的协议。

（4）摘要式身份验证：将凭据作为 MD5 哈希或消息摘要在网络上传递。

（5）Passport 身份验证：提供单一登录服务的用户身份验证服务。

6．常用系统用户账户

（1）Administrator（管理员账户）：该账户具有辖区内的最高权利和权限。用户用这个账户可以管理"域"或者是"本地计算机"上的资源，以及域或本机的账户数据库。

（2）Guest（来宾账户）：默认状态为"禁用"。Guest 账户是为临时登录网络并使用网络中有限资源的用户提供的，它仅有少量的权利和权限。

（3）DefaultAccount（默认账户）：默认状态为"禁用"。它是系统内置账户，用于系统管理的用户账户。

7．常用系统组账户

（1）Administrators（管理员组）：默认情况下，Administrators 中的用户对计算机/域有不受限制的完全访问权。分配给该组的默认权限允许对整个系统进行完全控制。所以，只有受信任的人员才可成为该组的成员。

（2）Power Users（高级用户组）：Power Users 可以执行除了为 Administrators 组保留的任务外的其他任何操作系统任务。分配给 Power Users 组的默认权限允许该组的成员修改整个计算机的设置。但 Power Users 不具有将自己添加到 Administrators 组的权限。在权限设置中，该组的权限仅次于 Administrators 组。

（3）Users（普通用户组）：Users 组是最安全的组，因为分配给该组的默认权限不允许成员修改操作系统的设置或用户资料。Users 组用户不能修改系统注册表设置、操作系统文件或程序文件。Users 组用户可以关闭工作站，但不能关闭服务器。

（4）Guests（来宾组）：来宾组与 Users 组有同等访问权，但来宾组的限制更多。

（5）Backup Operators（备份操作员组）：该组的成员不受权限控制，可以备份和还原计算机上的文件。

（6）Network Configuration Operators（网络配置操作员组）：该组内的用户可以在客户端执行一般的网络设置任务。

（7）Remote Desktop Users（远程桌面用户组）：该组的成员可以通过远程计算机登录系统。

（8）Print Operators（打印操作员组）：该组成员可以创建、删除和共享打印机，对所有打印机具有管理权限。

（9）Access Control Assistance Operators（访问控制辅助操作员组）：该组的成员可以远程查询此计算机上资源的授权属性和权限。

（10）Hyper-V Administrators（Hyper-V 管理员组）：该组的成员拥有对 Hyper-V 所有功能的完全且不受限制的访问权限。

8．特殊内置组

（1）Everyone：任何一个用户都属于这个组。

（2）Authenticated Users：任何一个利用有效用户账户登录的用户都属于这个组。

（3）Anonymous Logon：任何未利用有效用户账户登录的用户都属于这个组。

（4）Interactive：任何在本地登录的用户都属于这个组。

（5）Network：任何通过网络连接登录此计算机的用户都属于这个组。

2.3 项目过程

项目过程可分为以下几个任务执行。

（1）新建本地用户账户。

（2）设置本地用户账户属性。

（3）创建与管理本地组。

（4）设置账户策略。

（5）用户系统权限设置。

2.3.1 任务 1 新建本地用户账户

新建本地用户账户

具有管理员权限的用户可以用"计算机管理"中的"本地用户和组"管理单元来创建本地用户账户，下面以 Administrator（管理员账户）创建本地用户账户"student1"为例介绍其具体操作步骤。

步骤 1 ▶ 启动 Windows Server 2022 操作系统，单击"开始"按钮，在打开的"开始"菜单中选择"服务器管理器"选项，打开"服务器管理器"窗口，选择"工具"→"计算机管理"选项，如图 2-1 所示。

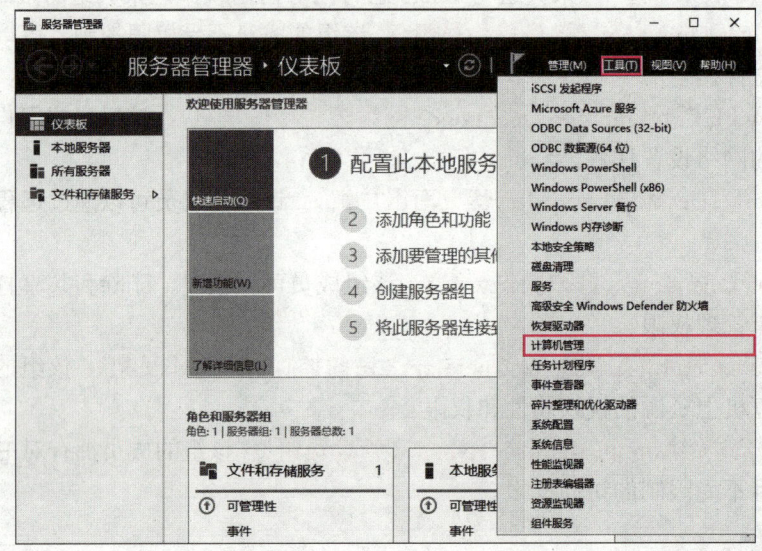

图 2-1 "服务器管理器"窗口

步骤 2 ▶ 打开"计算机管理"窗口，选择"本地用户和组"→"用户"选项，显示所有用户，如图 2-2 所示。

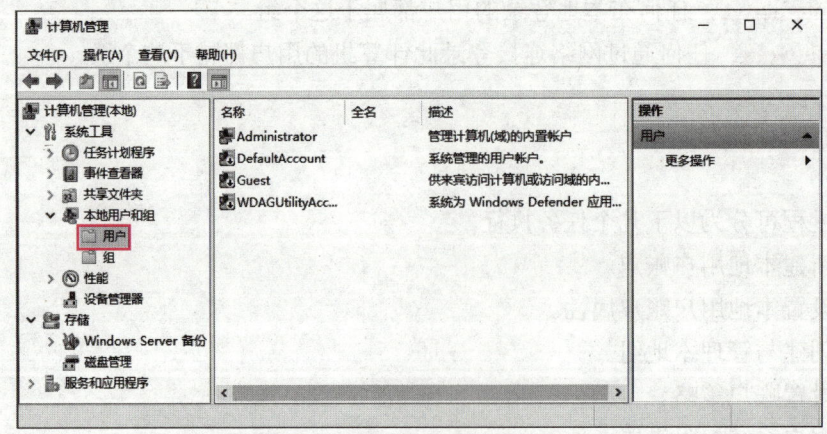

图 2-2 "计算机管理"窗口

项目 2 用户和组管理

步骤 3▶ 右击"用户",在弹出的快捷菜单中选择"新用户"选项,如图 2-3 所示。

步骤 4▶ 弹出"新用户"对话框,输入用户名、全名、描述和密码,还可以设置密码选项,包括"用户下次登录时须更改密码""用户不能更改密码""密码永不过期""账户已禁用"等,设置完成后,单击"创建"按钮,创建"student1"用户,如图 2-4 所示。

步骤 5▶ 用同样的方法创建"student2"用户。

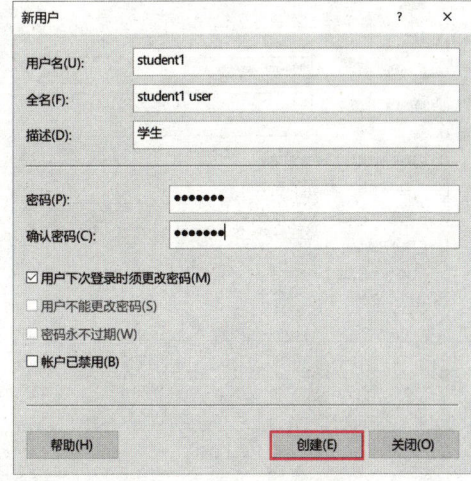

图 2-3 选择"新用户"选项　　　　图 2-4 "新用户"对话框

2.3.2　任务 2　设置本地用户账户属性

用户账户不只包括用户名和密码等信息,还包括其他一些属性,如用户隶属的用户组、用户配置文件、用户的拨入权限、终端用户设置等。

设置本地用户账户属性

在"计算机管理"窗口的"用户"界面中,双击刚建立的"student1"用户账户,弹出"student1 属性"对话框。

1. "常规"选项卡

选择"常规"选项卡(见图 2-5),可设置与账户有关的一些描述信息,包括全名、描述、账户选项等。管理员可以设置密码选项或禁用账户。如果账户已经被系统锁定,管理员可以解除锁定。

2. "隶属于"选项卡

选择"隶属于"选项卡(见图 2-6),可设置将该账户加入其他本地组中。为了管理的方便,通常都需要对用户组进行权限的分配与设置。用户属于哪个组,就具有该用户组的权限。

用户账户默认加入 Users 组,Users 组的用户通常不具备特殊权限,如安装应用程序、修改系统设置等。因此,当要分配给某一 Users 组用户一些权限时,可以将该用户账户加入其他组。例如,将"student1"添加到管理员组的具体操作步骤如下。

步骤 1▶ 单击如图 2-6 所示界面中的"添加"按钮,弹出"选择组"对话框,在"输

25

入对象名称来选择"文本框中输入组的名称"Administrators",单击"检查名称"按钮,如图 2-7 所示。

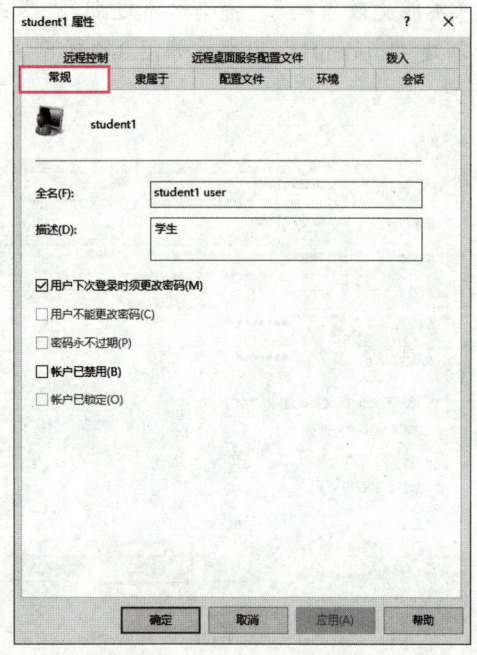
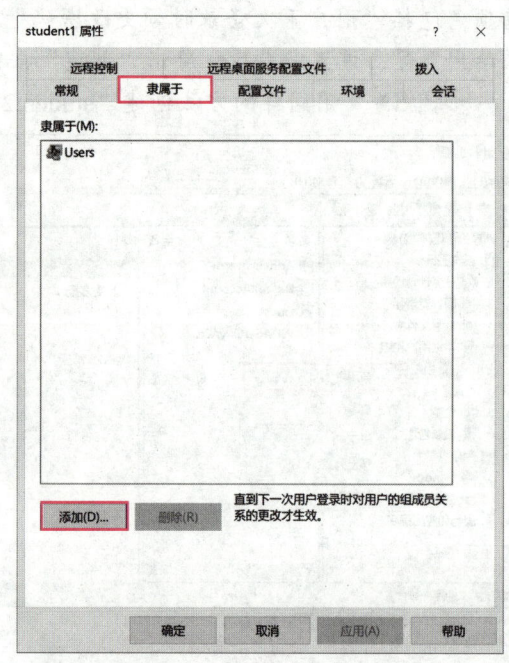

图 2-5 "常规"选项卡　　　　　　　　图 2-6 "隶属于"选项卡

步骤 2▶ "输入对象名称来选择"文本框中组名称变为"SERVER1\Administrators",单击"确定"按钮,如图 2-8 所示。如果输入的组名称错误,检查时,系统将提示找不到该名称,并提示更改,再次搜索。

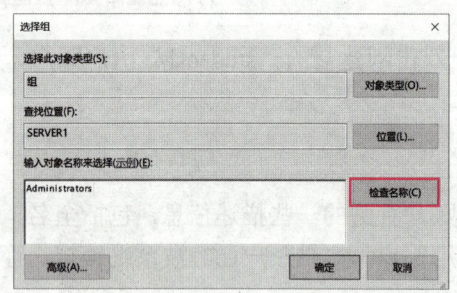
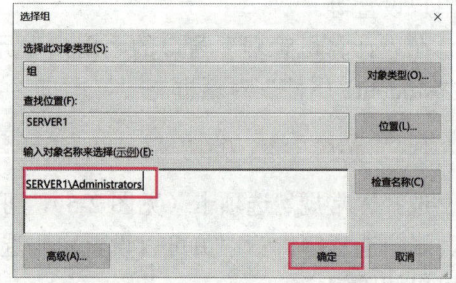

图 2-7 "选择组"对话框　　　　　　　图 2-8 组名称变为"SERVER1\Administrators"

提 示

如果不希望手动输入组名称,也可单击"选择组"对话框中的"高级"按钮,展开"选择组"对话框,单击"立即查找"按钮,在"搜索结果"中选择组"Administrators",单击"确定"按钮,如图 2-9 所示。

项目 2 用户和组管理

3. "配置文件"选项卡

选择"配置文件"选项卡(见图 2-10),可设置用户账户的配置文件路径、登录脚本和主文件夹路径。

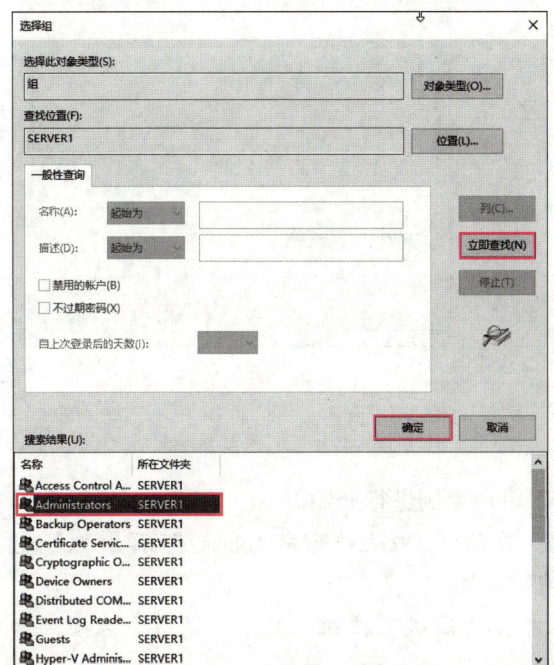

图 2-9 查找组

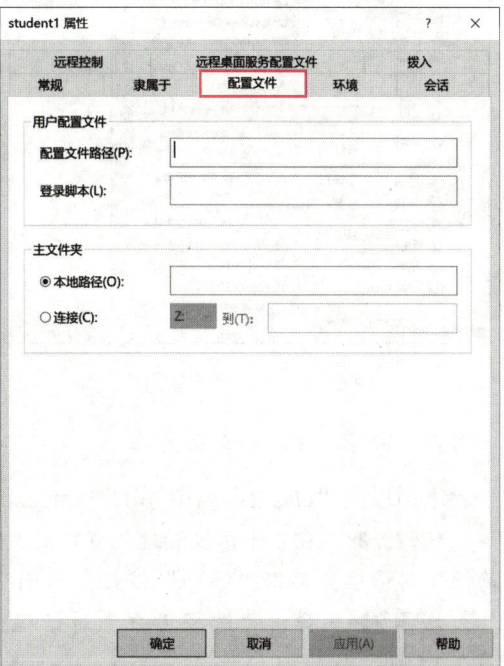

图 2-10 "配置文件"选项卡

提 示

用户设置主文件夹后,默认其他用户不能访问,这就提高了用户存放个人文档的安全性。

2.3.3 任务 3 创建与管理本地组

1. 新建组账户

具体操作步骤如下。

创建与管理本地组

步骤 1▶ 在"计算机管理"窗口中右击"本地用户和组"→"组",在弹出的快捷菜单中选择"新建组"选项,如图 2-11 所示。

步骤 2▶ 弹出"新建组"对话框,在"组名"文本框中输入"class1",单击"创建"按钮,完成"class1"组账户的创建,如图 2-12 所示。

步骤 3▶ 采用同样的方法创建名为"class2"的本地组。

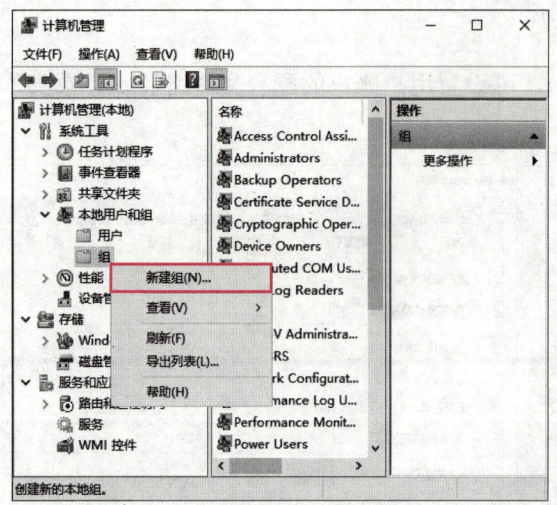

图 2-11 选择"新建组"选项

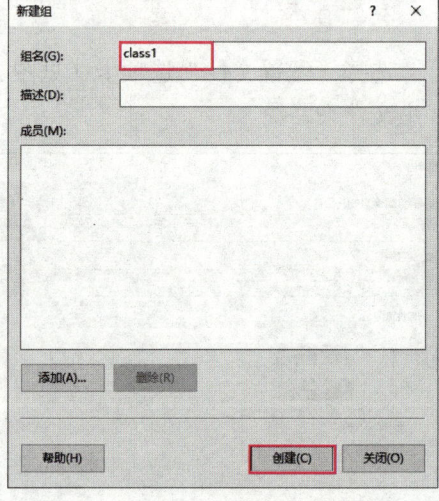

图 2-12 "新建组"对话框

2. 向本地组添加成员

下面以向"class2"组中添加"student2"用户为例进行介绍。

步骤 1▶ 在"计算机管理"窗口的"组"界面中，双击组账户"class2"，弹出"class2 属性"对话框，单击"添加"按钮，如图 2-13 所示。

步骤 2▶ 弹出"选择用户"对话框，单击"高级"按钮，显示"高级"选项，如图 2-14 所示。

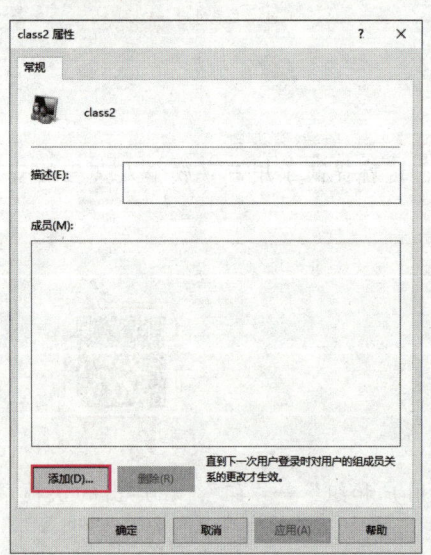

图 2-13 "class2 属性"对话框

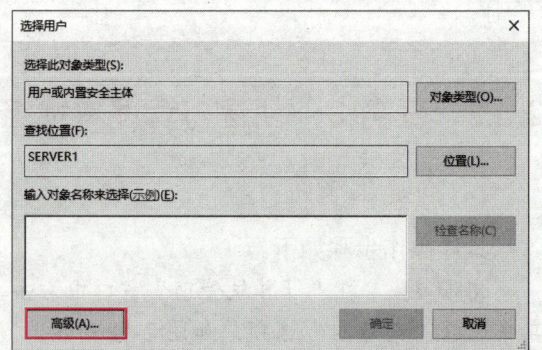

图 2-14 "选择用户"对话框

步骤 3▶ 单击"立即查找"按钮，在"搜索结果"中选择用户"student2"，单击"确定"按钮，如图 2-15 所示。

项目2 用户和组管理

步骤4▶ 返回"选择用户"对话框,单击"确定"按钮,返回"class2属性"对话框,可以看到"student2"已经添加到"成员"文本框中,单击"确定"按钮,如图2-16所示。

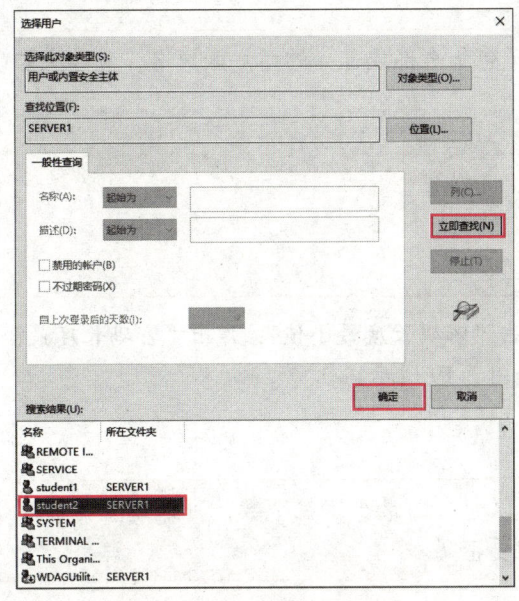

图2-15 选择用户"student2"

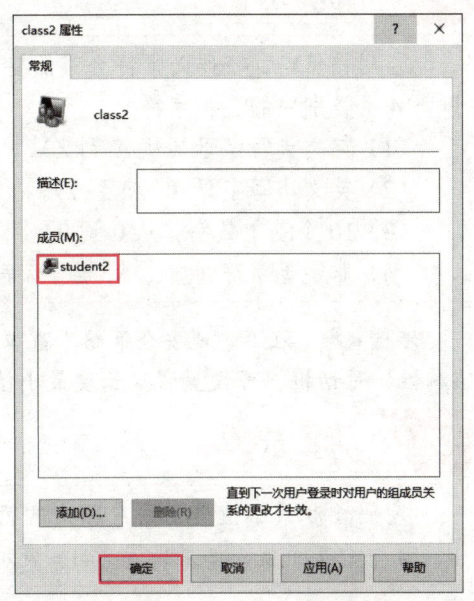

图2-16 用户"student2"添加成功

2.3.4 任务4 设置账户策略

1. 设置密码策略

设置账户策略

具体操作步骤如下。

步骤1▶ 在"服务器管理器"窗口中选择"工具"→"本地安全策略"选项,打开"本地安全策略"窗口。

步骤2▶ 选择"安全设置"→"账户策略"→"密码策略"选项,在"策略"窗格中双击"密码必须符合复杂性要求",如图2-17所示。

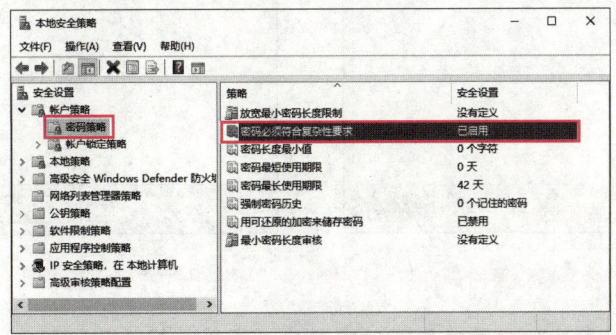

图2-17 "本地安全策略"窗口

步骤3▶ 弹出"密码必须符合复杂性要求属性"对话框,选择"已启用"单选按钮,

29

单击"确定"按钮,如图 2-18 所示。

> **提 示**
>
> 启用该策略,密码必须符合最低要求:不包含全部或部分的用户账户名,包含来自以下 4 个类别中的 3 种字符。
> (1)英文大写字母(从 A 到 Z)。
> (2)英文小写字母(从 a 到 z)。
> (3)10 个基本数字(从 0 到 9)。
> (4)非字母字符(如!、$、#、%等)。

步骤 4▶ 在"本地安全策略"窗口中双击"密码长度最小值",弹出"密码长度最小值属性"对话框,可设置密码长度最小值,如图 2-19 所示。

> **提 示**
>
> 密码长度最小值确定用户账户的密码可以包含的最少字符个数,可以设置为数字 1~14 中的某个值,如果设置为 0,表示不需要密码。

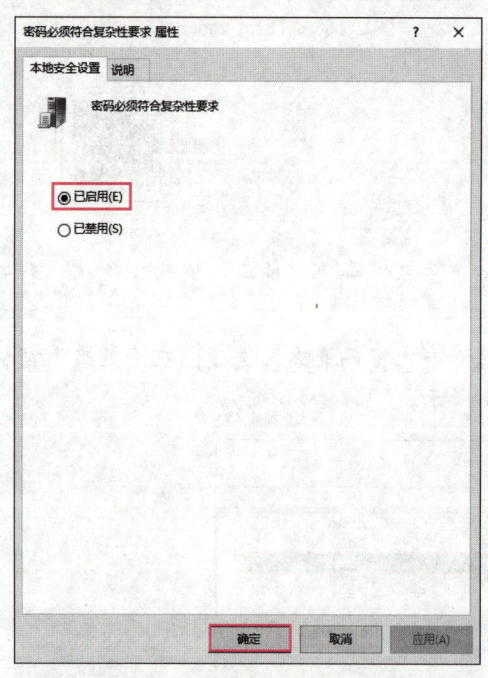
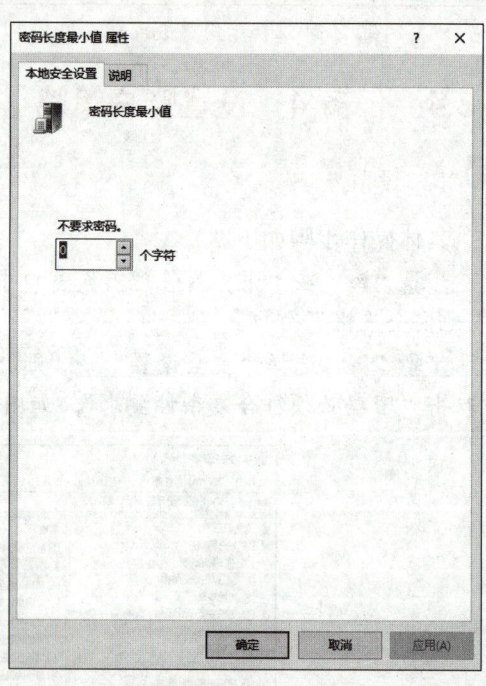

图 2-18 "密码必须符合复杂性要求属性"对话框　　图 2-19 "密码长度最小值属性"对话框

步骤 5▶ 在"本地安全策略"窗口中双击"密码最短使用期限",弹出"密码最短使用期限属性"对话框,可设置密码最短使用期限,如图 2-20 所示。

项目2 用户和组管理

> **提 示**
>
> 密码最短使用期限确定用户可以更改密码之前必须使用该密码的时间（单位为天）。可以设置 1 到 998 天之间的某个值，或者通过将天数设置为 0，允许立即更改密码。密码最短使用期限必须小于设置的"密码最长使用期限"，除非密码最长使用期限设置为 0（表明密码永不过期）。如果密码最长使用期限设置为 0，那么密码最短使用期限可设置为 0 到 998 天之间的任意值。

步骤 6▶ 在"本地安全策略"窗口中双击"密码最长使用期限"，弹出"密码最长使用期限属性"对话框，可设置密码最长使用期限，如图 2-21 所示。

> **提 示**
>
> 密码最长使用期限确定系统要求用户更改密码之前可以使用该密码的时间（单位为天）。可将密码的过期天数设置在 1 到 999 天之间；如果将天数设置为 0，则指定密码永不过期。

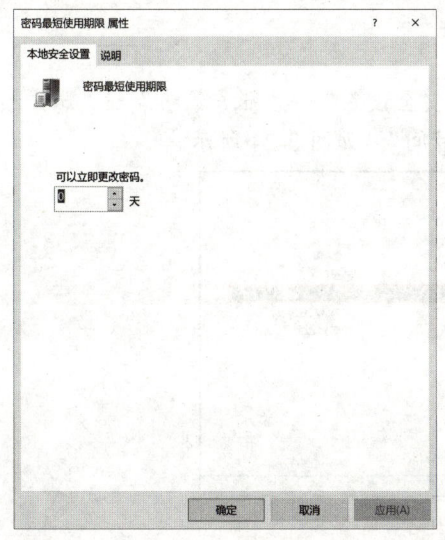

图 2-20 "密码最短使用期限属性"对话框　　图 2-21 "密码最长使用期限属性"对话框

步骤 7▶ 在"本地安全策略"窗口中双击"强制密码历史"，弹出"强制密码历史属性"对话框，可设置强制密码历史，如图 2-22 所示。

> **提 示**
>
> 强制密码历史安全设置确定某个用户账户所使用的新密码必须不能与该账户所使用的最近多少个旧密码一致。该值为 0 到 24 之间的一个数值。该策略确保旧密码不能在某段时间内重复使用，使用户账户更安全。

31

步骤 8▶ 在"本地安全策略"窗口中双击"用可还原的加密来储存密码",弹出"用可还原的加密来储存密码属性"对话框,可设置是否用可还原的加密来储存密码,如图 2-23 所示。

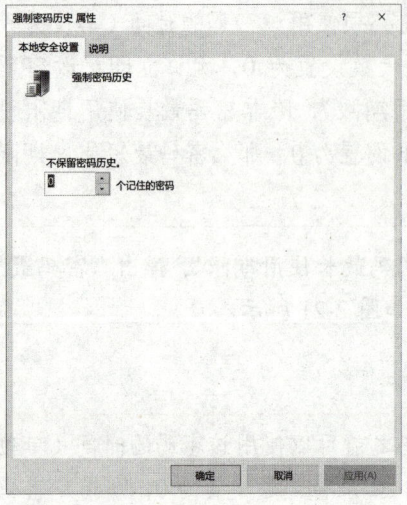
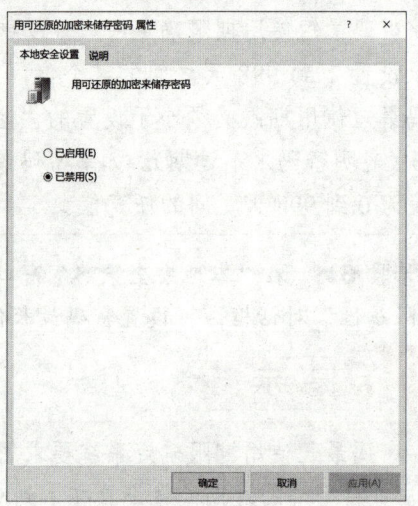

图 2-22 "强制密码历史属性"对话框　　图 2-23 "用可还原的加密来储存密码属性"对话框

2. 设置账户锁定策略

具体操作步骤如下。

步骤 1▶ 在"本地安全策略"窗口中选择"安全设置"→"账户策略"→"账户锁定策略"选项,在"策略"窗格中双击"账户锁定时间",如图 2-24 所示。

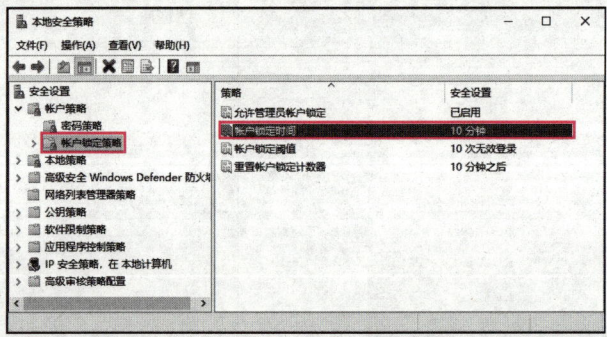

图 2-24 "本地安全策略"窗口

步骤 2▶ 弹出"账户锁定时间属性"对话框,可设置账户锁定时间,如图 2-25 所示。

> **提示**
>
> 账户锁定时间安全设置确定锁定的账户在自动解锁前保持锁定状态的分钟数。有效范围为 0~99 999 分钟。如果将账户锁定时间设置为 0,那么在管理员明确将其解锁前,该账户将一直被锁定。

步骤 3▶ 在"本地安全策略"窗口中双击"账户锁定阈值",弹出"账户锁定阈值属性"对话框,在编辑框中输入"3",单击"确定"按钮,如图 2-26 所示。

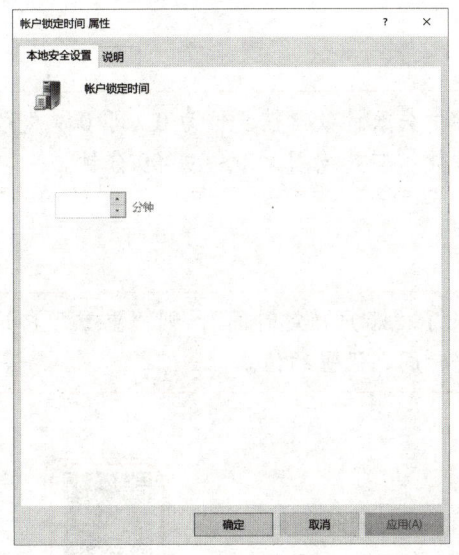
图 2-25 "账户锁定时间属性"对话框

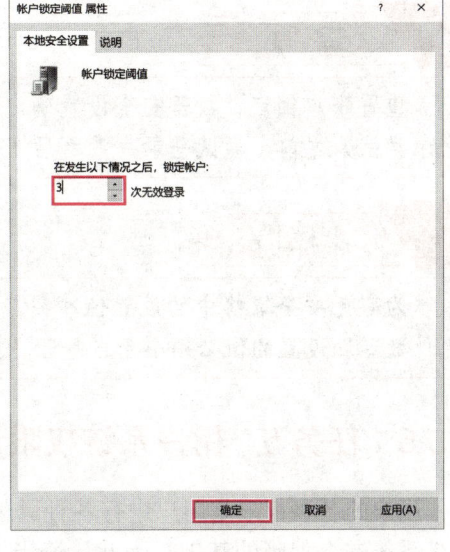
图 2-26 "账户锁定阈值属性"对话框

步骤 4▶ 弹出"建议的数值改动"对话框,单击"确定"按钮,如图 2-27 所示。

> 账户锁定阈值触发用户账户被锁定的登录尝试失败的次数,可设置为 0~999 中的某个值。

步骤 5▶ 在"本地安全策略"窗口中双击"重置账户锁定计数器",弹出"重置账户锁定计数器属性"对话框,可设置重置账户锁定计数器,如图 2-28 所示。

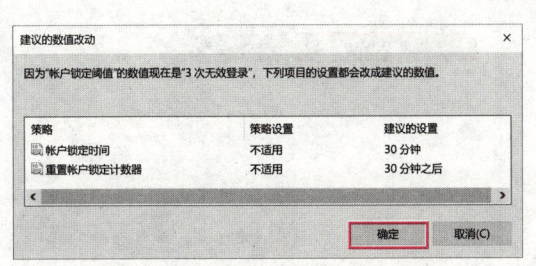
图 2-27 "建议的数值改动"对话框

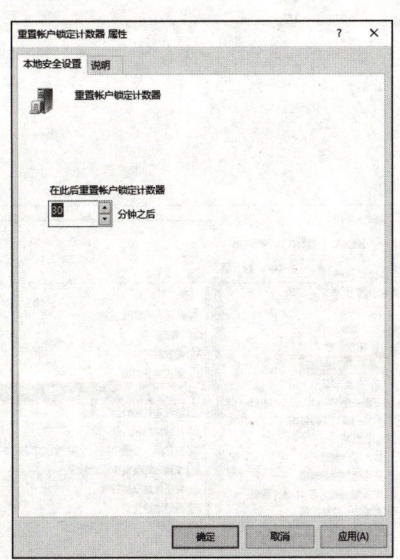
图 2-28 "重置账户锁定计数器属性"对话框

提示

重置账户锁定计数器安全设置确定在登录尝试失败计数器被复位为 0（即 0 次失败登录尝试）之前，尝试登录失败之后所需的分钟数。有效范围为 1~99 999 分钟。

小技巧

为避免安全策略中的设置值冲突，如果定义了"账户锁定时间"，则"重置账户锁定计数器"设置的值必须小于或等于"账户锁定时间"设置的值。

2.3.5　任务 5　用户系统权限设置

用户的各种权限是用户进行各种具体应用的前提，同时也是网络系统安全保障的基础。因此，恰当的用户权限配置不仅是用户的应用需求，同时也是网络系统的安全需求。

用户系统权限设置

下面以为"student1"用户添加"关闭系统"权限为例进行介绍。

步骤 1▶ 在"本地安全策略"窗口中选择"安全设置"→"本地策略"→"用户权限分配"选项，右侧窗格出现系统默认的所有用户权限分配策略，双击"关闭系统"，如图 2-29 所示。

步骤 2▶ 弹出"关闭系统属性"对话框，默认关闭系统的权限分配给"Administrators"组和"Backup Operators"组，单击"添加用户或组"按钮，如图 2-30 所示。

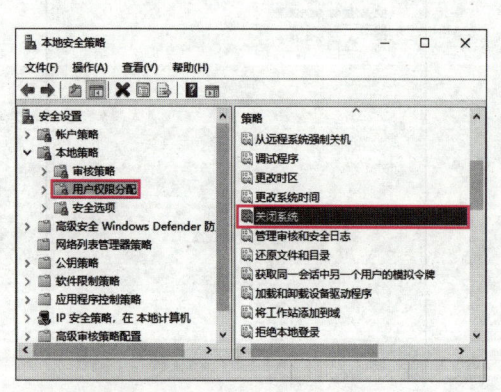

图 2-29　"本地安全策略"窗口

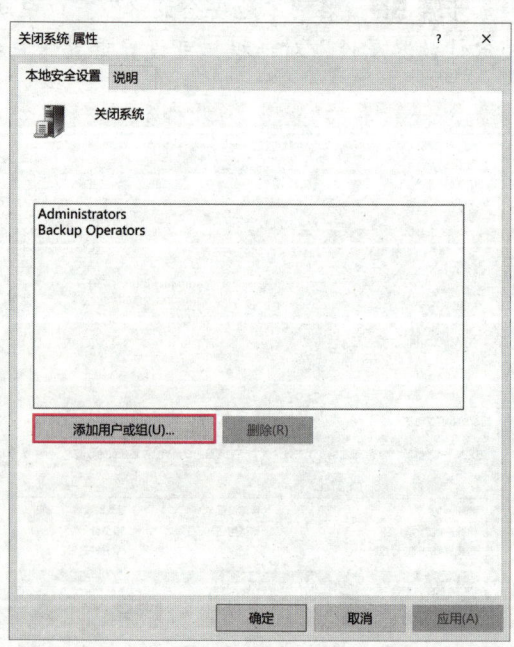

图 2-30　"关闭系统属性"对话框

步骤 3▶ 弹出"选择用户或组"对话框,单击"高级"按钮,显示高级选项,如图 2-31 所示。

步骤 4▶ 单击"立即查找"按钮,在"搜索结果"中选择用户"student1",单击"确定"按钮,如图 2-32 所示。

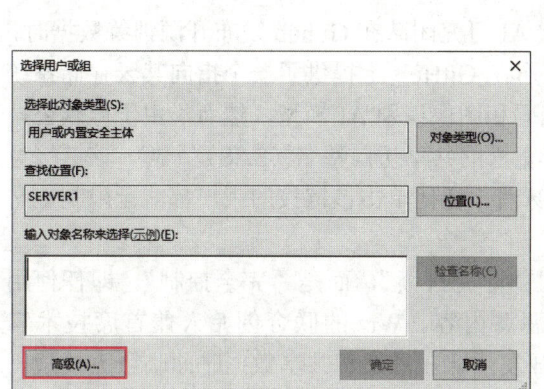

图 2-31 "选择用户或组"对话框

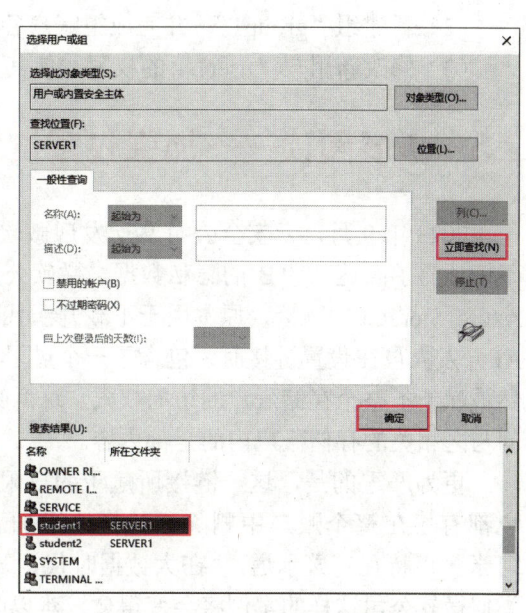

图 2-32 选择用户"student1"

步骤 5▶ 返回"选择用户或组"对话框,单击"确定"按钮,返回"关闭系统属性"对话框,可以看到用户"student1"已经添加到"关闭系统"文本框中,单击"确定"按钮,如图 2-33 所示。

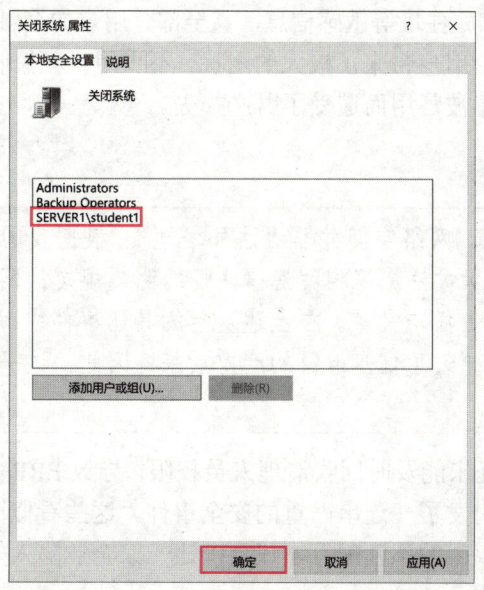

图 2-33 用户"student1"添加成功

网络操作系统：Windows Server 配置与管理

2.4 举一反三

（1）以管理员身份登录到计算机，新建用户"user1"，并完成用户各种属性的设置。
（2）新建组"group1"，并完成组账户各种属性的设置。
（3）修改新用户"user1"的权限，使其具有更改系统时间的权限。

2.5 拓展阅读——加强权限设置，打造第一道安全关卡

2023年9月，云安全公司Wiz发现微软AI研究团队在Github发布开源训练数据时，不慎泄露了高达38 TB的隐私数据。微软公司在GitHub上提供了一个指向其云存储系统Azure Storage的链接，原本用于下载开源代码和图像识别AI模型。然而，由于微软公司AI开发人员在设置链接时，包含了一个过于宽松的共享访问签名（SAS）令牌，该链接竟然被赋予了整个存储账户的访问权限。这意味着，任何单击该链接的用户都能无限制地访问与之相关的存储账户内的全部内容。

更为严重的是，这一链接所赋予的权限并非"只读"，而是"完全控制"，即任何用户都有权在整个账户中删除、替换或添加恶意内容。Wiz的联合创始人兼首席技术官阿米·卢特瓦克警示道："在大数据时代，开发团队在处理和共享数据时面临巨大挑战，类似微软公司这样的案例将会变得愈发难以防范。"

近年来，多起因权限设置不当导致的重大信息泄露事件频发，引发了社会各界的广泛关注。例如，某涉事平台因用户权限设置漏洞，导致大量用户个人信息被非法获取，严重侵犯了用户权益，并对网络安全环境造成了巨大威胁。据调查，该平台系统设置中部分用户权限未得到合理规范与约束，为黑客提供了可乘之机，他们通过技术手段窃取了用户的姓名、身份证号码、联系方式、家庭住址等敏感信息，甚至部分用户的金融交易记录也被窃取。

这些信息泄露事件给用户带来了极大的困扰，不少用户频繁收到诈骗电话和短信的骚扰，更有用户因个人信息被冒用而遭受了财产损失。

> **提示**
>
> 网络安全不容忽视，网络空间并非"法外之地"。根据我国《网络安全法》、《数据安全法》及《个人信息保护法》等相关法律法规的明确规定，网络运营者肩负着保障用户个人信息安全的重大责任与义务。在上述发生的具体事件中，由于涉事平台在用户权限设置方面存在疏漏，导致了信息泄露的严重后果，因此，该平台必须依法承担相应的法律责任。

此外，某公司因调任未能及时回收清理人员权限，导致ERP系统遭遇越权访问，敏感数据被非法获取，从而引发了一连串严重的安全事件。这些看似微不足道的小细节，如权限回收的延误、岗位与权限的不匹配等，却足以让一家企业陷入安全或信任危机，甚至直接给企业带来致命的打击。

在网络操作系统中,用户和组的权限管理不善可能导致敏感信息泄露、系统被恶意篡改或破坏等严重后果。为了避免这些风险,系统管理员应仔细规划和设置用户和组的权限,遵循最小权限原则,仅授予用户和组完成其工作所需的最低权限。同时,定期审查和更新权限设置,以适应组织和系统的变化也是至关重要的。

此外,加强员工的安全意识培训,使其了解权限管理的重要性及如何正确处理和保护敏感信息,也是降低人为因素导致安全风险的有效手段。正所谓权力越大,责任就越大,用户应不断提高自己的品德修养和责任意识。

2.6 项目检测

1. 选择题

(1) Windows Server 2022 计算机管理员有禁用账户权限,当一个用户有一段时间不用账户,管理员可以禁用该账户,下列关于禁用账户叙述正确的是(   )。

    A. Administrator 账户不可以被禁用

    B. Administrator 账户可以禁用自己,所以在禁用自己之前应先创建至少一个管理员组的账户

    C. 禁用的账户过一段时间会自动启用

    D. 以上都不对

(2) 下列(   )用户组拥有最低级别的权限。

    A. Users   B. Guests

    C. Everyone   D. Power Users

(3) 建立一个新用户"student",系统默认该用户属于(   )组账户。

    A. Administrators   B. Power Users

    C. Guests   D. Users

(4) 下列不属于常用系统用户账户的是(   )。

    A. users   B. DefaultAccount

    C. Administrator   D. Guest

(5) 下列不属于常用系统组账户的是(   )。

    A. 管理员组   B. 高级用户组   C. 私有域组   D. 来宾组

2. 填空题

(1) 用户账户根据登录和作用资源的范围,可分为_____和_____两类。

(2) 用户账户根据创建方式的不同,可分为_____和_____两类。

(3) 账户策略包含两个子集,分别是_____和_____。

3. 简答题

(1) 用户的账户策略包含哪些?

(2) 常用的系统组账户有哪些?

项目 3
文件系统管理

本项目主要介绍 Windows Server 2022 网络操作系统文件系统管理功能，包括 NTFS 文件系统的概念、权限分配、应用原则，以及共享文件夹权限分配与共享权限应用原则等。通过本项目的学习，读者应达到以下目标。

知识目标

- 掌握文件系统的概念。
- 掌握 NTFS 的概念及权限分配。
- 掌握 NTFS 的应用原则。
- 掌握共享文件夹权限分配。
- 掌握共享权限应用原则。
- 了解分布式文件系统概念与功能。

能力目标

- 能设置 NTFS 权限。
- 能配置文件夹的权限。
- 能管理文件权限继承。
- 能管理特殊 NTFS 文件权限。
- 能管理 NTFS 共享文件夹。
- 能分配 NTFS 共享文件夹权限。
- 能配置分布式文件系统。

素质目标

- 养成严谨务实、积极高效的工作作风。
- 弘扬中华优秀传统文化，坚定文化自信。

3.1 项目背景

铁道学院文件服务器上的资源越来越多,为了满足办公信息化和文件安全性,网络管理员需要对文件服务器上的资源进行管理。

Windows Server 2022 操作系统在 NTFS 类型卷上提供了 NTFS 权限,允许为用户或组指定 NTFS 权限,以保护文件资源的安全。不论用户访问本地计算机上的文件、文件夹资源,还是通过网络来访问,NTFS 权限都会起作用。

3.2 相关知识

1. 文件系统的概念

文件系统是操作系统用于明确磁盘或分区上文件的方法和数据结构,即在存储设备上组织文件的方法。

2. NTFS 文件系统的概念

NTFS(new technology file system)是 Windows Server 2022 推荐使用的高性能文件系统。它支持许多新的文件安全、存储和容错功能,而这些功能也正是 FAT 文件系统所缺少的。

NTFS 是从 Windows NT 开始使用的文件系统,它是一个特别为网络和磁盘配额、文件加密等管理安全特性设计的磁盘格式。它支持对于关键数据及重要数据的访问控制和私有权限控制。除了可以赋予计算机中的共享文件夹特定权限外,NTFS 文件和文件夹无论共享与否都可以赋予权限。

3. NTFS 权限概述

Windows Server 2022 操作系统利用 NTFS 文件系统格式化磁盘分区,通过 NTFS 权限控制用户对文件和文件夹的访问,从而确保文件和文件夹的安全。

Windows Server 2022 操作系统提供以下 6 种标准的 NTFS 权限。

(1)读取:可以读取文件或文件夹的内容,查看其属性。

(2)读取和执行:包含"读取"权限能够执行的所有操作,并能运行应用程序和可执行文件。

(3)写入:包含"读取和执行"权限的所有操作,可修改文件或文件夹属性和内容,在文件夹中创建文件和文件夹,但不能删除文件。

(4)修改:包含"写入"权限能够执行的所有操作,可以删除文件。

(5)列出文件夹内容:仅对文件夹有此权限,查看此文件夹中的文件和子文件夹的属性和权限,读取文件夹中的文件内容。

(6)完全控制:对文件的最高权限,在拥有上述所有的权限外,还可以修改文件权限及替换文件所有者。

4. NTFS 权限应用原则

（1）**NTFS 权限是累积的**：用户对 NTFS 文件或文件夹的有效权限，是其对该文件或文件夹的 NTFS 权限和其所属组对该文件或文件夹的 NTFS 权限的组合。

（2）**文件权限超越文件夹权限**：用户对文件的有效权限可以比对其父文件夹拥有的 NTFS 权限大。

（3）**拒绝权永远优先于允许权**：用户同时在两个组中，当一个组对文件的读权限处于"拒绝"状态时，该用户是没有读取权限的。

5. 复制与移动文件或文件夹时 NTFS 权限的变化

（1）在 NTFS 分区内或分区间复制文件或文件夹时，系统将目标文件作为新文件对待，文件或文件夹将继承目标文件夹的权限。

（2）在同一 NTFS 分区内移动文件或文件夹时，文件或文件夹不会发生任何变化，文件或文件夹的权限将被保留。

（3）在 NTFS 分区间移动文件或文件夹时，系统将目标文件作为新文件对待，文件或文件夹将继承目标文件夹的权限。

（4）无论是将文件或文件夹复制还是移动到 FAT 分区，所有权限将丢失。

6. 共享文件夹权限

Windows Server 2022 操作系统对文件夹的共享权限分为读取、更改和完全控制 3 个级别。

（1）**读取**：只能读取该共享文件夹下文件的属性、内容和权限，运行共享文件夹下的应用程序。

（2）**更改**：在"读取"权限基础上，能够创建和删除文件和文件夹，修改子文件和子文件夹的内容和属性。

（3）**完全控制**：在"更改"权限基础上，能够修改文件权限，获得文件所有权。

7. 共享权限应用原则

（1）**权限是累积的**：用户有效的共享访问权限是系统授予用户的共享权限和用户所属组的共享权限的组合。

（2）**拒绝权永远优先于允许权**：当赋予用户拒绝权限时，即使用户所属组有完全控制权限，用户也不能访问共享文件夹。

8. 共享权限和 NTFS 文件权限的组合

用户通过网络访问共享文件夹下的文件资源时，必须获得系统对共享文件夹的明确授权。如果用户访问的共享文件夹是 NTFS 文件夹，用户还必须对文件夹拥有相应的 NTFS 权限才能通过网络访问共享文件夹。

有效的访问权限是通过文件夹的 NTFS 权限和共享权限根据最小化原则组合而获得。

薪火相传

共享能够为用户日常工作交流提供非常大的便利，可以帮助用户有效提高工作效率。中华优秀传统文化中的"大道之行也，天下为公""损有余补不足"等思想便蕴含着共享的意蕴。

共享发展理念，既体现了对中华优秀传统文化的继承与发展，也顺应了现代社会经济发展的趋势。这种理念，促进了人际间的互助与协作，为构建一个更加开放、包容和可持续的社会发展模式提供了动力。

9．分布式文件系统概念

分布式文件系统（distributed file system，DFS）是一个网络服务器组件，它能使用户更容易地在网络上查询和管理数据。

分布式文件系统是将分布在不同的计算机上的共享文件组合为一个统一的命名空间，在网络上建立一个单一的、层次化的多重文件服务器，使客户端访问网络中所有的服务器共享资源更加方便。

10．分布式文件系统功能

（1）采用树型组织结构，通过单个访问点可组织和访问网络中所有共享文件夹。
（2）用户访问文件更加容易。
（3）文件资源访问负载平衡。
（4）文件和文件夹更加安全。

3.3 项目过程

项目过程可分为以下几个任务执行。
（1）项目环境设置。
（2）设置 NTFS 权限。
（3）NTFS 文件权限的继承。
（4）特殊 NTFS 文件权限。
（5）设置文件夹共享。
（6）设置文件夹共享权限。
（7）访问共享文件夹。
（8）分布式文件系统。

3.3.1 任务1 项目环境设置

打开两台虚拟机,一台运行 Windows Server 2022 操作系统,一台运行 Windows 10 操作系统。Windows Server 2022 作为服务器,设置静态 IP 地址为 192.168.50.10/24;Windows 10 作为客户端,设置 IP 地址为 192.168.50.20/24。两台虚拟机的网络适配器设置为桥接模式,并且客户端能够 ping 通服务器。

3.3.2 任务2 设置 NTFS 权限

假设有本地组"class1"和"class2"及"产品部"文件夹,设置"class1"对"产品部"文件夹有"完全控制"权限,"class2"对"产品部"文件夹拥有"读取、执行和写入"权限,没有"修改"权限。具体操作步骤如下。

步骤1▶ 在"计算机管理"窗口中,分别创建两个组账户"class1"和"class2",在组账户"class1"中添加成员账户"mqj1";在组账户"class2"中添加成员账户"mqj2",如图 3-1 所示。

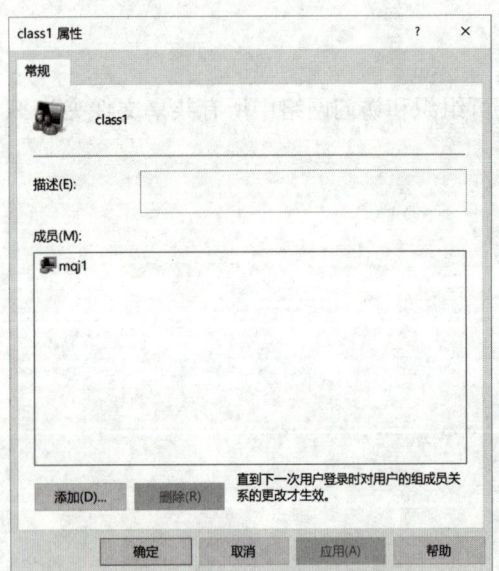
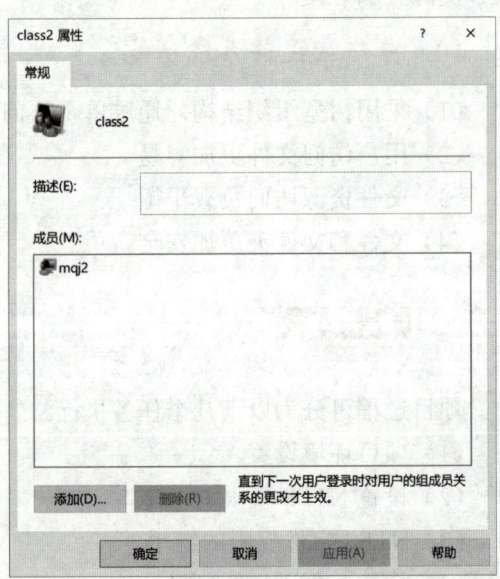

图 3-1 组账户"class1"和"class2"

步骤2▶ 在 C 盘根目录下新建"产品部"文件夹,右击"产品部"文件夹,在弹出的快捷菜单中选择"属性"选项。

步骤3▶ 弹出"产品部属性"对话框,切换到"安全"选项卡,单击"编辑"按钮,如图 3-2 所示。

步骤4▶ 弹出"产品部的权限"对话框,单击"添加"按钮,如图 3-3 所示。

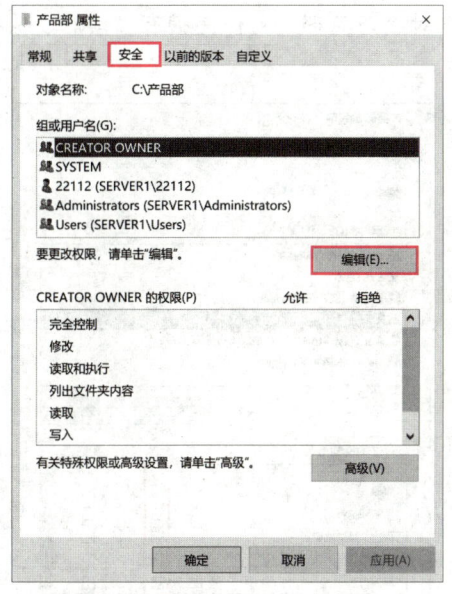
图3-2 "产品部属性"对话框

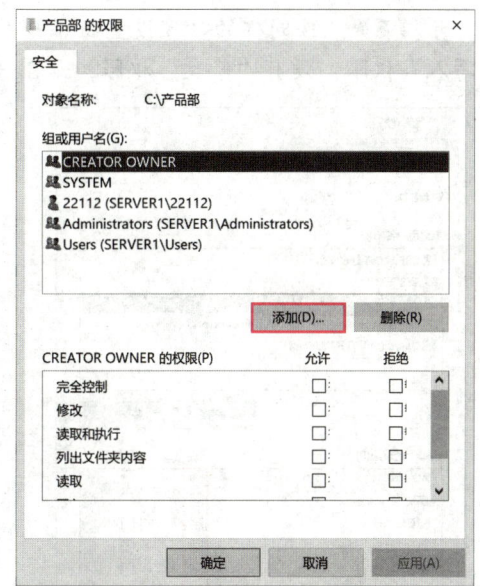
图3-3 "产品部的权限"对话框

步骤 5▶ 弹出"选择用户或组"对话框,单击"高级"按钮,如图3-4所示。

步骤 6▶ 在展开的"选择用户或组"对话框中,单击"立即查找"按钮,在"搜索结果"中选择组"class1",单击"确定"按钮,如图3-5所示。

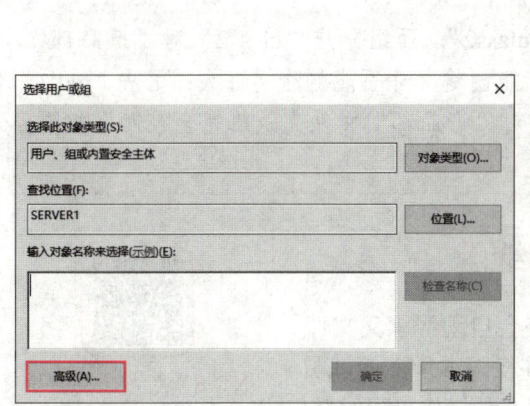
图3-4 "选择用户或组"对话框

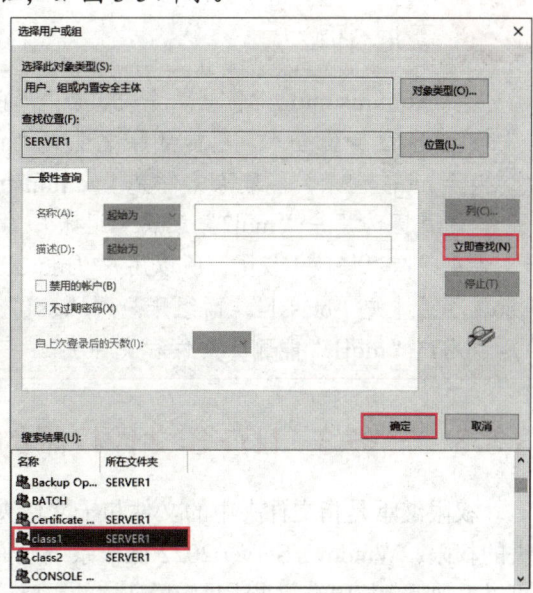
图3-5 选择组"class1"

步骤 7▶ 返回"选择用户或组"对话框,单击"确定"按钮,返回"产品部的权限"对话框,在"组或用户名"列表中选择"class1",在"class1 的权限"列表框中勾选"完全控制"复选框,单击"确定"按钮,如图3-6所示。

步骤 8▶ 按同样的步骤设置组账户"class2"对"产品部"文件夹拥有"读取、执行和写入"权限,没有"修改"权限,如图 3-7 所示。

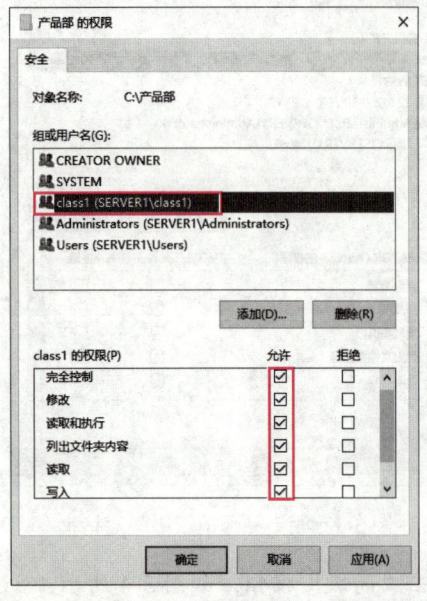

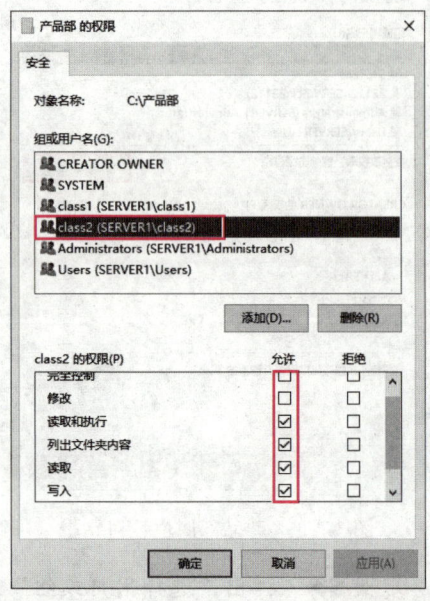

图 3-6 "class1"对"产品部"文件夹的权限　　　图 3-7 "class2"对"产品部"文件夹的权限

提 示

　　以 Administrator 身份登录系统,在"产品部"文件夹下建立文件夹"administrator"。切换至 mqj2 身份登录,不能删除文件夹"administrator",但是能创建"mqj2"文档。切换至 mqj1 登录,能删除文件夹"administrator"。

　　这是因为用户"mqj2"隶属于组账户"class2",而组账户"class2"对"产品部"文件夹没有"修改"权限,所以用户"mqj2"能创建文件不能删除文件夹;用户"mqj1"隶属于组账户"class1",而组账户"class1"对"产品部"文件夹是"完全控制"权限,所以用户"mqj1"能删除文件和文件夹。

3.3.3 任务 3　NTFS 文件权限的继承

　　权限继承是指文件夹中的文件和子文件夹会自动继承父文件夹的权限。Windows Server 2022 操作系统允许权限继承,管理员可以手动阻止权限继承来满足应用环境的需要。具体操作步骤如下。

NTFS 文件权限的继承

　　步骤 1▶ 右击"产品部"文件夹,在弹出的快捷菜单中选择"属性"选项,弹出"产品部属性"对话框,切换到"安全"选项卡,单击"高级"按钮,如图 3-8 所示。

项目3　文件系统管理

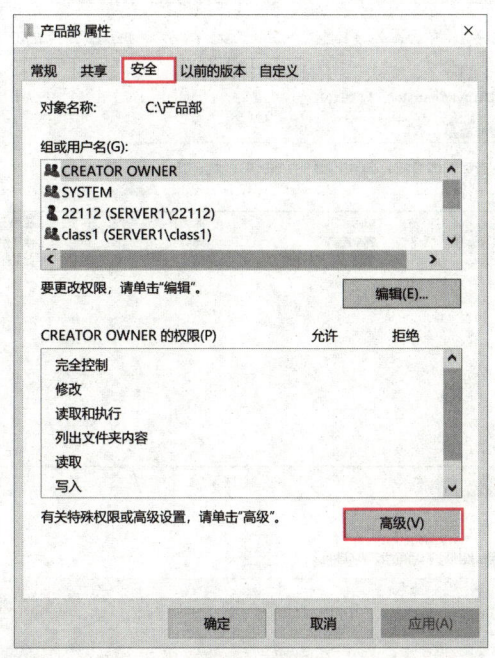

图 3-8　"产品部属性"对话框

步骤 2▶ 弹出"产品部的高级安全设置"对话框，单击"禁用继承"按钮，如图 3-9 所示。

步骤 3▶ 弹出"阻止继承"对话框，选择"从此对象中删除所有已继承的权限"选项，如图 3-10 所示。

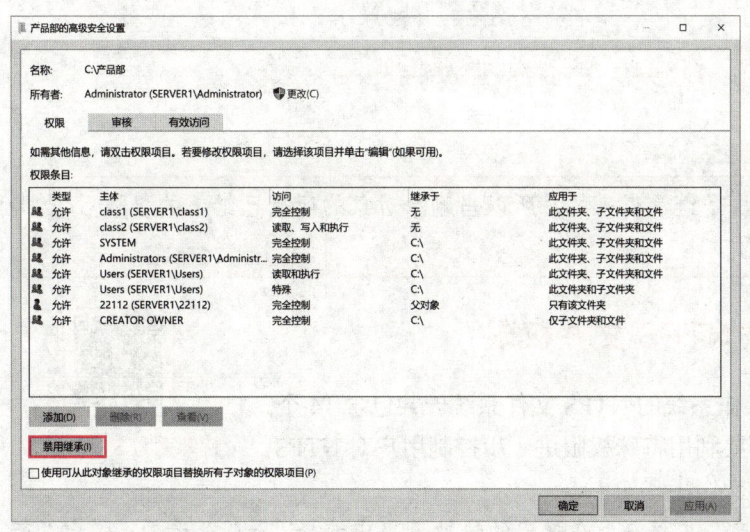

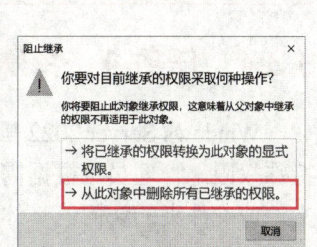

图 3-9　"产品部的高级安全设置"对话框　　　图 3-10　"阻止继承"对话框

步骤 4▶ 返回"产品部的高级安全设置"对话框，单击"确定"按钮，如图 3-11 所示。

45

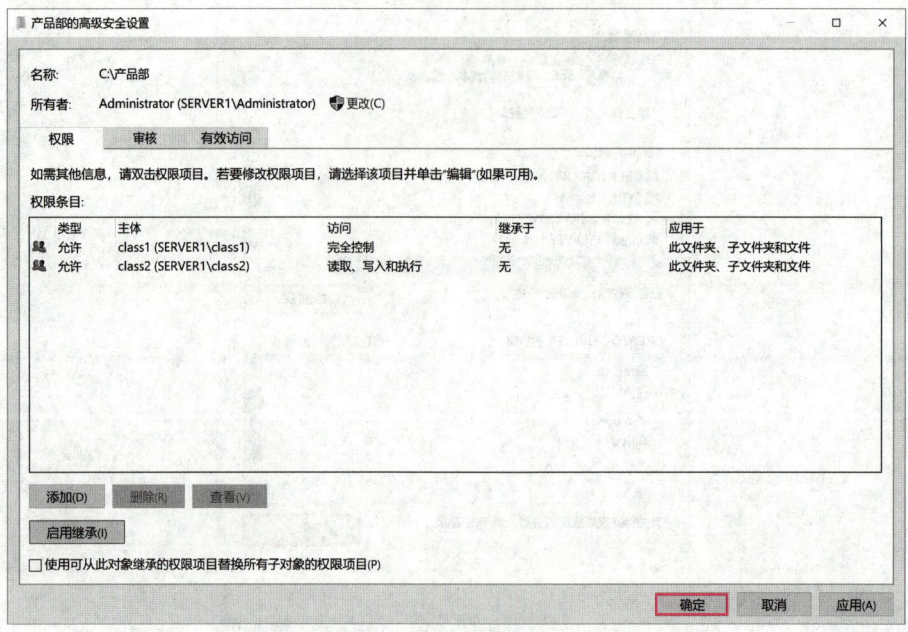

图 3-11 "产品部"文件夹的非继承权限

步骤 5▶ 验证测试,双击"产品部"文件夹,弹出"产品部"提示对话框,提示没有权限访问该文件夹,如图 3-12 所示。

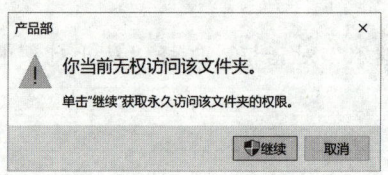

图 3-12 "产品部"提示对话框

> **提 示**
>
> 因为管理员的权限默认是继承得来的,所以当删除对象的所有已继承的权限后,管理员就不能访问该文件夹了。

3.3.4 任务 4 特殊 NTFS 文件权限

特殊 NTFS 文件权限

Windows Server 2022 操作系统的 NTFS 文件系统一共包含 14 个特殊权限,管理员可根据需要利用特殊权限进一步控制用户对 NTFS 文件或文件夹的访问。具体操作步骤如下。

步骤 1▶ 右击"产品部"文件夹,在弹出的快捷菜单中选择"属性"选项,弹出"产品部属性"对话框,切换到"安全"选项卡,单击"高级"按钮。

步骤 2▶ 弹出"产品部的高级安全设置"对话框,切换到"权限"选项卡,在"权限条目"列表框中选择"class2"主体,单击"编辑"按钮,如图3-13所示。

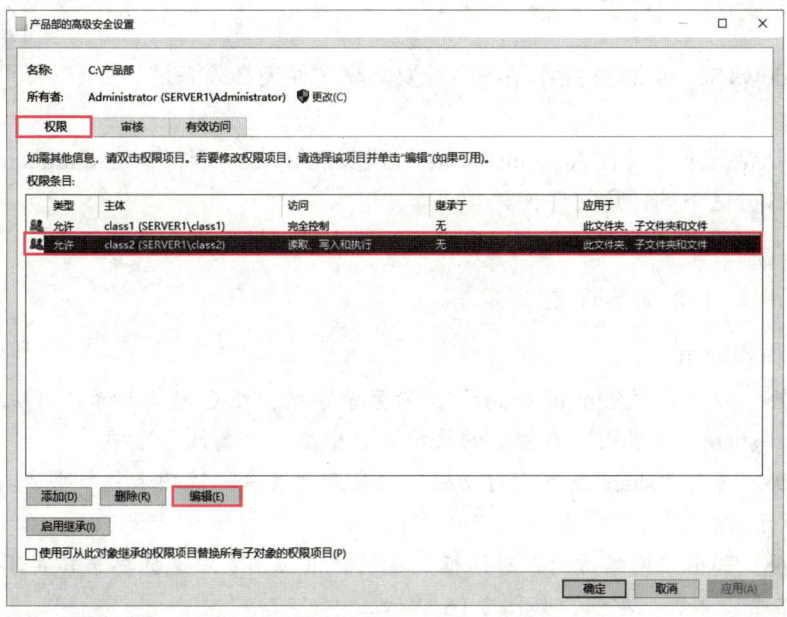

图3-13 "产品部的高级安全设置"对话框

步骤3▶ 弹出"产品部的权限项目"对话框,单击右侧的"显示高级权限"(此时,该选项变为"显示基本权限"),可以查看、修改、添加和删除文件或文件夹的特殊权限,最后单击"确定"按钮,如图3-14所示。

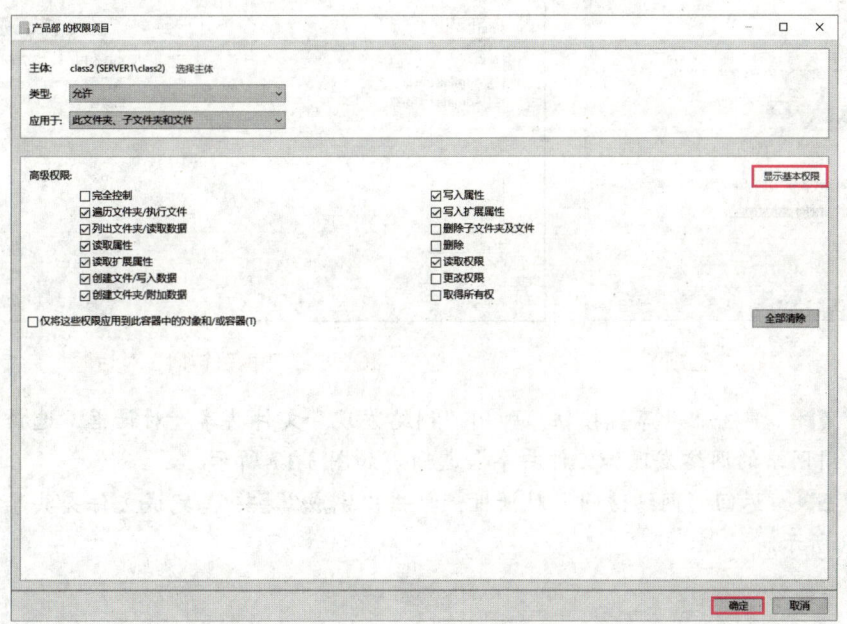

图3-14 "产品部的权限项目"对话框

网络操作系统：Windows Server 配置与管理

3.3.5 任务5 设置文件夹共享

设置文件夹共享

在 Windows Server 2022 操作系统中，要共享文件夹必须满足下列条件。

（1）默认情况下，只有 Administrators 组成员能够共享文件夹，Administrators 组成员可共享 NTFS 分区下的任意文件夹。

（2）用户共享的文件夹，要求用户必须对该文件夹拥有完全控制权限。

1. 利用文件夹属性设置共享

具体操作步骤如下。

步骤1▶ 以账户"Administrator"身份登录系统，在 C 盘根目录下建立"share"文件夹，右击"share"文件夹，在弹出的快捷菜单中选择"属性"选项。

步骤2▶ 弹出"share 属性"对话框，切换到"共享"选项卡，单击"共享"按钮，如图 3-15 所示。

步骤3▶ 弹出"网络访问"对话框，在用户下拉列表中选择要与其共享的用户（如"mqj1"），单击"添加"按钮，如图 3-16 所示。

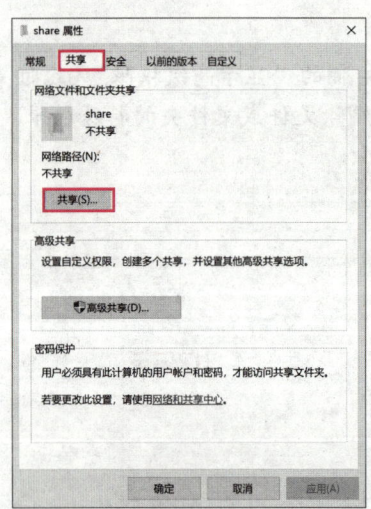

图 3-15　"共享"选项卡

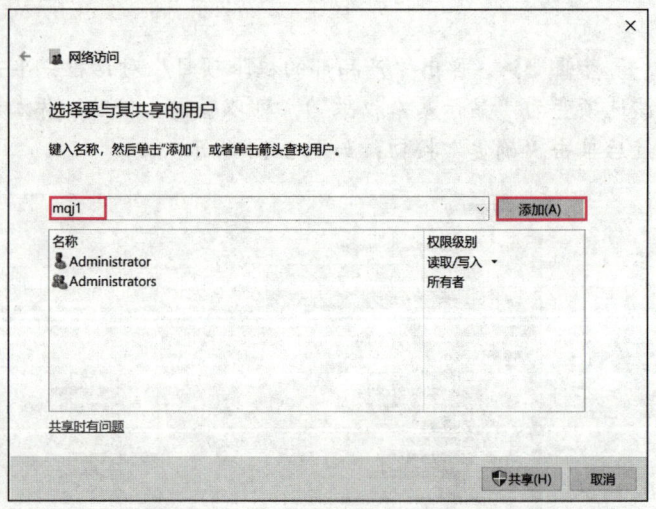

图 3-16　"网络访问"对话框

步骤4▶ 单击"共享"按钮，弹出"网络发现和文件共享"对话框，选择"是，启用所有公用网络的网络发现和文件共享"选项，如图 3-17 所示。

步骤5▶ 返回"网络访问"对话框，单击"完成"按钮，完成文件夹共享的设置，如图 3-18 所示。

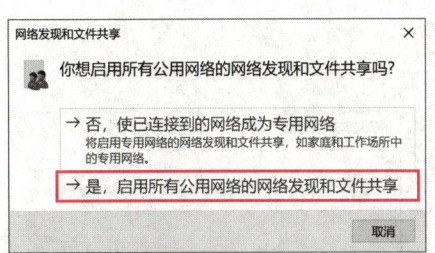

图 3-17 "网络发现和文件共享"对话框　　图 3-18 完成文件夹共享的设置

2. 新建共享文件夹

利用"计算机管理"窗口中的"共享文件夹"新建共享文件夹的具体操作步骤如下。

步骤 1 在"计算机管理"窗口中，右击"共享文件夹"→"共享"，在弹出的快捷菜单中选择"新建共享"选项，如图 3-19 所示。

步骤 2 弹出"创建共享文件夹向导"对话框，单击"下一步"按钮，如图 3-20 所示。

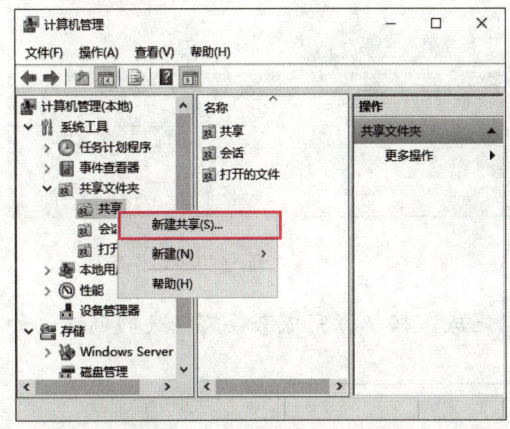 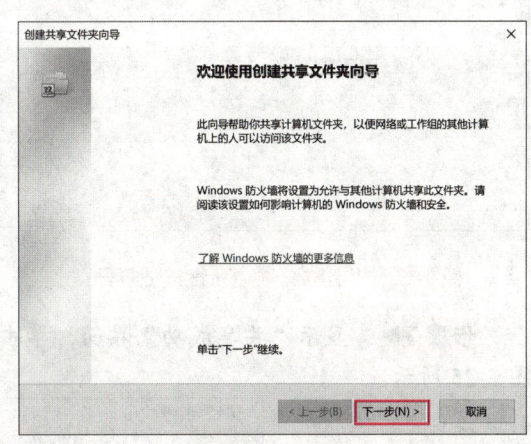

图 3-19 "计算机管理"窗口　　图 3-20 "创建共享文件夹向导"对话框

步骤 3 显示"文件夹路径"界面，在"文件夹路径"文本框中输入要共享的文件夹路径（也可单击"浏览"按钮，在弹出的"浏览文件夹"对话框中选择路径），单击"下一步"按钮，如图 3-21 所示。

步骤 4 如果要共享的文件夹不存在，则会弹出如图 3-22 所示的"创建共享文件夹向导"对话框，提示系统找不到指定的路径，单击"是"按钮，创建共享文件夹。

步骤 5 显示"名称、描述和设置"界面，在"共享名"文本框中输入文件夹的共享名，单击"下一步"按钮，如图 3-23 所示。

步骤 6 显示"共享文件夹的权限"界面，选择需要的权限类型（如选择"管理员有完全访问权限；其他用户有只读权限"单选按钮），单击"完成"按钮，如图3-24所示。

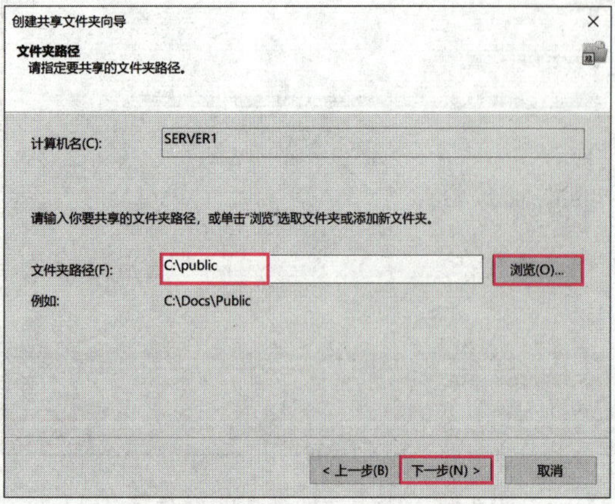

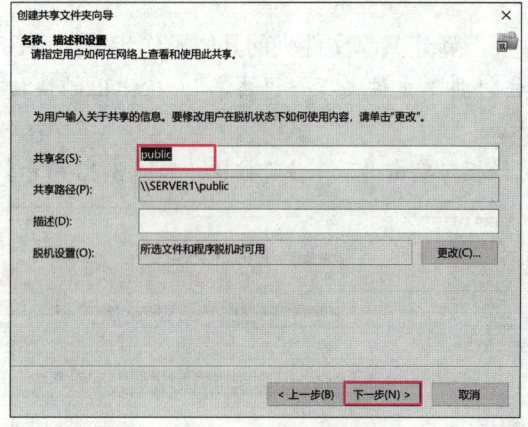

图3-21 "文件夹路径"界面 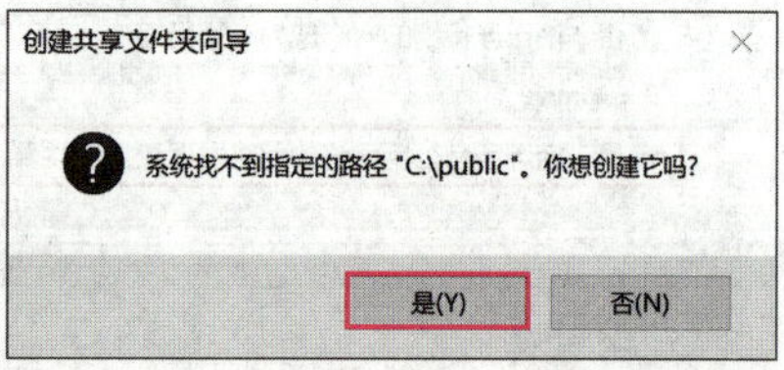　　　　　图3-22 "创建共享文件夹向导"对话框

图3-23 "名称、描述和设置"界面 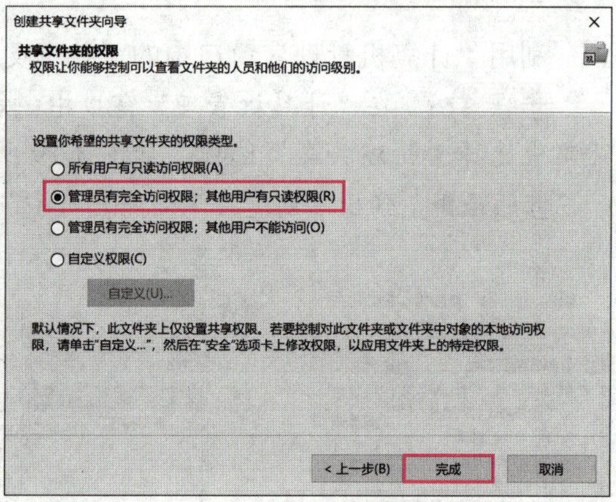　　图3-24 "共享文件夹的权限"界面

步骤7▶ 显示"共享成功"界面，单击"完成"按钮，完成共享文件夹的创建，如图3-25所示。

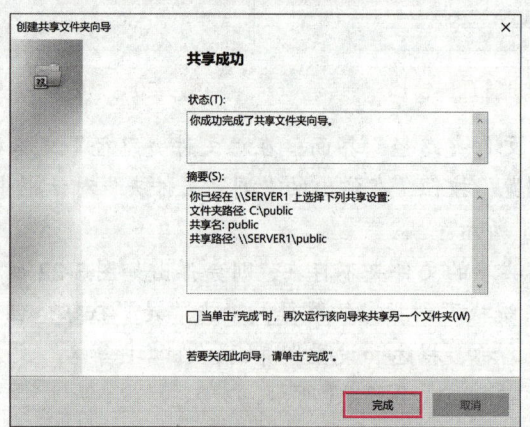

图3-25 "共享成功"界面

3.3.6 任务6 设置文件夹共享权限

设置文件夹共享权限

具体操作步骤如下。

步骤1▶ 右击要修改权限的共享文件夹（如"C:\share"），在弹出的快捷菜单中选择"属性"选项。

步骤2▶ 弹出"share 属性"对话框，切换到"共享"选项卡，单击"高级共享"按钮，如图3-26所示。

步骤3▶ 弹出"高级共享"对话框，单击"权限"按钮，如图3-27所示。

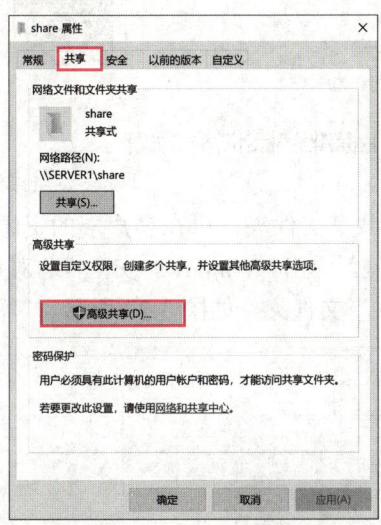

图3-26 "share 属性"对话框

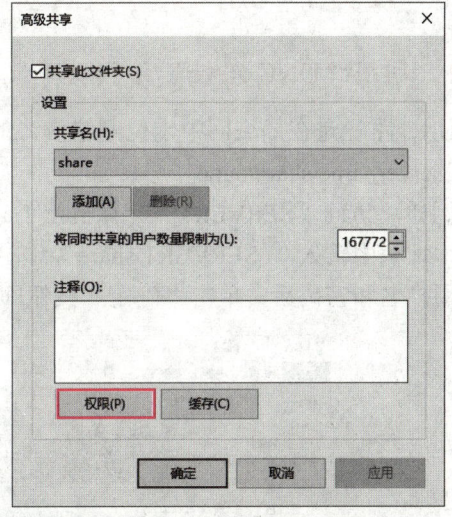

图3-27 "高级共享"对话框

步骤4▶ 弹出"share 的权限"对话框，设置 Everyone 具有"完全控制"权限，单击"确定"按钮，如图3-28所示。

图3-28 "share 的权限"对话框

> **提示**
>
> 如果要赋予其他用户共享权限，可单击"添加"按钮添加用户，然后指定共享权限，最后单击"确定"按钮。

步骤5▶ 返回"高级共享"对话框，单击"确定"按钮。
步骤6▶ 返回"share 属性"对话框，单击"关闭"按钮。

3.3.7 任务7 访问共享文件夹

1. 利用"UNC 路径"访问共享文件夹

UNC 路径是在局域网中定位网络资源的一种通用标准，标准格式如下。

\\servername\sharename

例如，访问"SERVER1"计算机上的"share"共享文件夹，可在客户端的资源管理器的地址栏中输入"\\SERVER1\share"，按"Enter"键，弹出"Windows 安全性"对话框，输入用户名和密码后，单击"确定"按钮即可访问共享文件夹，如图3-29所示。

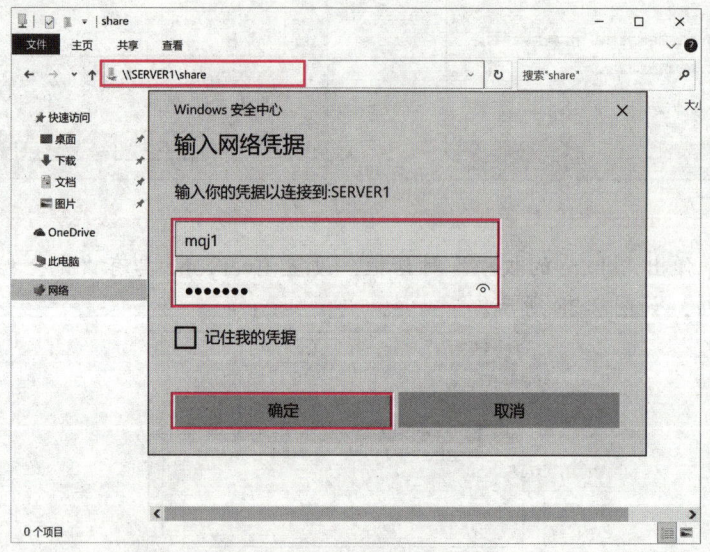

图3-29 利用"UNC 路径"访问共享文件夹

2. 通过映射网络驱动器访问共享文件夹

使用"net use"命令建立到达特定共享的映射网络驱动器的连接，其一般格式如下。

net use 本地盘符 \\目标计算机\共享名 /user:用户名 密码

例如，使用"net use"命令将 Windows Server 2022 操作系统服务器中的"C:\share"目录映射为 Windows 10 操作系统中的网络驱动器 R 盘（Windows Server 2022 操作系统的"mqj1"用户密码为"!abc123"）的具体操作步骤如下。

步骤 1 在 Windows 10 操作系统中，打开"命令提示符"窗口，执行命令"net use R: \\SERVER1\share /user:mqj1 !abc123"，如图 3-30 所示。

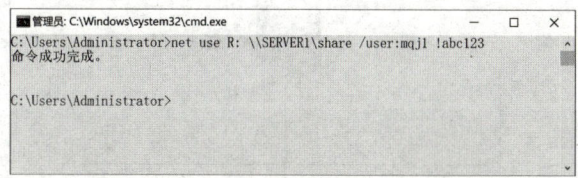

图 3-30　执行"net use"命令

步骤 2 在 Windows 10 操作系统中，打开"资源管理器"窗口，可以看到将 Windows Server 2022 操作系统中的"share"共享文件夹成功映射为 Windows 10 操作系统中的网络驱动器 R 盘，双击网络驱动器 R 盘即可访问服务器上的共享资源，如图 3-31 所示。

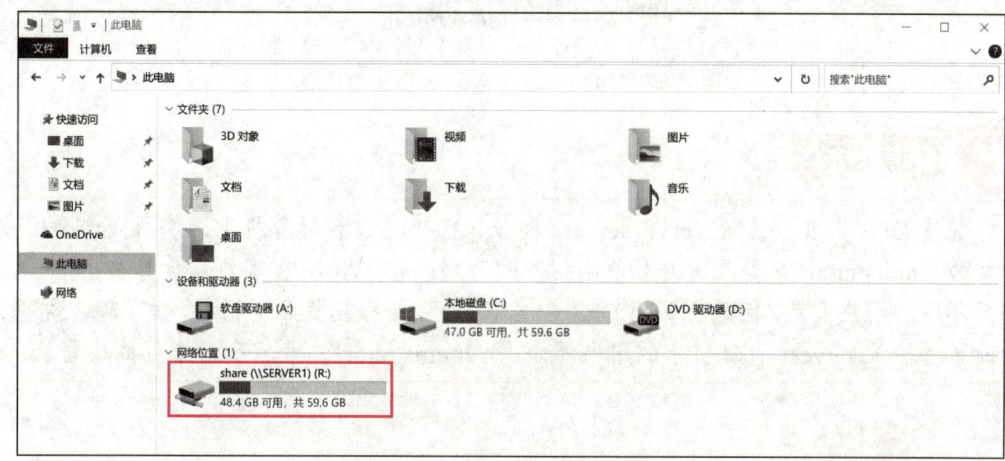

图 3-31　网络驱动器 R 盘

3.3.8　任务 8　分布式文件系统

分布式文件系统

分布式文件系统的网络拓扑结构如图 3-32 所示。该结构中有 4 台虚拟机，两台运行 Windows Server 2022 操作系统，两台运行 Windows 10 操作系统。

（1）第 1 台虚拟机（运行 Windows Server 2022 操作系统）作为分布式文件系统的命名空间服务器，IP 地址设置为 192.168.50.10/24，计算机名设置为"server1"。

（2）第 2 台虚拟机（运行 Windows Server 2022 操作系统）提供共享文件夹，IP 地址设置为 192.168.50.15/24，计算机名设置为"server2"。

（3）第 3 台虚拟机（运行 Windows 10 操作系统）提供共享文件夹，IP 地址设置为 192.168.50.20/24，计算机名设置为"Win10-1"。

（4）第 4 台虚拟机（运行 Windows 10 操作系统）作为客户端访问分布式文件系统的命名空间服务器，IP 地址设置为 192.168.50.25/24，计算机名设置为"Win10-2"，通过访问分布式文件系统的命名空间服务器，可以访问到所有的共享文件夹。

4 台虚拟机的网络适配器均设置为桥接模式，要求 4 台虚拟机相互之间可以 ping 通。

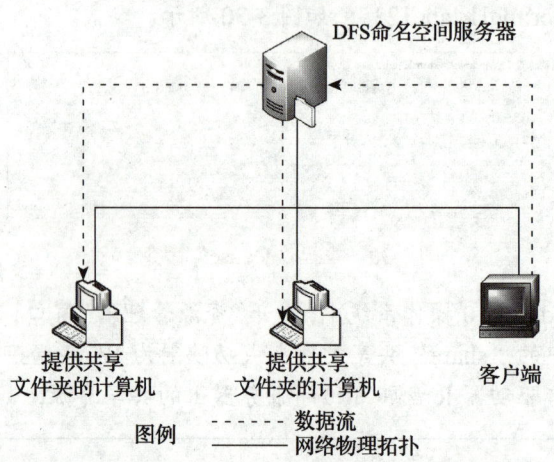

图 3-32　分布式文件系统的网络拓扑结构

> **提示**
>
> 配置 DFS 要求：在 server1，server2 和 Win10-1 这 3 台计算机上，使用同一个用户（如"Administrator"）登录，并且使用相同的密码；在 Win10-2 客户端计算机上，可以使用不同的用户登录，但是在访问 DFS 命名空间时，会弹出提示对话框，提示输入凭据，此时需要输入 server1 计算机上的用户（如"Administrator"）和密码后才可成功登录。

1. 安装 DFS 服务

开启第 1 台虚拟机（运行 Windows Server 2022 操作系统），设置 IP 地址为 192.168.50.10/24，计算机名为"server1"，接下来的操作步骤如下。

步骤 1▶ 打开"服务器管理器"窗口，选择"添加角色和功能"选项，如图 3-33 所示。

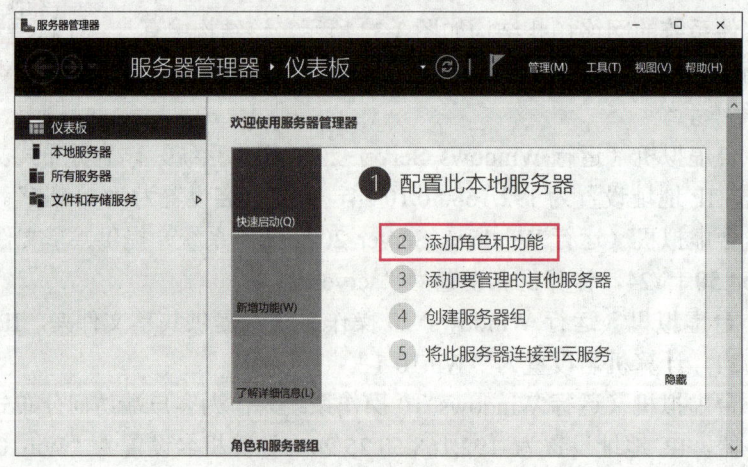

图 3-33　"服务器管理器"窗口

项目 3　文件系统管理

步骤 2▶ 打开"添加角色和功能向导"窗口，单击"下一步"按钮。

步骤 3▶ 显示"选择安装类型"界面，选择"基于角色或基于功能的安装"单选按钮，单击"下一步"按钮，如图 3-34 所示。

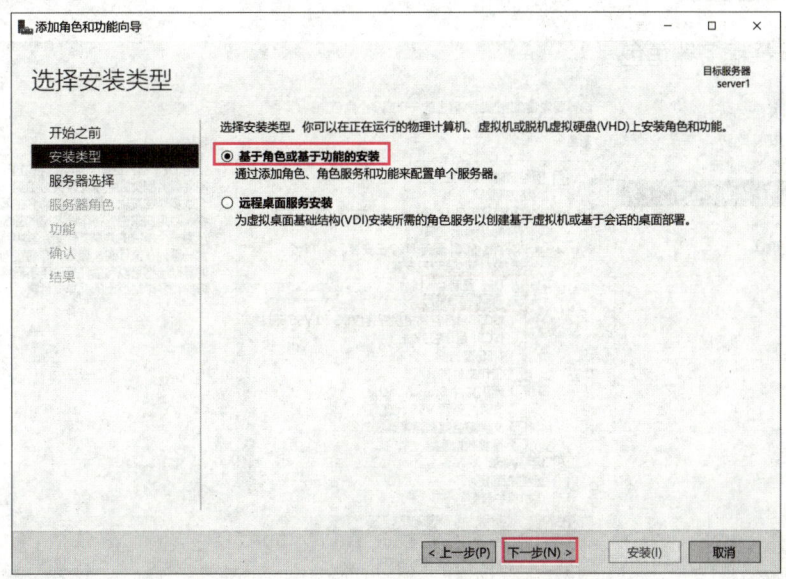

图 3-34　"选择安装类型"界面

步骤 4▶ 显示"选择目标服务器"界面，选择"从服务器池中选择服务器"单选按钮，安装程序自动检测到该服务器的网络连接，单击"下一步"按钮，如图 3-35 所示。

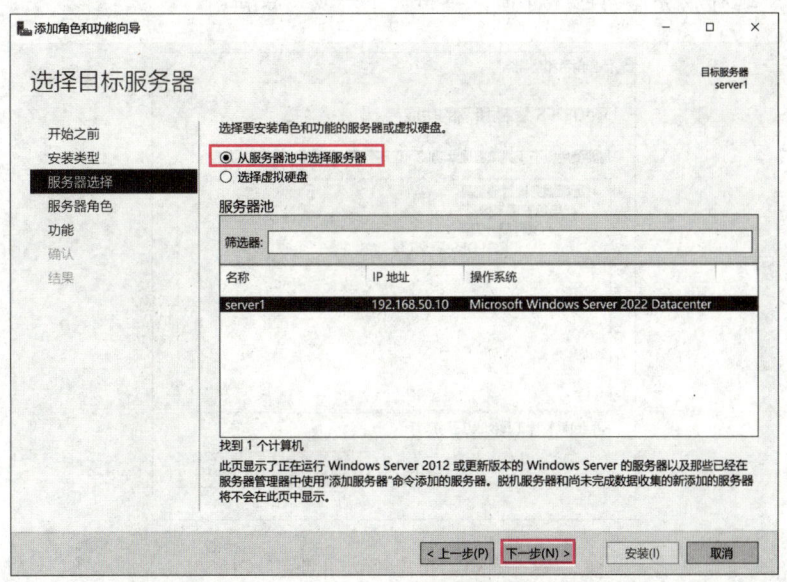

图 3-35　"选择目标服务器"界面

步骤 5 ▶ 显示"选择服务器角色"界面,勾选"DFS 复制"和"DFS 命名空间"复选框,如图 3-36 所示。

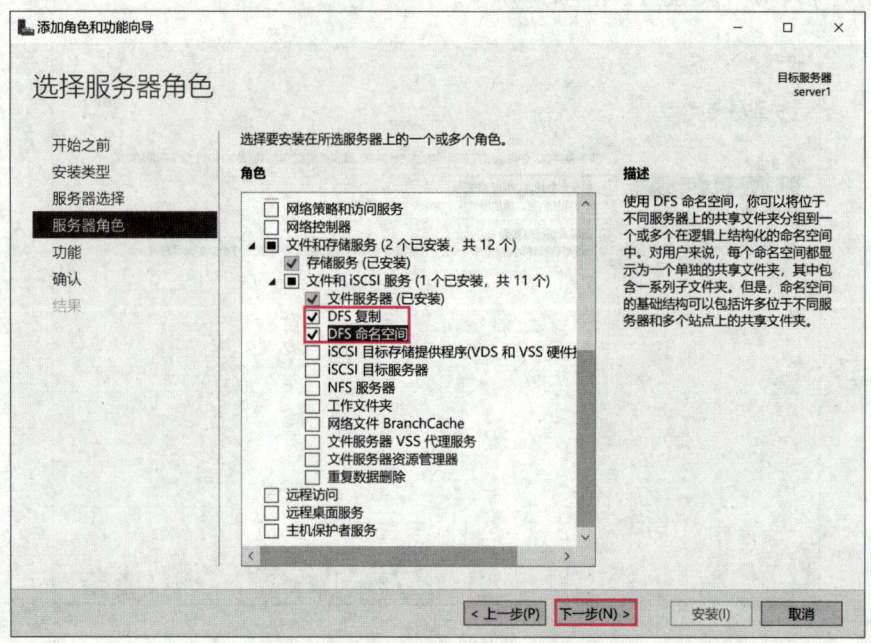

图 3-36 "选择服务器角色"界面

步骤 6 ▶ 弹出如图 3-37 所示的"添加角色和功能向导"对话框,单击"添加功能"按钮,返回"选择服务器角色"界面,单击"下一步"按钮。

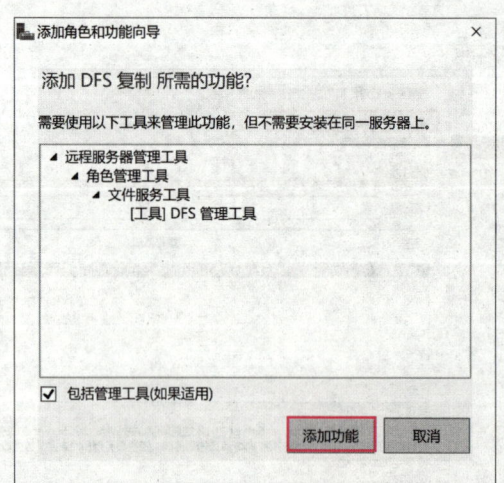

图 3-37 "添加角色和功能向导"对话框

步骤 7 ▶ 显示"选择功能"界面,单击"下一步"按钮,如图 3-38 所示。

项目 3 文件系统管理

图 3-38 "选择功能"界面

步骤 8▶ 显示"确认安装所选内容"界面,单击"安装"按钮,如图 3-39 所示。

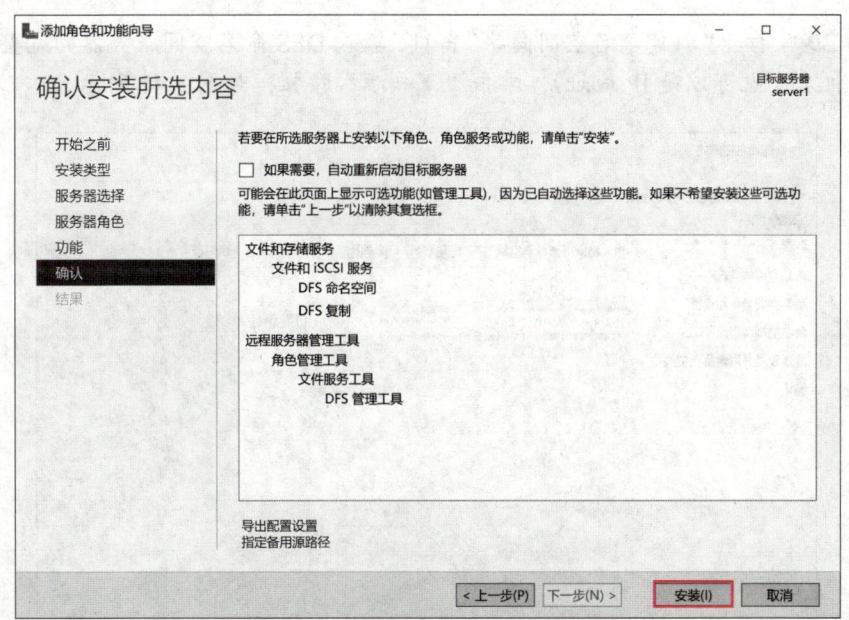

图 3-39 "确认安装所选内容"界面

步骤 9▶ 完成 DFS 服务的安装,单击"关闭"按钮。

2. 创建 DFS 命名空间

具体操作步骤如下。

步骤 1▶ 在"服务器管理器"窗口中，选择"工具"→"DFS Management"选项。

步骤 2▶ 打开"DFS 管理"窗口，选择左侧的"DFS 管理"→"命名空间"选项，在右侧的"操作"窗格中选择"新建命名空间"选项，如图 3-40 所示。

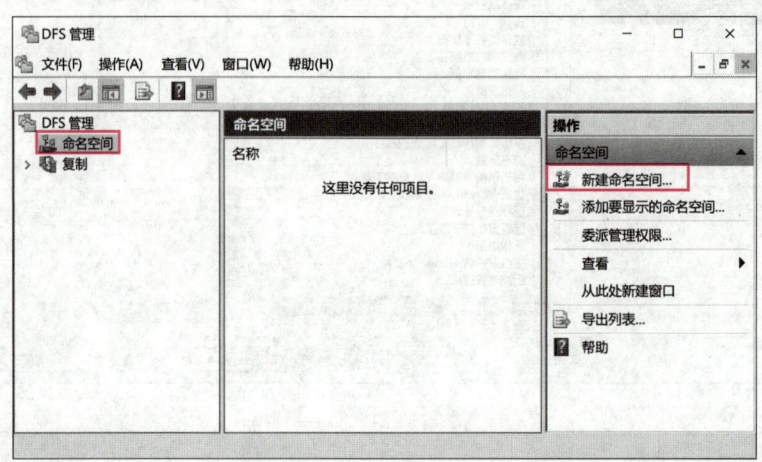

图 3-40 "DFS 管理"窗口

步骤 3▶ 打开"新建命名空间向导"窗口，输入 DFS 命名空间服务器的完整名称（可以是计算机名，也可以是 IP 地址），单击"下一步"按钮，如图 3-41 所示。

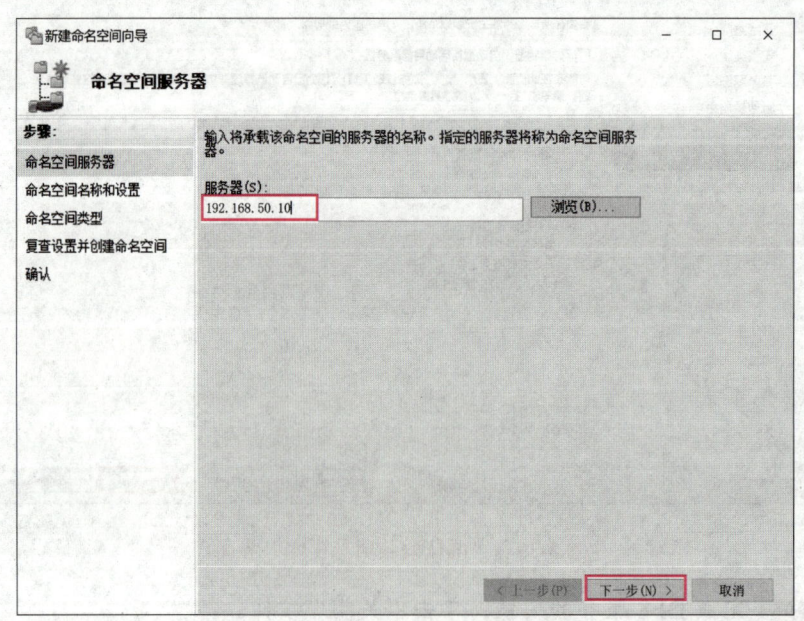

图 3-41 "新建命名空间向导"窗口

项目 3　文件系统管理

步骤 4▶ 显示"命名空间名称和设置"界面,在"名称"文本框中输入命名空间的名称(如"dfsmqj"),单击"编辑设置"按钮,如图 3-42 所示。

步骤 5▶ 弹出"编辑设置"对话框,在"共享文件夹的本地路径"文本框中输入命名空间对应的共享文件夹(或者单击"浏览"按钮,在弹出的对话框中选择网络上的共享文件夹),选择"所有用户都具有只读权限"单选按钮,单击"确定"按钮,如图 3-43 所示。

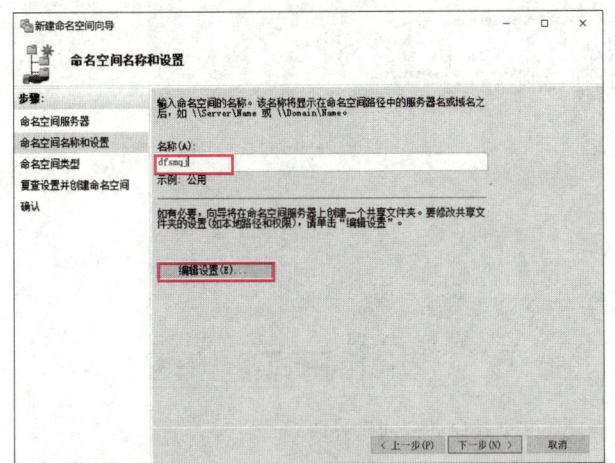
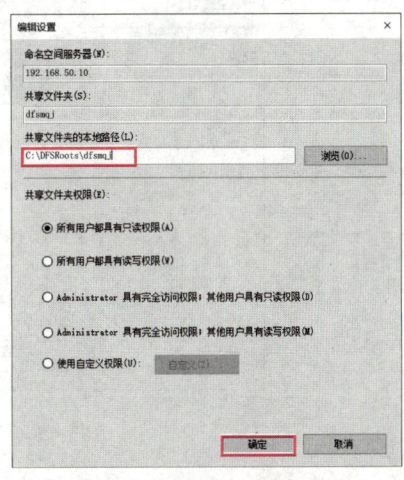

图 3-42 "命名空间名称和设置"界面　　　　图 3-43 "编辑设置"对话框

步骤 6▶ 返回"命名空间名称和设置"界面,单击"下一步"按钮。

步骤 7▶ 显示"命名空间类型"界面,选择要创建的 DFS 命名空间的类型(如选择"独立命名空间"单选按钮),单击"下一步"按钮,如图 3-44 所示。

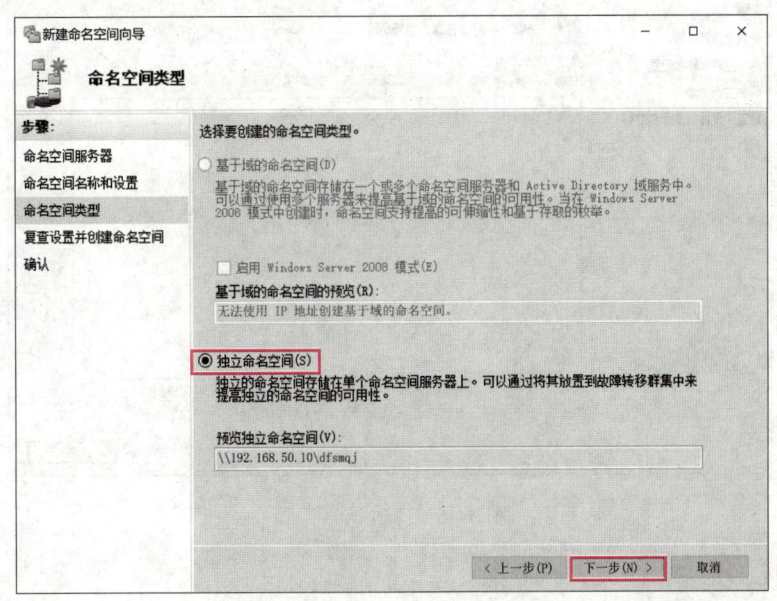

图 3-44 "命名空间类型"界面

步骤 8▶ 显示"复查设置并创建命名空间"界面,单击"创建"按钮,如图 3-45 所示。

网络操作系统：Windows Server 配置与管理

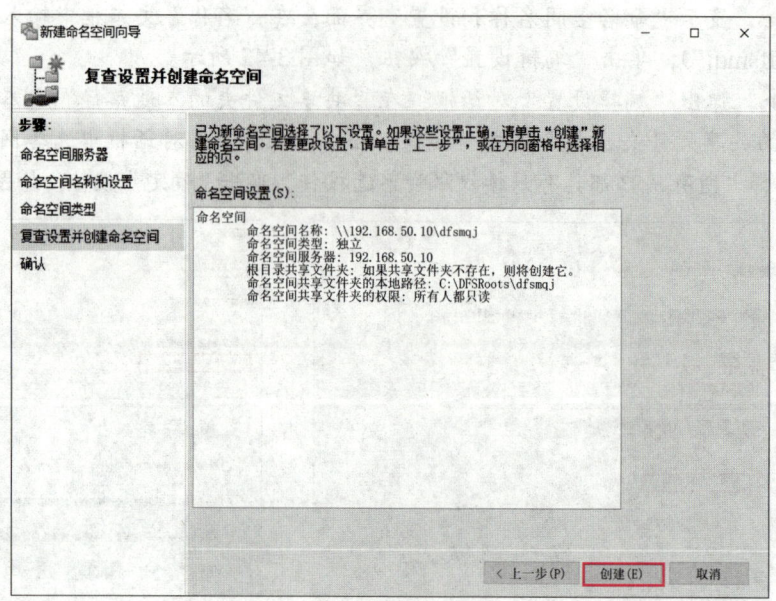

图 3-45 "复查设置并创建命名空间"界面

步骤 9 ▶ 显示"确认"界面，成功创建了一个 DFS 命名空间，单击"关闭"按钮，如图 3-46 所示。

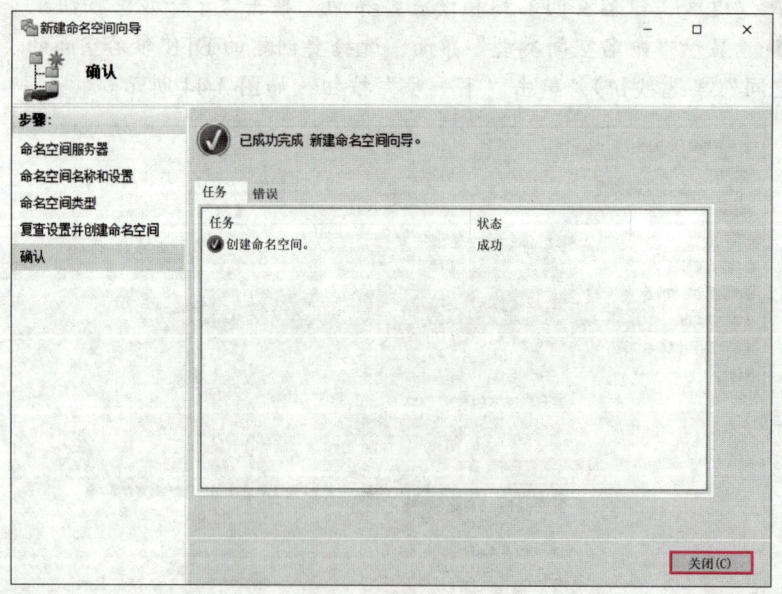

图 3-46 "确认"界面

3．新建 DFS 文件夹

在 IP 地址为 192.168.50.15/24 的虚拟机"server2"中新建文件夹"share-server2"，将其设置为共享；在 IP 地址为 192.168.50.20/24 的虚拟机"Win10-1"中新建文件夹"win101"，

项目 3　文件系统管理

并将其设置为共享。接下来新建 DFS 文件夹，其具体操作步骤如下。

步骤 1　在命名空间服务器上，打开"DFS 管理"窗口，选择左侧的"DFS 管理"→"命名空间"→"\\server1\dfsmqj"，在右侧的"操作"窗格中选择"新建文件夹"选项，如图 3-47 所示。

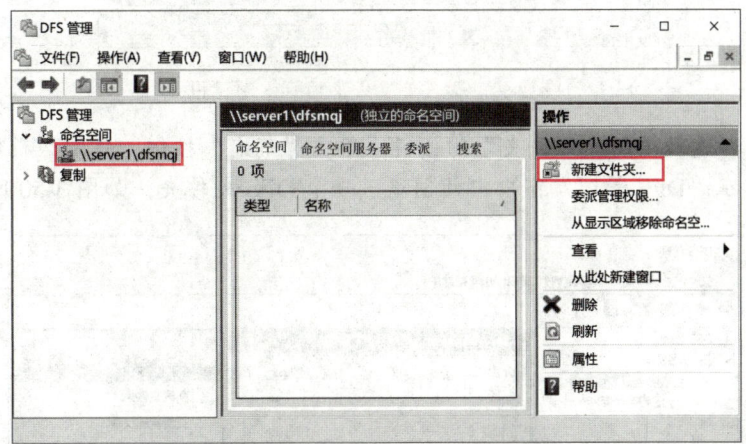

图 3-47　"DFS 管理"窗口

步骤 2　弹出"新建文件夹"对话框，输入 DFS 文件夹的名称（如"share-server2"），单击"添加"按钮，如图 3-48 所示。

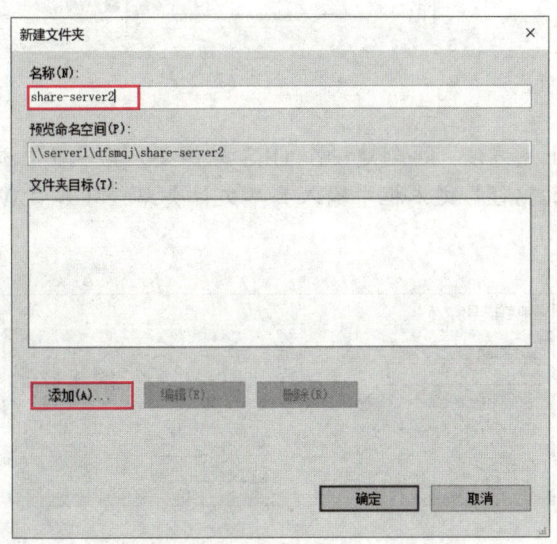

图 3-48　"新建文件夹"对话框

步骤 3　弹出"添加文件夹目标"对话框，输入文件夹目标路径（如"\\server2\share-server2"），单击"确定"按钮，如图 3-49 所示。

网络操作系统：Windows Server 配置与管理

图 3-49 "添加文件夹目标"对话框

步骤 4▶ 返回"新建文件夹"对话框，单击"确定"按钮，关闭"新建文件夹"对话框。此时，在"DFS 管理"窗口中就创建了一个 DFS 文件夹，如图 3-50 所示。

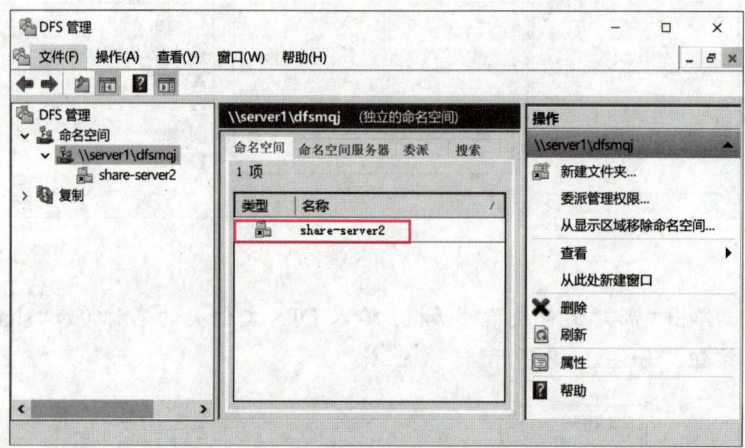

图 3-50 成功创建一个 DFS 文件夹

步骤 5▶ 采用上述方法，再创建一个 DFS 文件夹，其中在"添加文件夹目标"对话框中的"文件夹目标的路径"文本框中输入共享文件夹路径（如"\\Win10-1\win101"），如图 3-51 所示。

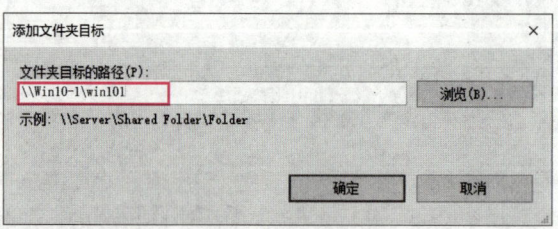

图 3-51 "添加文件夹目标"对话框

> 此处的 DFS 文件夹实际上是 DFS 命名空间指向不同计算机上的共享文件夹的链接，类似桌面上的快捷方式，不是实际存在的文件夹。

项目3　文件系统管理

步骤6▶　创建两个DFS文件夹后，完整的DFS结构如图3-52所示。

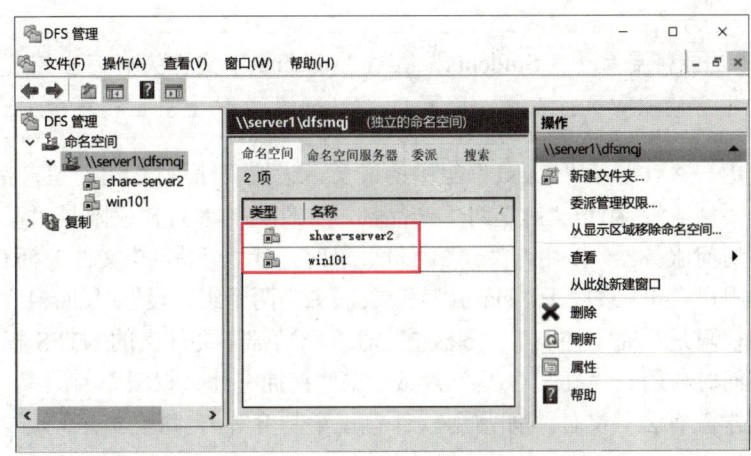

图3-52　完整的DFS结构

4. 客户端访问DFS命名空间

建立了DFS服务后，在IP地址为192.168.50.25/24的虚拟机"Win10-2"中，打开"文件资源管理器"，在其地址栏中输入DFS命名空间的名称（如"\\server1\dfsmqj"），按"Enter"键，便可看到整个DFS树状目录，就可以访问DFS所对应的文件夹了，如图3-53所示。

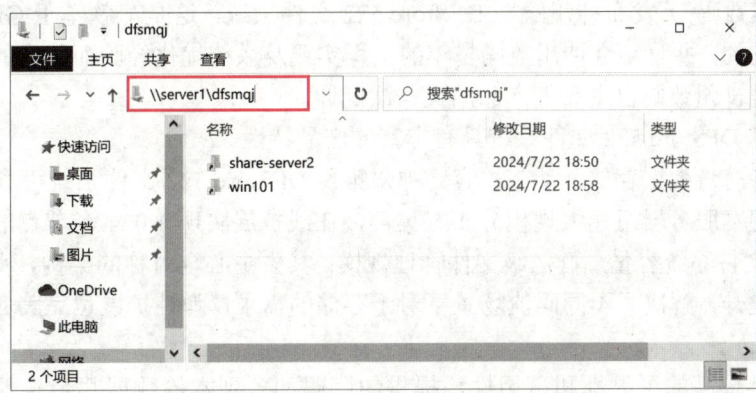

图3-53　客户端访问DFS命名空间

3.4　举一反三

（1）铁道学院某班有学生50名，属性组为"Students"，文件夹"C:\Teacher"用于存放教师的课件和学生的作业，学生需要对该文件夹进行所有操作，但不允许修改文件夹中的课件文件"KJ.ppt"。

提示

要实现此功能需要赋予"Students"组对"Teacher"文件夹有完全控制权限，而对文件"KJ.ppt"有读取和执行权限，需要在"KJ.ppt"文件上阻止权限继承。

（2）假设用户"s1"是"class1"组中的成员，设置"class1"组对"产品部"文件夹的共享权限是"修改"；用户"s1"对"产品部"文件夹的 NTFS 权限是"读取"；那么在客户端从网络访问服务器，以用户"s1"身份登录时，对"产品部"文件夹拥有什么权限？

（3）假设用户"s1"隶属于"class1"和"class2"两个组，设置"class1"对"产品部"文件夹的共享权限是"完全控制"；"class2"对"产品部"文件夹的 NTFS 权限是"无"；那么从网络访问时，用户"s1"对"产品部"文件夹拥有什么权限？

（4）铁道学院有公共文件（如常用软件、规章制度等），每名员工均可以读取这些文件；各部门有自己的部门文件，允许自己的部门领导进行修改，自己的部门员工可以读取，其他部门的人员不能访问；另外，院长可以修改、审阅任意部门的文件。那么如何配置共享权限和 NTFS 权限，保障从网络登录时，文件只被授权的用户访问？

3.5 拓展阅读——国产文件系统：便捷共享与知识产权保护的双重奏

为有效应对全球数据量激增带来的多维度存储挑战，神州数码集团股份有限公司（以下简称"神州数码"）发布神州鲲泰 DFStore 522 文件系统，这是一款基于 Gluster 分布式文件系统研发的，并且结合神州数码多年的工程实践及系统优化经验而打造的海量分布式存储产品，是神州数码自主品牌产品的又一次延伸。

神州鲲泰 DFStore 522 文件系统具有丰富的产品特性。

（1）支持海量数据存储、动态扩容。神州鲲泰 DFStore 522 文件系统可利用不同规格配置的神州鲲泰服务器组建大规模分布式集群，在线扩展实现 1 024 个节点的集群规模、192 PB 的单文件系统容量、百亿级文件管理规模；其去中心全对称的架构，实现了容量和性能的线性提升，解决了不同码流场景下对于存储的需求，弹性扩展也完美应对监控数据的爆炸式增长。

（2）提供较高的可靠性和可用性，提供纠删码和多副本等数据冗余技术，同时提供"快照""远程复制""回收站"等高级数据保护等功能。

（3）提供高效访问与高效运维，支持 POSIX、CIFS、NFS、FTP、S3 和 iSCSI 等诸多访问协议，能实现异构应用的透明共享，支持 AD、LDAP 等多种认证方式，支持配额管理。

（4）实现故障透明，快速治理。在故障发生时，神州鲲泰 DFStore 522 文件系统访问 IP 自动漂移至其他正常节点，不影响数据的读写访问，保证了故障时的系统性能表现。

神州鲲泰 DFStore 522 文件系统适用于对数据存储有较大需求的各类场景。

（1）在企业内部，神州鲲泰 DFStore 522 文件系统提供了企业业务所需要的容量、可靠性和高扩展性，其单一全局命名空间，支撑企业所需的文件共享、网盘、FTP 等场景，满足企业办公协作和资料共享需求。

（2）在公共基础设施领域，神州鲲泰 DFStore 522 文件系统可满足智慧交通、人脸识别、轨迹追踪等视频监控系统对数据写入性能和存储空间的需求，结合大比例纠删码技术，节约空间占用，节省成本。

神州鲲泰 DFStore 522 文件系统搭载鲲鹏主板，支持块、文件、对象统一存储，适配国产操作系统，在专业的分布式存储技术基础上，融入了智能运维、安全强化等多种特性，致力成为 5G 时代海量数据的守护者与赋能者，向众多新兴应用场景不断拓展，为用户创造新价值。

3.6 项目检测

1. 选择题

（1）只有（　　）组内的成员、文件和文件夹的所有者、具备完全控制权限的用户，才有权更改这个文件或文件夹的 NTFS 权限。

　　A．administrators　　　　　　B．users
　　C．everyone　　　　　　　　D．guests

（2）共享权限有 3 种：读取、更改和（　　）。

　　A．列出文件夹内容　　　　　B．完全控制
　　C．修改　　　　　　　　　　D．写入

（3）假设用户"aaa"同时隶属于两个组：class1 和 class2。class1 组对文件夹"操作系统"设置了"完全控制"权限，而 class2 组对文件夹"操作系统"设置了"拒绝"权限，则用户"aaa"对文件夹"操作系统"具有的权限是（　　）。

　　A．可以读取此文件夹中的文件或文件夹的内容，查看其属性
　　B．能运行此文件夹中的应用程序和可执行文件
　　C．可以查看此文件夹中的文件和子文件夹的属性和权限，读取此文件夹中的文件内容
　　D．不可以读取此文件夹中的文件或文件夹的内容

2. 填空题

（1）Windows Server 2022 提供 6 种标准的 NTFS 权限，分别是_____、_____、_____、_____、_____、_____。

（2）共享权限和 NTFS 文件权限组合时，有效的访问权限是通过文件夹的 NTFS 权限和共享权限根据_____原则组合而获得。

3. 简答题

（1）标准的 NTFS 权限和特殊的 NTFS 权限分别有哪些？
（2）简述 NTFS 权限应用原则。
（3）简述分布式文件系统的概念。

项目 4

磁盘管理

本项目主要介绍 Windows Server 2022 网络操作系统的磁盘管理功能,包括磁盘管理的相关概念、磁盘类型、卷的类型、基本磁盘管理、动态磁盘管理及磁盘配额管理。通过本项目的学习,读者应达到以下目标。

知识目标

- 理解磁盘管理的相关概念和术语。
- 掌握基本磁盘的组织方式。
- 掌握动态磁盘及卷的分类。
- 了解磁盘配额的概念。

能力目标

- 能管理简单卷,并给卷添加磁盘。
- 能初始化磁盘。
- 能创建跨区卷、带区卷、镜像卷和 RAID-5 卷,并能修复镜像卷。
- 能设置磁盘配额。

素质目标

- 注重实践能力的提高,增强合理使用磁盘空间的意识。
- 养成认真执行任务、严谨对待问题的工作态度。

4.1 项目背景

计算机网络系统面临着很多威胁，包括非法访问、磁盘物理损坏等。在计算机网络管理中，确保系统安全和数据完整性是至关重要的。针对非法访问和磁盘物理损坏等威胁，采取严格的访问控制和数据备份策略是基本的防护手段。同时，有效地组织和管理磁盘资源也是网络管理的重要组成部分，这通常依赖于网络操作系统来实现。

4.2 相关知识

1．概念和术语

（1）物理磁盘：使用的真实磁盘。多个物理磁盘的集合形成存储池。在存储池中可以创建一个或多个虚拟磁盘，这些虚拟磁盘又称存储空间。

（2）逻辑磁盘：在"此电脑"窗口中所看到的磁盘，是物理磁盘的一个分区或卷。

（3）分区：将物理磁盘分割出的一部分，它可以单独使用，不同分区可使用不同文件系统格式。常见的分区有以下几种。

① 主分区：标记为由操作系统使用的一个分区。

② 扩展分区：从硬盘的可用空间上创建的分区，而且可以将其再划分为逻辑驱动器。

③ 逻辑驱动器：在扩展分区中创建的逻辑分区，逻辑驱动器的数量不受限制。

④ 引导分区：包含引导操作系统文件的分区。

⑤ 系统分区：包含 Windows Server 2022 的分区。

（4）卷：磁盘格式化后由文件系统使用的分区或分区集合。

（5）超融合基础设施（HCI）：一种先进的信息技术基础设施解决方案，它通过整合计算、存储和网络功能，以高度自动化和集成的方式，为企业提供灵活、高效、可扩展的数据中心基础设施。

科 技 之 光

随着科技的不断进步，我国固态硬盘产业的发展将迎来成熟期。与此同时，多家企业都研发了自主品牌的存储器，如特纳飞推出的核心产品 TC2200 PCIe Gen4 DRAMless 固态硬盘控制器、光威推出的自主研发固态硬盘——Premium 系列 SSD、致钛科技发布的新型 SSD 硬盘、朗科推出的拥有 USB 4.0 接口的移动 SSD 及影驰推出的 2 TB 大容量 SSD 等。

2．基本磁盘

基本磁盘是 Windows Server 2022 操作系统支持的默认磁盘类型，与其他操作系统兼容，以分区方式组织和管理磁盘空间。基本磁盘是包括主分区、扩展分区及逻辑驱动器的物理磁盘，也包括基本卷。分区只能在一个物理磁盘上创建，不能跨越物理磁盘创建分区。基本磁盘不能提升磁盘读写性能，不能提供磁盘容错功能。

3．动态磁盘

动态磁盘是 Windows Server 2022 操作系统所拥有的磁盘类型。动态磁盘不使用分区或逻辑驱动器，而是以卷的形式组织磁盘空间，可以提升磁盘读写性能和提供磁盘容错功能。在一个动态磁盘上所能创建卷的数量只受磁盘上可用空闲空间量的限制。一个卷可以指定一个驱动器字符或挂载点。

Windows Server 2022 系统的动态磁盘支持简单卷、跨区卷、带区卷、镜像卷和有奇偶校验值的带区卷（RAID-5）5 种卷类型。

（1）简单卷：在单独的动态磁盘中的一个卷，它与基本磁盘的分区相似，但它没有空间限制及数量限制。简单卷不能提升磁盘读写性能，不能提供磁盘容错功能，磁盘利用率为100%。

（2）跨区卷：一个包含多个磁盘上的空间的卷（最多 32 个磁盘）。向跨区卷中存储数据的顺序是存满第一个磁盘再逐个向后面的磁盘中存储，系统在同一时间只能向一个磁盘写入数据。跨区卷并不能提高磁盘读写性能和容错功能，磁盘利用率为100%。

（3）带区卷：由两个或多个磁盘中的空余空间组成的卷（最多 32 个磁盘）。在向带区卷中写入数据时，数据被分割成 64 KB 的数据块，然后同时向阵列中的每一个磁盘写入不同的数据块。这个过程显著提高了磁盘效率和性能，但是带区卷不提供容错功能，磁盘利用率为100%。

（4）镜像卷：需要两个磁盘，一个存储运行中的数据，一个存储数据副本，从而提供了容错功能，但是它不提供性能的优化。镜像卷写的性能会下降，磁盘利用率为 50%。

（5）RAID-5 卷：含有奇偶校验的带区卷。RAID-5 卷至少包含 3 个磁盘，最多 32 个磁盘。在写入数据时，数据被分割成 64 KB 的数据块，然后同时向阵列中的每一个磁盘写入不同的数据块，其中包含一个 64 KB 奇偶校验数据块，并轮流写在不同的磁盘上。RAID-5 卷提供了容错功能，降低了写的性能，提高了读的性能，磁盘利用率为$(n-1)/n$，n 为磁盘个数。

4．磁盘配额

为访问服务器资源的用户设置磁盘配额，控制他们对磁盘空间的使用，可以防止用户过量地占用服务器和网络资源，导致其他用户无法访问服务器。

当启用磁盘配额时，可以设置两个值：磁盘配额限制和磁盘配额警戒等级。磁盘配额限制指定了用户可以使用的磁盘空间数量；磁盘配额警戒等级指定了用户接近配额限制的警告点。

知类通达

由于 Windows Server 2022 是多用户、多任务的操作系统，为了避免当多个用户共用一个磁盘空间时，有少数几个用户使用大量的磁盘空间，导致其他用户无法使用磁盘的情况出现，具备系统管理员权限的用户可以设置磁盘配额来进行限制。在实际生产环境中，用户应自觉养成良好的操作习惯，合理使用磁盘空间。

项目 4 磁盘管理

4.3 项目过程

项目过程可分为以下几个任务执行。
（1）基本磁盘管理。
（2）动态磁盘管理。
（3）磁盘配额管理。

4.3.1 任务 1 基本磁盘管理

在安装 Windows Server 2022 操作系统时，硬盘将自动初始化为基本磁盘。基本磁盘上的管理任务包括磁盘分区的建立、删除和查看等。

基本磁盘管理

1. 扩展磁盘空间

具体操作步骤如下。

步骤 1▶ 在 VMware Workstation 窗口中，选择"虚拟机"→"设置"选项，弹出"虚拟机设置"对话框，切换到"硬件"选项卡，在"设备"列表中选择"硬盘"选项，单击"扩展"按钮，如图 4-1 所示。

步骤 2▶ 弹出"扩展磁盘容量"对话框，在"最大磁盘大小"编辑框中输入磁盘的大小（如 80），单击"扩展"按钮，如图 4-2 所示。

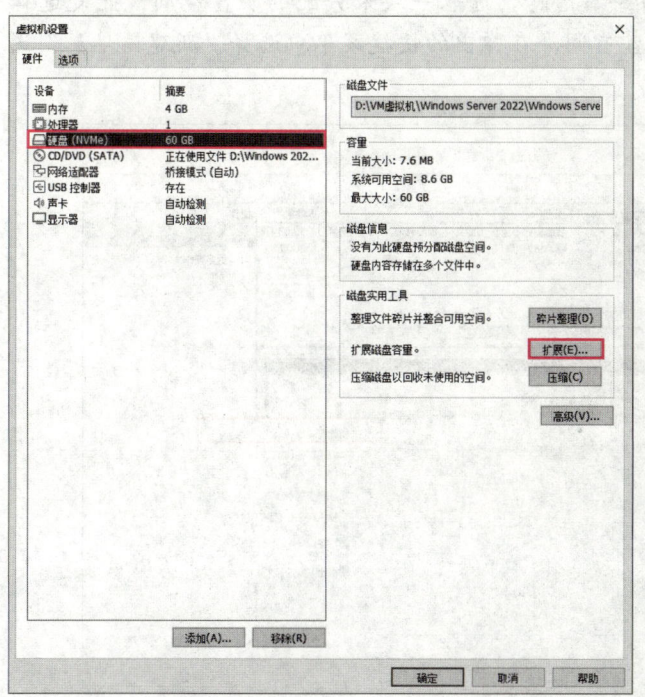

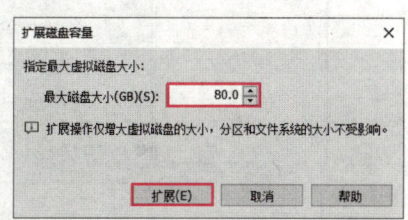

图 4-1 "虚拟机设置"对话框   图 4-2 "扩展磁盘容量"对话框

步骤 3▶ 返回"虚拟机设置"对话框,单击"确定"按钮。

2. 新建简单卷

具体操作步骤如下。

步骤 1▶ 启动 Windows Server 2022 操作系统,在"服务器管理器"窗口中选择"工具"→"计算机管理"选项,打开"计算机管理"窗口,选择"存储"→"磁盘管理"选项,如图 4-3 所示。

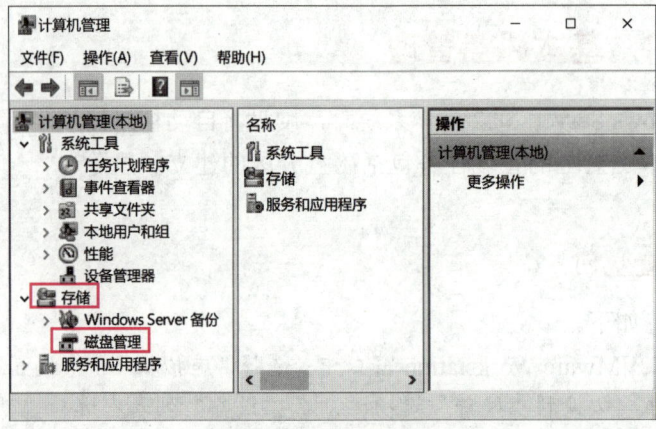

图 4-3 "计算机管理"窗口

步骤 2▶ 显示"磁盘管理"界面,在该界面中显示所有磁盘的名称、类型、采用的文件系统格式和状态,以及分区的基本信息。选取一块未分配的磁盘空间,此处选择磁盘 0 中的未分配空间,右击该磁盘空间,在弹出的快捷菜单中选择"新建简单卷"选项,如图 4-4 所示。

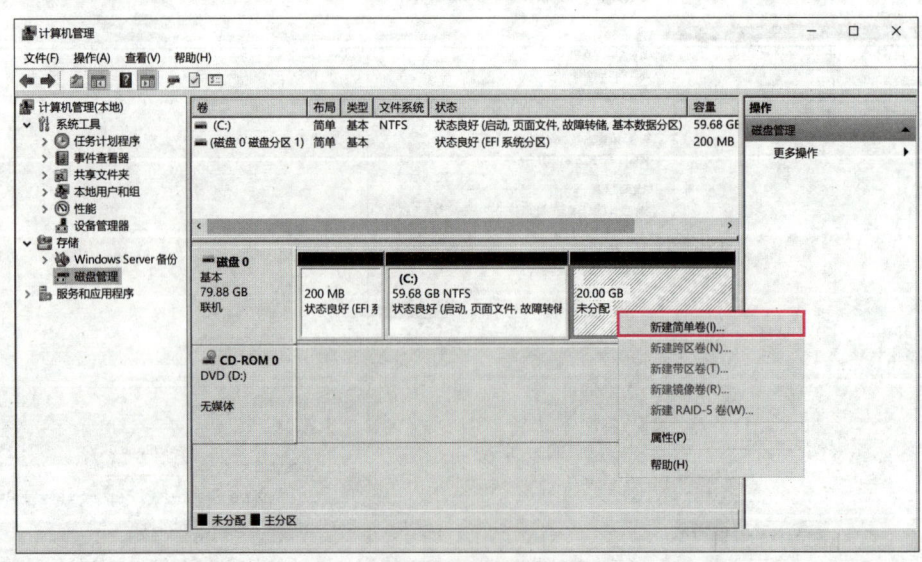

图 4-4 "磁盘管理"界面

步骤 3 ▶ 弹出"新建简单卷向导"对话框,显示欢迎界面,单击"下一步"按钮,如图 4-5 所示。

步骤 4 ▶ 显示"指定卷大小"界面,在"简单卷大小"编辑框中输入简单卷的大小(如 1024),单击"下一步"按钮,如图 4-6 所示。

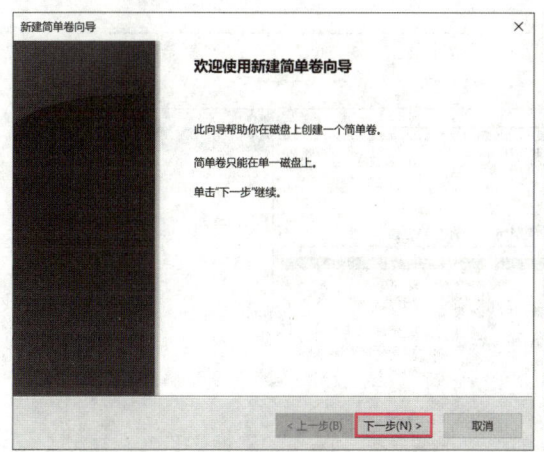

图 4-5 "新建简单卷向导"对话框

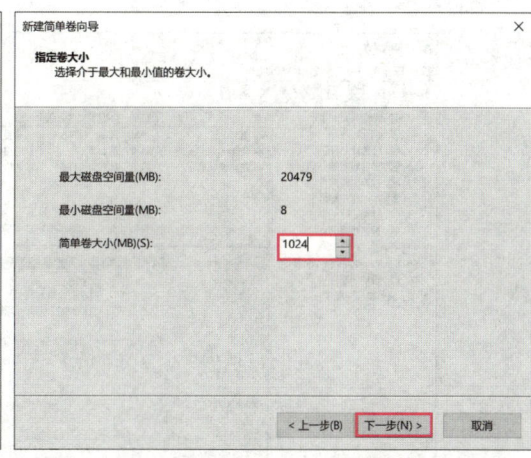

图 4-6 "指定卷大小"界面

步骤 5 ▶ 显示"分配驱动器号和路径"界面,保持默认设置不变,单击"下一步"按钮,如图 4-7 所示。

步骤 6 ▶ 显示"格式化分区"界面,保持默认设置不变,单击"下一步"按钮,如图 4-8 所示。

步骤 7 ▶ 显示"正在完成新建简单卷向导"界面,该界面显示了所有的设置信息,单击"完成"按钮完成简单卷的创建。

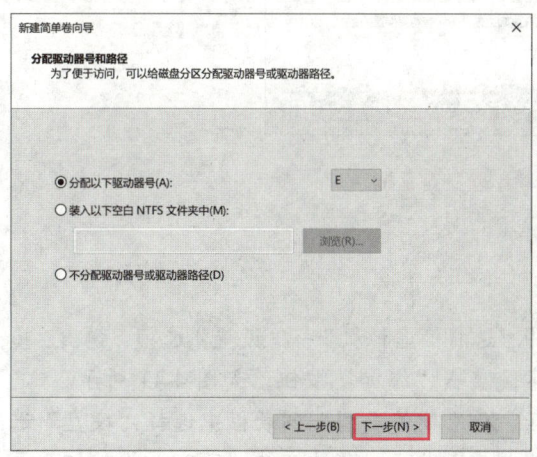

图 4-7 "分配驱动器号和路径"界面

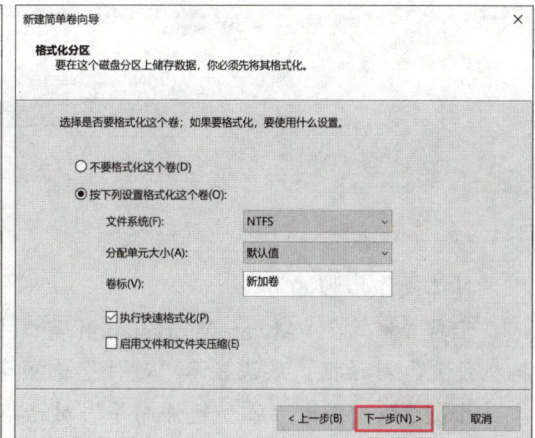

图 4-8 "格式化分区"界面

3. 删除简单卷

具体操作步骤如下。

步骤1▶ 在"磁盘管理"界面中,右击要删除的简单卷,在弹出的快捷菜单中选择"删除卷"选项,如图4-9所示。

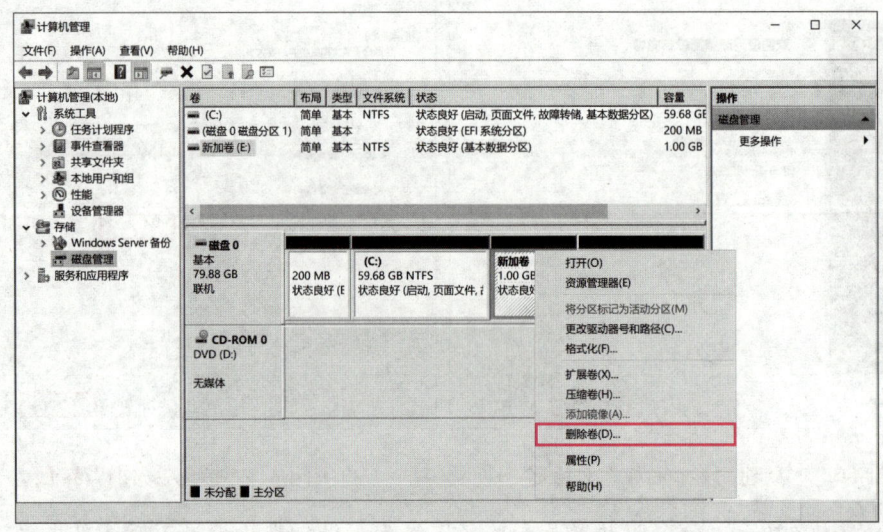

图4-9 删除简单卷

步骤2▶ 弹出"删除简单卷"对话框,单击"是"按钮即可删除简单卷,如图4-10所示。

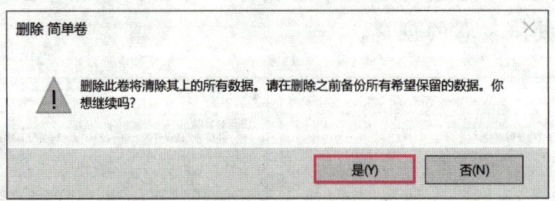

图4-10 "删除简单卷"对话框

4. 添加新磁盘

具体操作步骤如下。

步骤1▶ 在VMware Workstation窗口中,选择"虚拟机"→"设置"选项,弹出"虚拟机设置"对话框,默认显示"硬件"选项卡,单击"添加"按钮,如图4-11所示。

步骤2▶ 弹出"添加硬件向导"对话框,在"硬件类型"列表框中选择"硬盘"选项,单击"下一步"按钮,如图4-12所示。根据向导提示,依次单击"下一步"按钮直至完成。

项目 4 磁盘管理

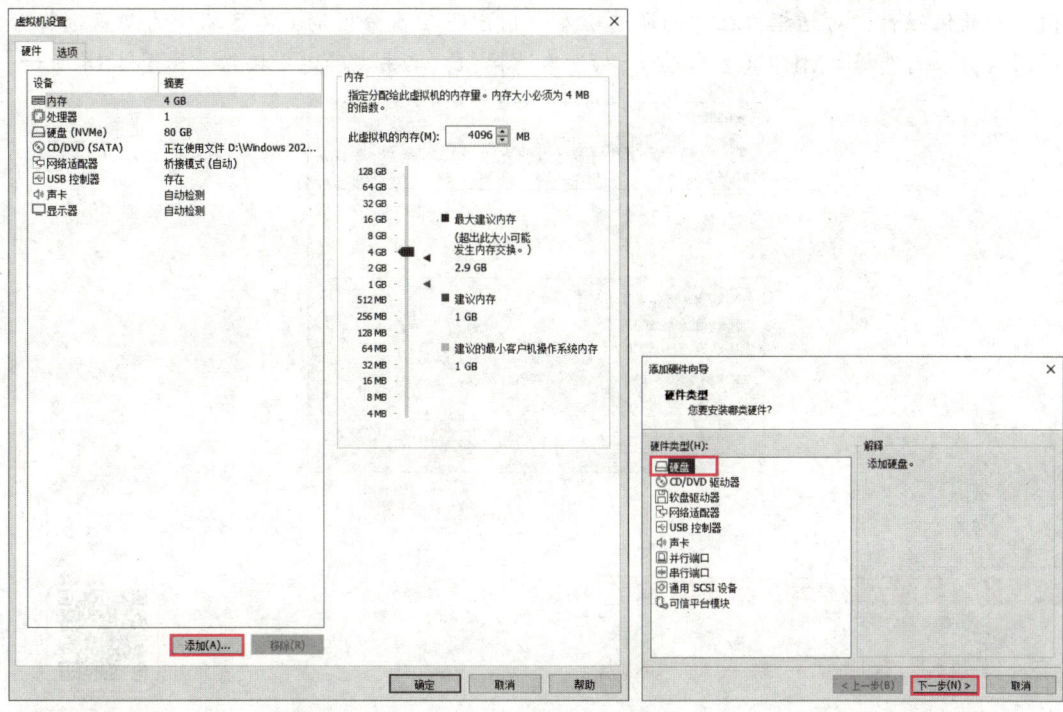

图 4-11 "虚拟机设置"对话框　　　　图 4-12 "添加硬件向导"对话框

步骤 3▶ 打开"计算机管理"窗口,在左侧窗格中选择"存储"→"磁盘管理"选项,在中间窗格中显示所有磁盘信息。右击刚添加的新磁盘(如磁盘1),在弹出的快捷菜单中选择"联机"选项,如图 4-13 所示。

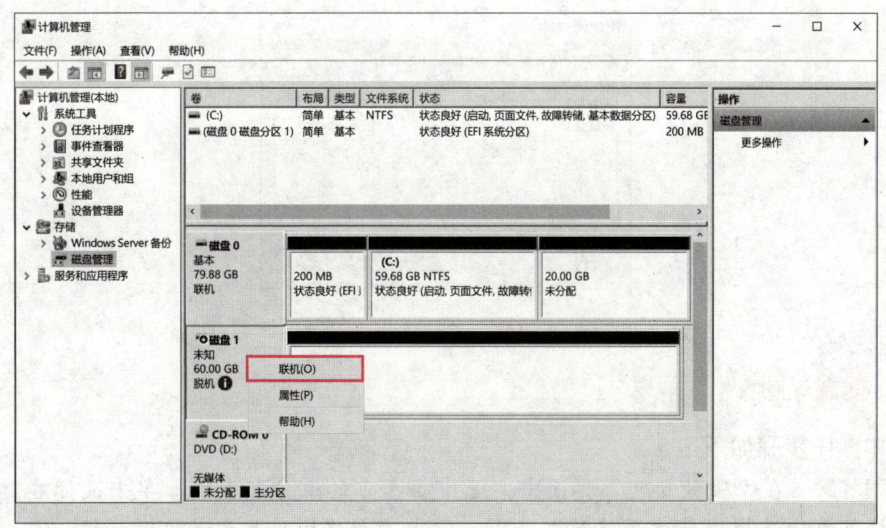

图 4-13 "计算机管理"窗口

步骤 4▶ 再次在磁盘 1 上右击,在弹出的快捷菜单中选择"初始化磁盘"选项,弹

73

出"初始化磁盘"对话框,在"为所选磁盘使用以下磁盘分区形式"区域中为磁盘选择分区形式,本例选择"MBR(主启动记录)"单选按钮,单击"确定"按钮,如图4-14所示。

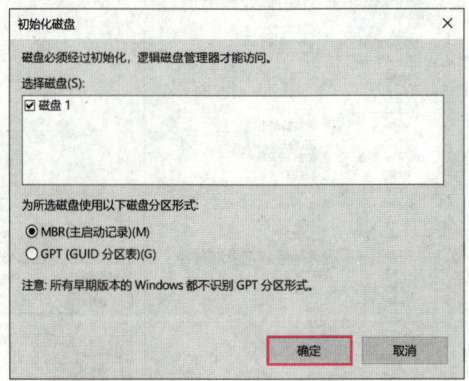

图4-14 "初始化磁盘"对话框

4.3.2 任务2 动态磁盘管理

动态磁盘管理

1. 将基本磁盘转换成动态磁盘

具体操作步骤如下。

步骤 1▶ 在"磁盘管理"界面中,选中要转换的磁盘(如磁盘1),单击鼠标右键,在弹出的快捷菜单中选择"转换到动态磁盘"选项。

步骤 2▶ 弹出"转换为动态磁盘"对话框,勾选"磁盘1"复选框,单击"确定"按钮,如图4-15所示。

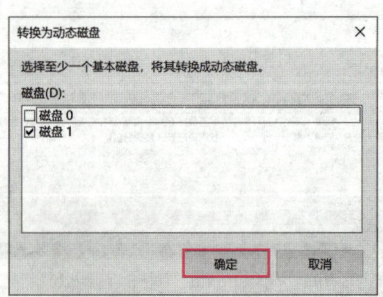

图4-15 "转换为动态磁盘"对话框

2. 创建、扩展简单卷

具体操作步骤如下。

步骤 1▶ 在"磁盘管理"界面中,选中磁盘1的未分配空间,单击鼠标右键,在弹出的快捷菜单中选择"新建简单卷"选项,弹出"新建简单卷向导"对话框。

步骤 2▶ 参照基本磁盘管理中新建简单卷的步骤,根据向导提示完成简单卷的创建。本例中,新建简单卷"E:",磁盘容量为5 GB,如图4-16所示。

项目 4 磁盘管理

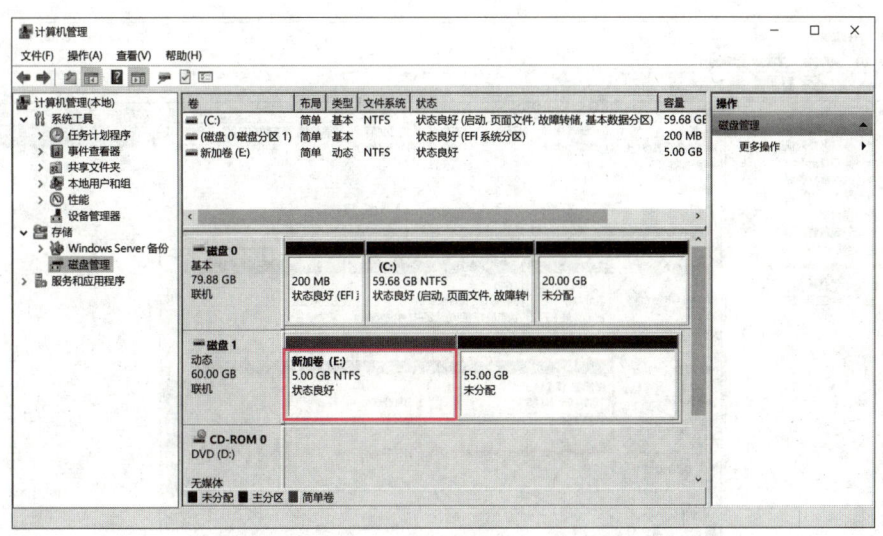

图 4-16 新建简单卷 "E:"

> **提 示**
>
> 将同一磁盘中的未分配空间合并到简单卷中,可扩展简单卷容量。

步骤 3▶ 选中简单卷 "E:",单击鼠标右键,在弹出的快捷菜单中选择 "扩展卷" 选项,弹出 "扩展卷向导" 对话框,单击 "下一步" 按钮。

步骤 4▶ 显示 "选择磁盘" 界面,在 "选择空间量" 编辑框中输入 "5120",单击 "下一步" 按钮,如图 4-17 所示。

步骤 5▶ 显示 "完成扩展卷向导" 界面,单击 "完成" 按钮完成简单卷的扩展,如图 4-18 所示。此时,在 "磁盘管理" 界面中可以看到 "E:" 磁盘容量已被扩展到 10 GB,如图 4-19 所示。

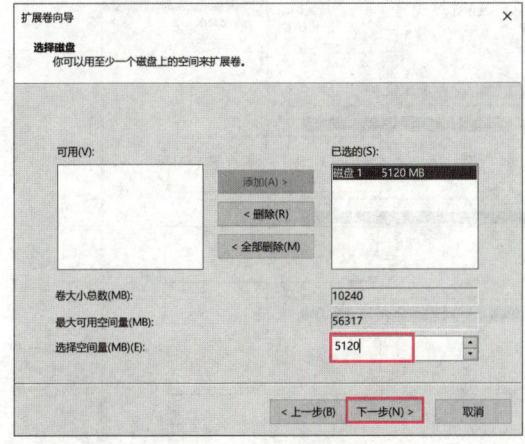

图 4-17 "选择磁盘" 界面

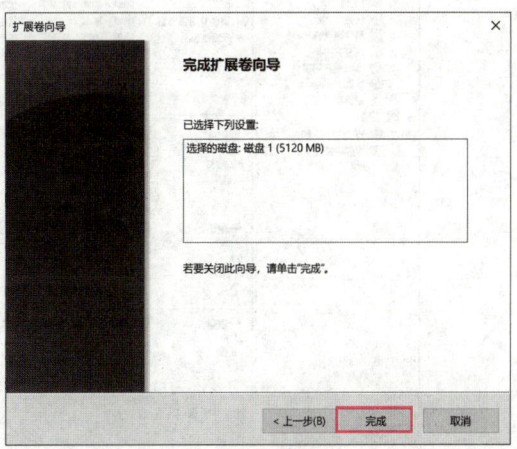

图 4-18 "完成扩展卷向导" 界面

网络操作系统：Windows Server 配置与管理

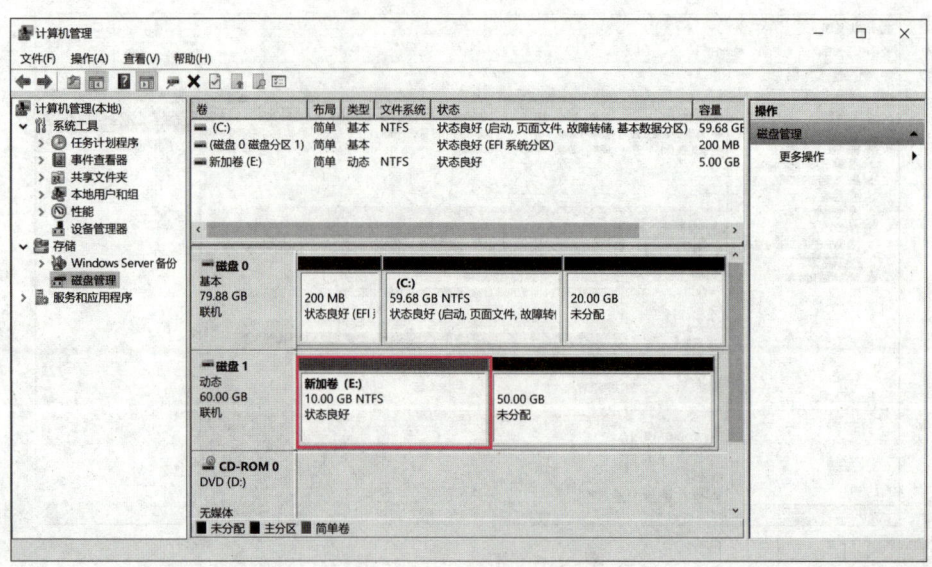

图 4-19　已扩展简单卷

3. 创建跨区卷

将如图 4-20 所示的 3 个未分配空间合并为一个跨区卷，具体操作步骤如下。

> 首先增加两个新磁盘，即磁盘 2 和磁盘 3，然后将其进行初始化，并将其转换为动态磁盘。

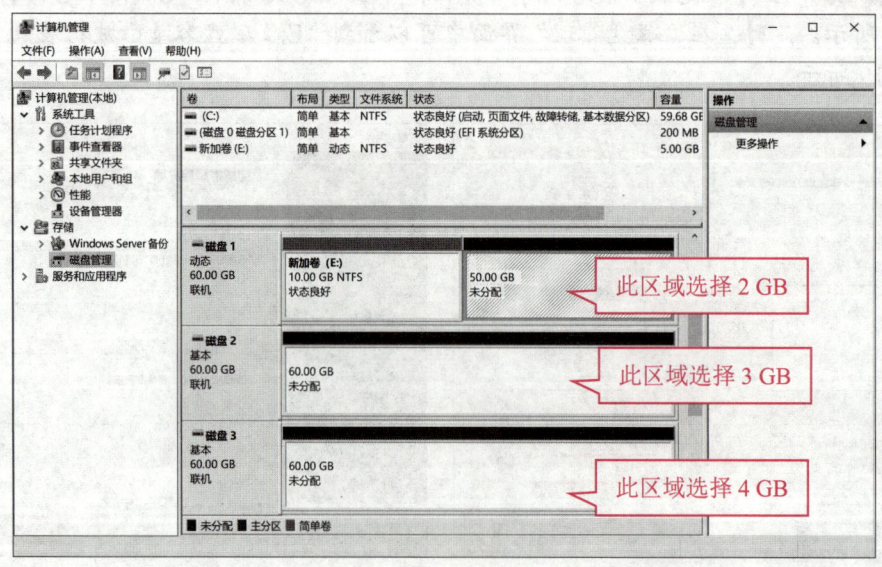

图 4-20　分配磁盘空间

步骤 1▶ 选中任意一个未分配空间（如磁盘 1 的未分配空间），单击鼠标右键，在弹出的快捷菜单中选择"新建跨区卷"选项，弹出"新建跨区卷"对话框，单击"下一步"按钮，如图 4-21 所示。

步骤 2▶ 显示"选择磁盘"界面，在"可用"列表框中选择"磁盘 2"选项，单击"添加"按钮，将其添加到"已选的"列表框中。使用相同的方法，将"磁盘 3"也添加到"已选的"列表框中。

步骤 3▶ 在"已选的"列表框中选择"磁盘 1"选项，然后在"选择空间量"编辑框中输入"2048"（2 GB），为磁盘 1 设置提供的容量大小。使用相同的方法，为磁盘 2 设置提供的容量大小为 3 072 MB（3 GB），为磁盘 3 设置提供的容量大小为 4 096 MB（4 GB），然后单击"下一步"按钮，如图 4-22 所示。

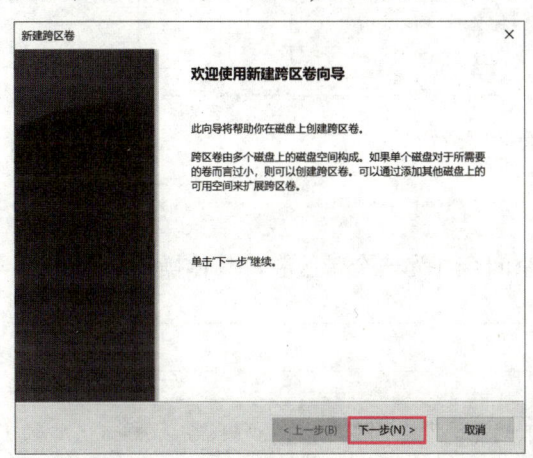
图 4-21 "新建跨区卷"对话框

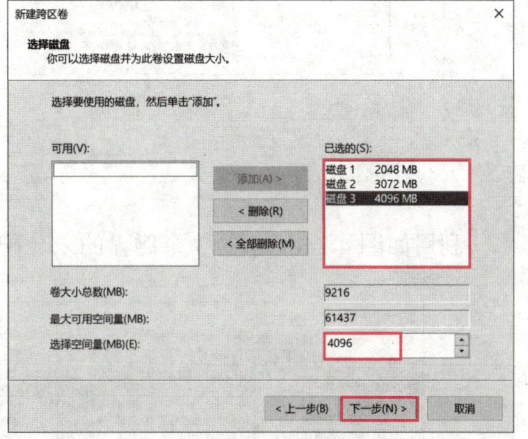
图 4-22 选择磁盘并为跨区卷设置磁盘大小

步骤 4▶ 显示"分配驱动器和路径"界面，在"分配以下驱动器号（A）"下拉列表中选择"F"选项，单击"下一步"按钮。

步骤 5▶ 显示"卷区格式化"界面，保持默认设置，单击"下一步"按钮。

步骤 6▶ 显示"正在完成新建跨区卷向导"界面，单击"完成"按钮。

步骤 7▶ 系统开始创建并格式化跨区卷，完成后如图 4-23 所示。其中，"F:"就是跨区卷，分布在 3 个磁盘中，总容量为 9 GB。

提 示

> 跨区卷是几个位于不同物理磁盘的未分配空间组成的一个逻辑卷，可以用来将动态磁盘内多个剩余的、容量较小的未被分配空间，组合成为一个容量较大的卷。组成跨区卷的每个成员的容量大小可以不同。

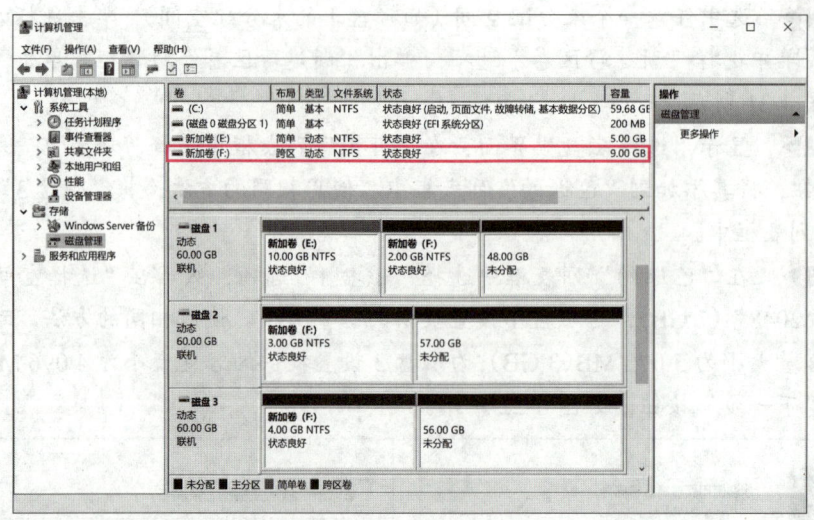

图 4-23　已创建跨区卷

4．创建带区卷

利用如图 4-24 所示的 3 个磁盘的未分配空间合并为一个带区卷，具体操作步骤如下。

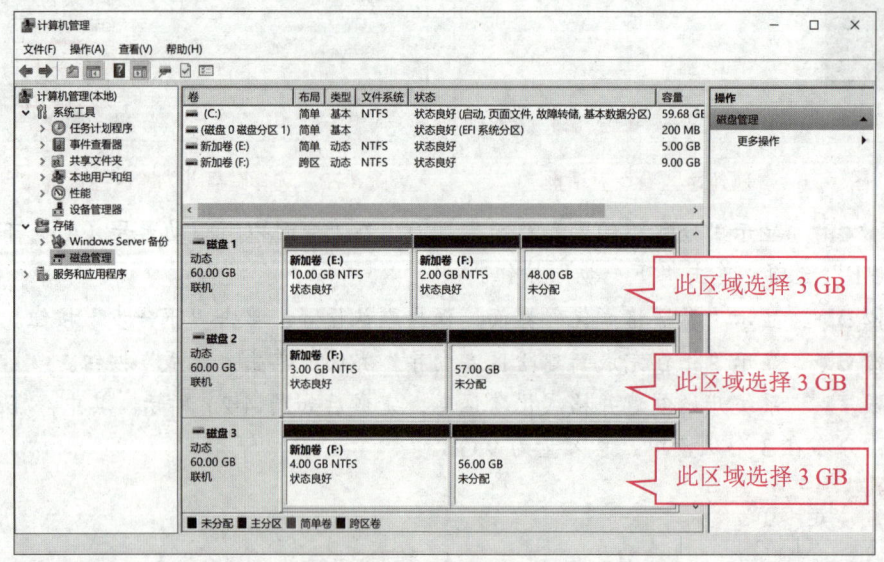

图 4-24　分配磁盘空间

步骤 1▶　选中任意一个未分配空间（如磁盘 1 的未分配空间），单击鼠标右键，在弹出的快捷菜单中选择"新建带区卷"选项，弹出"新建带区卷"对话框，单击"下一步"按钮，如图 4-25 所示。

步骤 2▶　显示"选择磁盘"界面，将磁盘 2、磁盘 3 添加到"已选的"列表框中。然后为 3 个磁盘均设置提供的容量大小为 3 072 MB（3 GB），然后单击"下一步"按钮，如图 4-26 所示。

步骤 3▶ 后续操作步骤与创建其他卷一样，根据提示设置相关数据即可。完成后如图 4-27 所示，可以看到"G:"的总容量为 9 GB，均匀分布在 3 个磁盘中。

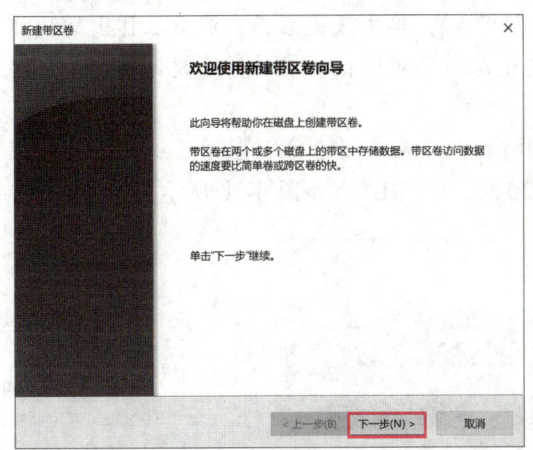

图 4-25 "新建带区卷"对话框

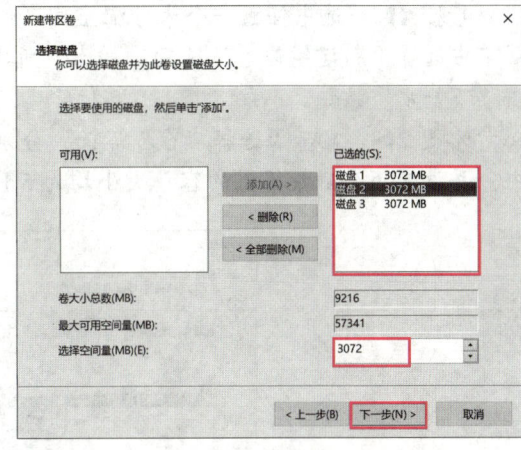

图 4-26 选择磁盘并为带区卷设置磁盘大小

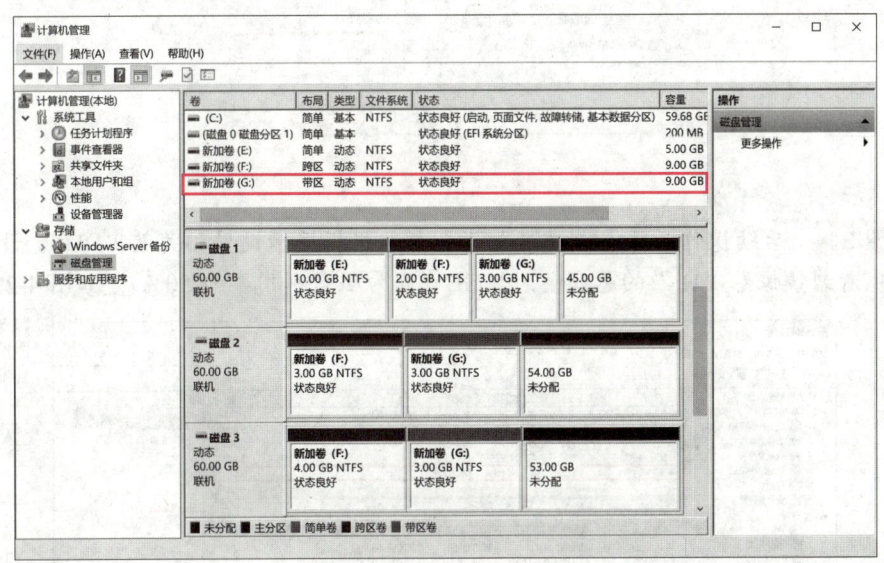

图 4-27 已创建带区卷

> **提示**
>
> 带区卷是几个位于不同物理磁盘的未分配空间组成的一个逻辑卷，组成带区卷的每个成员的容量大小相同，并且数据写入是以 64 KB 为单位，平均写入每个磁盘。带区卷运行速度快，类似于磁盘阵列 RAID0 标准。

5. 创建镜像卷

利用磁盘 2 和磁盘 3 的未分配空间（各提供 5 GB 的容量）组成一个镜像卷，具体操作步骤如下。

步骤 1▶ 选中任意一个未分配空间（如磁盘 2），单击鼠标右键，然后在弹出的快捷菜单中选择"新建镜像卷"选项，弹出"新建镜像卷"对话框，启动新建镜像卷向导，单击"下一步"按钮。

步骤 2▶ 显示"选择磁盘"界面，分别将磁盘 2 和磁盘 3 添加至"已选的"列表框中，并设置两个磁盘提供的容量大小均为 5 120 MB（5 GB），如图 4-28 所示。

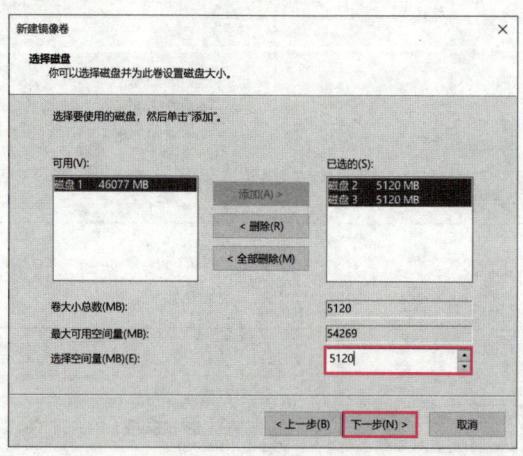

图 4-28 "选择磁盘"界面

步骤 3▶ 后续操作步骤与创建其他卷一样，根据提示设置相关数据即可。设置完成后，可以看到镜像卷"H:"的总容量为 5 GB（因为磁盘利用率为 50%），如图 4-29 所示。

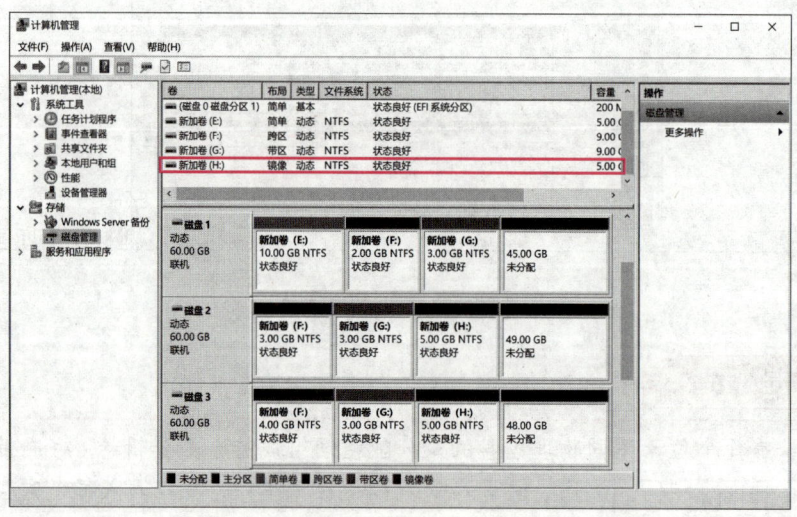

图 4-29 已创建镜像卷

提示

镜像卷是由一个动态磁盘中的简单卷和另一个动态磁盘的未分配空间组合而成，或由两个未分配的可用空间组合而成，然后给予一个逻辑磁盘驱动器号。这两个区域存储完全相同的数据，当一个磁盘出现故障时，系统仍然可以使用另一个磁盘中的数据，镜像卷功能类似磁盘阵列 RAID1 标准。

6．创建 RAID-5 卷

利用磁盘 1、磁盘 2 和磁盘 3 的未分配空间（各提供 5 GB 的容量）创建 RAID-5 卷，具体操作步骤如下。

步骤1▶ 选中 3 个未分配空间中的任意一个（如磁盘 1 的未分配空间），单击鼠标右键，在弹出的快捷菜单中选择"新建 RAID-5 卷"选项，弹出"新建 RAID-5 卷"对话框，单击"下一步"按钮。

步骤2▶ 显示"选择磁盘"界面，将磁盘 2、磁盘 3 添加到"已选的"列表框中。然后为 3 个磁盘均设置提供的容量大小为 5 120 MB（5 GB），单击"下一步"按钮，如图 4-30 所示。

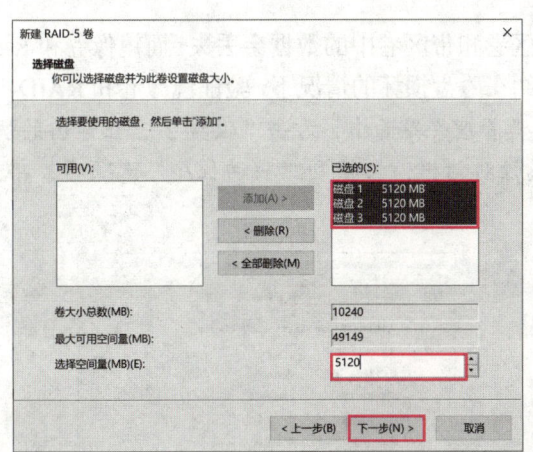

图 4-30　"选择磁盘"界面

步骤3▶ 后续操作步骤与创建其他卷一样，根据提示设置相关数据即可。设置完成后，可以看到 RAID-5 卷"I:"的总容量为 10 GB（见图 4-31），这是因为磁盘利用率为 $(n-1)/n$，（n 为磁盘个数）。

提示

RAID-5 卷是由多个分别位于不同磁盘中的未分配空间所组成的一个逻辑卷。RAID-5 卷在存储数据时，会根据数据内容计算出奇偶校验数据，并将该校验数据一起写入 RAID-5 卷。当某个磁盘出现故障时，系统可以利用该奇偶校验数据推算出故障盘中的数据。RAID-5 卷至少要由 3 个磁盘组成，其功能类似于磁盘阵列 RAID5 标准。

网络操作系统：Windows Server 配置与管理

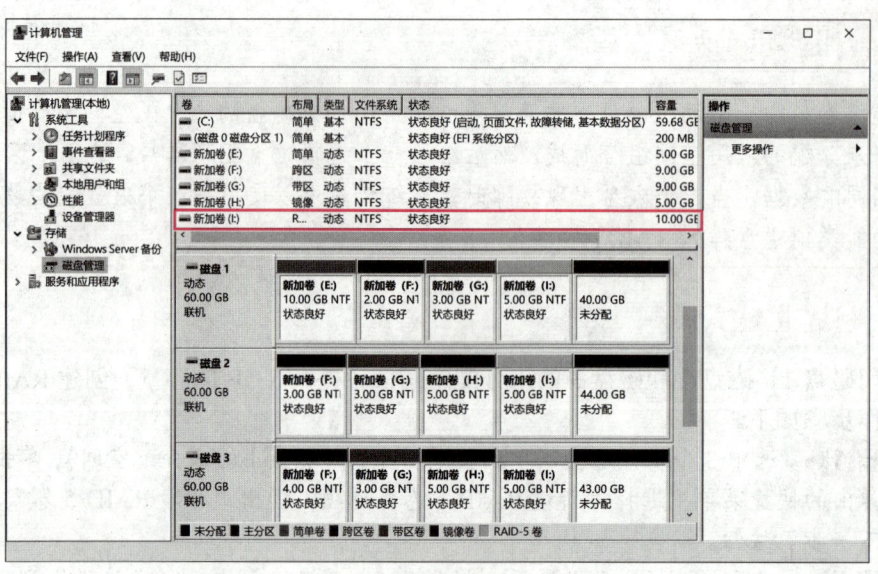

图 4-31　已创建 RAID-5 卷

7. 维护动态卷

如果硬盘损坏，跨区卷和带区卷中的数据会丢失，而镜像卷和 RAID-5 卷具有容错功能，可以修复数据。下面介绍在磁盘损坏的情况下，验证镜像卷和 RAID-5 卷容错性的操作步骤。

步骤 1▶ 在"磁盘管理"界面中，右击"磁盘 2"，在弹出的快捷菜单中选择"属性"选项，弹出磁盘设备属性对话框，切换到"驱动程序"选项卡，单击"禁用设备"按钮，如图 4-32 所示。

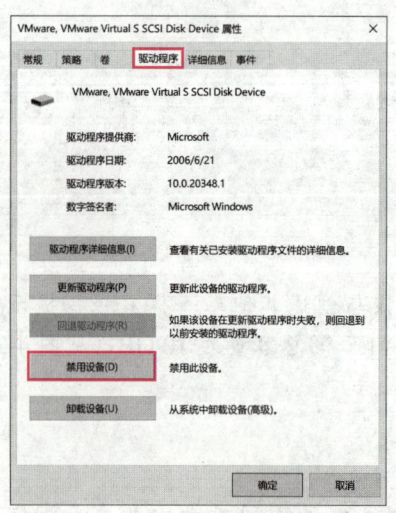

图 4-32　磁盘设备属性对话框

步骤 2▶ 弹出提示对话框，单击"是"按钮，如图 4-33 所示。

步骤 3▶ 返回磁盘设备属性对话框，单击"确定"按钮。

步骤 4▶ 弹出"系统设置改变"对话框(见图 4-34),单击"是"按钮重启计算机使其生效。

图 4-33 提示对话框

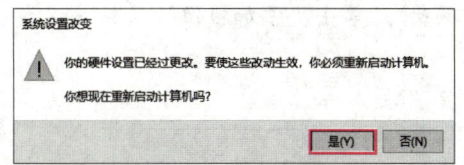

图 4-34 "系统设置改变"对话框

(1)修复镜像卷。

步骤 1▶ 增加一个新磁盘,然后将其初始化并转换为动态磁盘。

> 某一磁盘(如前面禁用的磁盘 2)损坏后,需要新增一个磁盘替换掉损坏的磁盘,用于修复损坏的镜像卷或 RAID-5 卷。

步骤 2▶ 在"磁盘管理"界面中,右击出现错误的镜像卷,在弹出的快捷菜单中选择"删除镜像"选项,如图 4-35 所示。

步骤 3▶ 弹出"删除镜像"对话框,在"磁盘"列表框中选择"丢失"选项,单击"删除镜像"按钮,如图 4-36 所示。

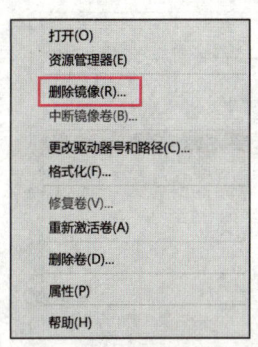

图 4-35 选择"删除镜像"选项

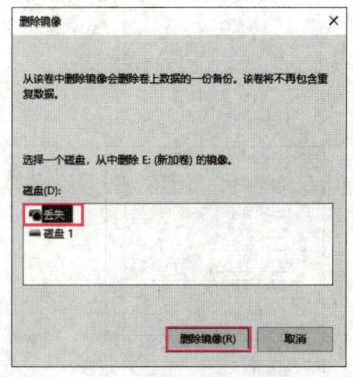

图 4-36 "删除镜像"对话框

步骤 4▶ 弹出"磁盘管理"对话框,单击"是"按钮,如图 4-37 所示。

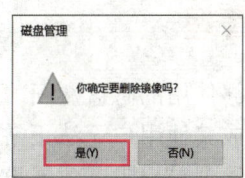

图 4-37 "磁盘管理"对话框

步骤 5▶ 右击要重新镜像的卷,在弹出的快捷菜单中选择"添加镜像"选项,如

图 4-38 所示。

步骤 6▶ 弹出"添加镜像"对话框,在"磁盘"列表框中选择"磁盘 3"选项(新增的磁盘),单击"添加镜像"按钮,完成镜像卷的修复,如图 4-39 所示。

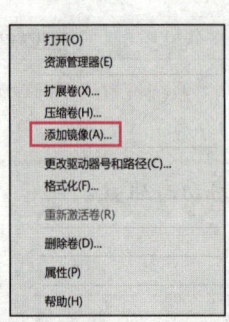
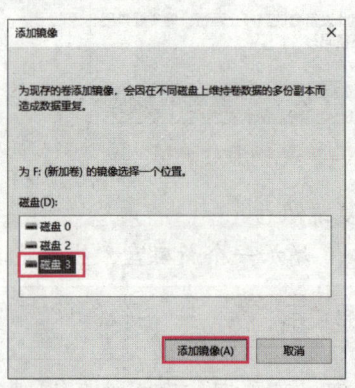

图 4-38 选择"添加镜像"选项　　　　图 4-39 "添加镜像"对话框

(2) 修复 RAID-5 卷。

步骤 1▶ 在"磁盘管理"界面中,右击 RAID-5 卷驱动器,在弹出的快捷菜单中选择"修复卷"选项,如图 4-40 所示。

步骤 2▶ 弹出"修复 RAID-5 卷"对话框,在"磁盘"列表框中选择替换的磁盘"磁盘 3",单击"确定"按钮,完成 RAID-5 卷的修复,如图 4-41 所示。

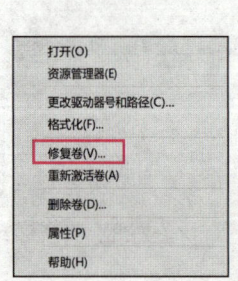
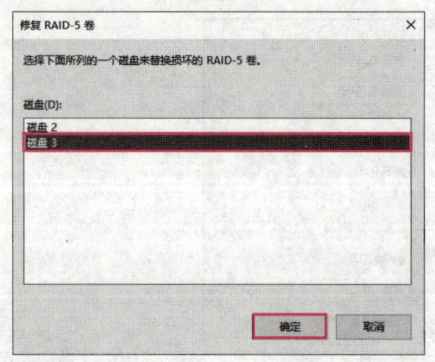

图 4-40 选择"修复卷"选项　　　　图 4-41 "修复 RAID-5 卷"对话框

4.3.3 任务 3 磁盘配额管理

磁盘配额可以限制指定账户能够使用的磁盘空间,这样可以避免因某个用户过度使用磁盘空间而造成其他用户无法正常工作,甚至影响系统运行的现象。只有具备系统管理员权限,才能设置磁盘配额。

磁盘配额管理

下面以设置磁盘"C:"的磁盘配额为例,介绍设置磁盘配额的具体操作步骤。

步骤 1▶ 打开"此电脑"窗口,右击"本地磁盘(C:)"图标,在弹出的快捷菜单中选择"属性"选项,弹出"本地磁盘(C:)属性"对话框。

项目 4 磁盘管理

步骤 2▶ 切换至"配额"选项卡,勾选"启用配额管理"复选框,然后在选择"将磁盘空间限制为"单选按钮后设置磁盘空间限制和警告等级,单击"应用"按钮,如图 4-42 所示。

> **提示**
>
> 在图 4-42 中,若不勾选"拒绝将磁盘空间给超过配额限制的用户",那么即使用户在此磁盘使用的空间已超过配额限制,仍然可以将新数据存入此磁盘。此功能可以追踪、监视用户的磁盘空间使用情况,但不会限制其磁盘使用。

步骤 3▶ 单击"配额项"按钮,在打开的如图 4-43 所示的窗口中可以监视每个用户的磁盘配额使用情况。

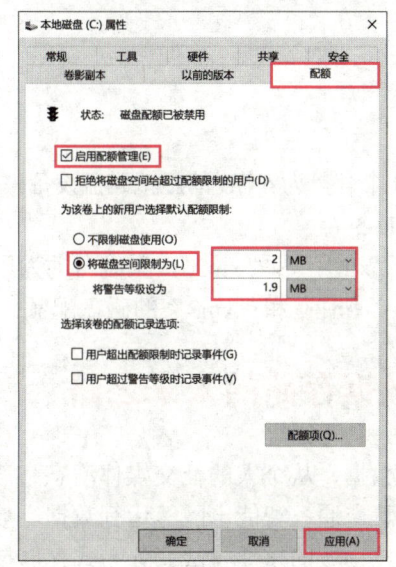

图 4-42 "本地磁盘(C:)属性"对话框

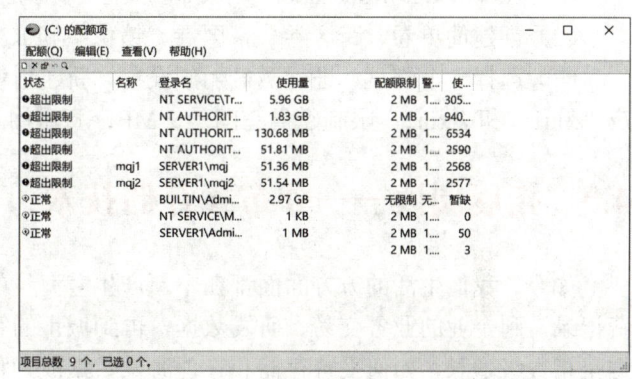

图 4-43 查看磁盘配额使用情况

> **提示**
>
> 如果要针对未出现在图 4-43 中的用户单独设置其磁盘配额,可在菜单栏中选择"配额"→"新建配额项"选项,然后根据提示进行设置即可。

步骤 4▶ 如果要更改其中任意一个用户的磁盘配额,可双击该用户,在弹出的如图 4-44 所示的对话框中进行设置,最后单击"确定"按钮即可。

85

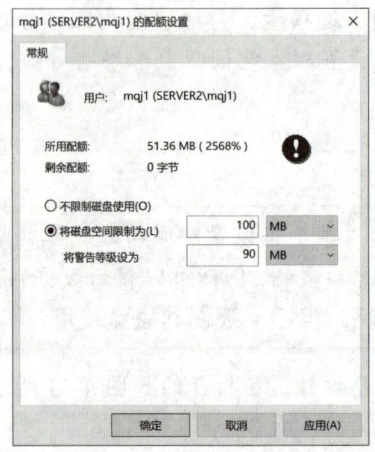

图 4-44 用户配额设置

4.4 举一反三

（1）在 VMware Workstation 虚拟机环境中，新添加 3 个容量为 4 GB 的虚拟磁盘设备。

（2）创建简单卷、跨区卷、带区卷、镜像卷和 RAID-5 卷。

（3）选择一个磁盘，进行磁盘配额设置。新建用户"xin1"和"xin2"，系统自动为用户"xin1"和"xin2"限制磁盘空间是 2 MB；查看用户"xin1"和"xin2"的磁盘配额。

4.5 拓展阅读——分布式存储技术：数据存储的未来之路

如今，我们生活的方方面面都在不断产生着海量的数据，从个人的社交媒体动态、消费记录，到企业的业务交易、研发数据，再到城市的智慧交通、智能电网等运行数据，数据呈指数级增长，如何妥善存储和管理海量数据成为科技领域的重要挑战。分布式存储技术作为一项创新的解决方案，正逐渐成为数据存储领域的核心力量。

相较于传统的集中式存储方式，数据集中存储在单一的存储设备或服务器中。随着数据量的急剧增加，这种方式逐渐暴露出诸多问题。例如，存储容量受限，难以满足大规模数据存储的需求；单点故障风险高，一旦存储设备出现故障，可能导致数据丢失或业务中断；系统扩展性差，增加存储容量和性能提升的难度较大。

相比之下，分布式存储技术具有显著的优势。首先是高可靠性，数据被分散存储在多个节点上，并通过冗余备份，即使个别节点出现故障，数据也不会丢失，保障了数据的安全性和完整性。其次，它具有极强的扩展性，能够轻松应对数据量的快速增长，只需要添加新的存储节点，即可实现存储容量和性能的线性扩展。此外，分布式存储技术提高了数据的访问效率，数据可以从多个节点并行读取，大大缩短了数据访问的响应时间。

例如，某知名电商平台在业务高峰期面临着大量商品图片和用户数据的存储压力，通过采用分布式存储技术，他们成功应对了流量暴增的挑战，确保了用户能够快速浏览商品图片，极大地提升了用户体验。

随着5G、AI、物联网等技术的不断发展，数据量将继续呈现爆炸式增长，分布式存储技术的重要性将日益凸显。未来，分布式存储技术将不断创新和发展，如进一步提高存储密度、降低能耗、增强数据安全防护等。同时，与其他新兴技术的融合也将成为发展趋势，为各行业的数字化转型和创新发展提供更坚实的支撑。

4.6 项目检测

1. 选择题

（1）RAID-5卷是具有容错功能的磁盘阵列，至少需要（　　）个磁盘才能建立。
　　　A．1　　　　　B．2　　　　　C．8　　　　　D．3
（2）Windows Server 2022操作系统默认的磁盘类型是（　　）。
　　　A．基本磁盘　　B．动态磁盘　　C．镜像卷　　　D．RAID-5卷
（3）逻辑磁盘是指（　　）。
　　　A．在"此电脑"中所看到的磁盘，是物理磁盘的一个分区或卷
　　　B．使用的真实的磁盘
　　　C．活动磁盘
　　　D．动态磁盘
（4）下列关于带区卷的描述中，错误的是（　　）。
　　　A．是由两个或多个磁盘中的空余空间组成的卷（最多32个磁盘）
　　　B．在向带区卷中写入数据时，数据被分割成64 KB的数据块，然后同时向阵列中的每一个磁盘写入不同的数据块
　　　C．带区卷能提高磁盘效率和性能
　　　D．带区卷提供容错性
（5）下列关于动态磁盘的描述中，错误的是（　　）。
　　　A．动态磁盘是Windows Server 2022操作系统所支持的一种磁盘类型
　　　B．动态磁盘不使用分区或逻辑驱动器，而是以卷的形式组织磁盘空间
　　　C．动态磁盘可以提升磁盘读写性能和提供磁盘容错功能
　　　D．一个动态磁盘上最多只能创建5个卷
（6）下列关于镜像卷的描述中，错误的是（　　）。
　　　A．镜像卷至少需要两个磁盘，一个存储运行中的数据，另一个存储副本
　　　B．镜像卷提供了容错功能，但是它不提供性能的优化
　　　C．镜像卷写的性能会下降
　　　D．镜像卷的磁盘利用率为100%
（7）下列关于RAID-5卷的描述中，错误的是（　　）。
　　　A．RAID-5卷是含有奇偶校验的带区卷，至少包含1个磁盘，最多32个磁盘
　　　B．在写入数据时，数据被分割成64 KB的数据块，然后同时向阵列中的每一个磁盘写入不同的数据块，其中包含一个64 KB奇偶校验数据块，并轮流写在不同的磁盘上

C．RAID-5 卷提供了容错功能，写的性能会下降，读的性能会提高
D．磁盘利用率为 $(n-1)/n$

（8）动态磁盘中具有容错功能的是（　　）。
A．跨区卷　　　　　　　　　B．带区卷
C．镜像卷　　　　　　　　　D．简单卷

2．填空题

（1）当启用磁盘配额时，可以设置_____和磁盘配额警戒等级两个值。

（2）制作镜像卷需要_____个磁盘，磁盘利用率为_____。

3．简答题

（1）与基本磁盘相比，动态磁盘有哪些优点？

（2）动态磁盘的卷有哪些类型？

（3）什么是磁盘配额，使用磁盘配额应注意什么？

项目 5

打印机管理

本项目主要介绍 Windows Server 2022 网络操作系统的打印机管理功能,包括打印设备、打印客户、打印服务器、打印队列的管理方法。通过本项目的学习,读者应达到以下目标。

知识目标

- 掌握打印机相关术语及分类。
- 掌握共享打印机的管理方法。
- 掌握打印服务器的配置方法。
- 掌握打印队列的管理方法。

能力目标

- 能配置局域网共享打印机。
- 能安装客户端网络打印机。
- 能设置打印服务器属性。
- 能配置互联网打印机。
- 能设置互联网打印服务。

素质目标

- 弘扬工匠精神,树立追求卓越、勇于拼搏的奋斗意识。
- 关注行业资讯,提高工作热情和职业素养。

网络操作系统：Windows Server 配置与管理

5.1 项目背景

铁道学院电信系教师办公室只有一台打印机，需要通过打印机共享的方式，使每名教师都能够通过该打印机来打印文档。

对应办公场所的公用打印机，可以用以下两种方法让所有用户共享使用这台打印机。

（1）直接在计算机上安装打印机，然后共享给网络用户，这台计算机就充当打印服务器。

（2）在服务器上安装"打印服务器"角色。这种方式的最大好处是提供了一个"打印管理"工具，用来集中管理打印设备和任务。

5.2 相关知识

1. 打印机相关术语

打印机是计算机的输出设备之一，用于将计算机处理结果打印在相关介质上。衡量打印机好坏的指标主要有 3 项：打印分辨率，打印速度和噪声。

在管理、配置和使用打印机时，通常涉及以下术语。

（1）**打印设备**：用于打印的硬件设备，就是通常所说的物理打印机。

（2）**打印客户**：在用户计算机上的应用程序，该程序可将打印作业送到打印设备。

（3）**打印机**：打印设备和打印客户之间的软件接口，有时称为逻辑打印机，用户在操作系统中看到的就是打印机而不是打印设备。

（4）**打印软件**：打印设备与操作系统的接口，并且在打印目录中以独立的打印名称存储，包括打印机驱动程序。

（5）**打印服务器**：专门用于管理打印机及打印作业的计算机。打印服务器可以是网络中的任意一台计算机，也可以是专用的服务器。

（6）**打印队列**：显示打印机正在等待打印处理的文件。为每一个文件提供诸如打印状态、打印页数等打印信息，用户可以通过打印队列管理待处理的文件。

2. 打印机的分类

以下是常见的物理打印机分类。

（1）按工作原理的不同，打印机可分为击打式打印机和非击打式打印机，针式打印机属于击打式打印机，喷墨打印机、激光打印机及热敏打印机属于非击打式打印机。

（2）按打印字符结构的不同，打印机可分为全形字符打印机和点阵字符打印机。

（3）按输出方式的不同，打印机可分为串式打印机、行式打印机和页式打印机。

在一间玻璃房中，机械臂先铺一层铸造砂，用粘接剂进行固化，随后再铺一层铸造砂，再粘合，层层叠加，经过 2 000～2 500 层的堆叠，经过 13～15 个小时，一个

1米高的铸造砂型便可打印完成。

　　上述场景便发生在酒钢集团西部重工股份有限公司的3D打印智能铸造工厂内。

　　酒钢集团西部重工股份有限公司党委组织部部长介绍，过去传统的铸造工艺，需要先用石蜡或木头做成模型，再用铸造砂制作铸造型腔，浇铸金属液后形成铸件，从模型制作到铸造砂型制作时间往往需要七八天。如今应用3D打印技术，将相应的参数输入程序，不需要任何专业辅助工具，机器便可直接打印出所需要的铸件砂型（见图5-1），省去了模型制作和人工翻砂过程。除了节约时间，更为重要的是3D打印技术灵活性高，在研发阶段可不断调节铸造工艺，铸件尺寸精度也大大提高，越是复杂铸件的制作优势越明显。

图5-1　3D打印"智"造的砂型

　　3D打印技术被视为引领新一轮科技革命和产业变革的核心技术之一，发展前景广阔。随着经济发展和生活水平的提高，消费者更加追求个性化的需求，3D打印技术将与机器人、人工智能等技术一起，提高制造业生产线的柔性化程度，以更低成本生产定制产品，推动制造业生产方式由大规模生产向个性化定制的转变。

　　此外，3D打印技术深入推广将会推动创客运动的兴起，家庭3D打印机、小型3D打印店更加普及，人们能够制造自己设计的产品。未来，随着3D打印机、材料和后处理技术的发展，3D打印技术的应用领域将不断扩大。

5.3　项目过程

　　在一般的办公场所，为了节约资金和提高资源利用率，通常会多人使用一台打印机。

　　如果共享打印机的人数比较少，可以使用比较简单的方法共享打印机，即在其中一台计算机上连接打印机并安装该打印机的驱动程序，然后在"设备和打印机"窗口中共享该打印机，这样，其他计算机用户可以通过网络访问和使用该打印机。

　　如果办公室人数比较多，计算机分布相对比较分散，甚至不在同一个局域网中，就可以使用打印服务器进行打印机管理和共享。

　　项目过程可分为以下几个任务执行。

　　（1）项目环境设置。

（2）服务器端安装本地打印机并共享。
（3）客户端安装网络打印机。
（4）安装和配置打印服务器。
（5）客户端使用 Internet 打印机。

5.3.1　任务 1　项目环境设置

准备两台虚拟机，其中一台运行 Windows Server 2022 操作系统作为服务器，另一台运行 Windows 10 操作系统作为客户端。服务器设置静态 IP 地址（如 192.168.50.10/24），客户端设置的 IP 地址要与服务器的 IP 地址在同一个网段（如 192.168.50.20/24），两台虚拟机的网络适配器设置为桥接模式，并且客户端能够 ping 通服务器。

5.3.2　任务 2　服务器端安装本地打印机并共享

本次要安装的打印机是 Microsoft OpenXPS Class Driver。为了可以共享此打印机，需要为该打印机设置共享名为 "Microsoft print1"。安装本地打印机的操作步骤如下。

服务器端安装本地打印机并共享

步骤 1▶ 在"开始"菜单中选择"设置"选项，打开"设置"窗口，选择"设备"选项，在打开的窗口右侧选择"设备和打印机"选项，打开"设备和打印机"窗口，单击"添加打印机"按钮，如图 5-2 所示。

步骤 2▶ 弹出"添加设备"对话框，选择"我所需的打印机未列出"选项，进行手工选择要安装的打印机具体型号，如图 5-3 所示。

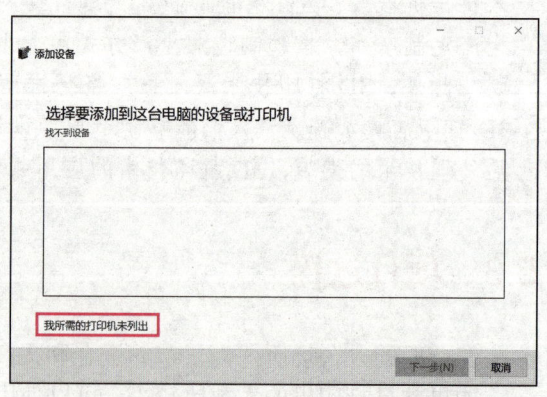

图 5-2　"设备和打印机"窗口　　　　　图 5-3　"添加设备"对话框

步骤 3▶ 显示"按其他选项查找打印机"界面，选择"通过手动设置添加本地打印机或网络打印机"单选按钮，单击"下一步"按钮，如图 5-4 所示。

步骤 4▶ 显示"选择打印机端口"界面，选择"使用现有的端口"单选按钮，并在其右侧下拉列表框中选择"LPT1:（打印机端口）"选项，单击"下一步"按钮，如图 5-5 所示。

项目 5　打印机管理

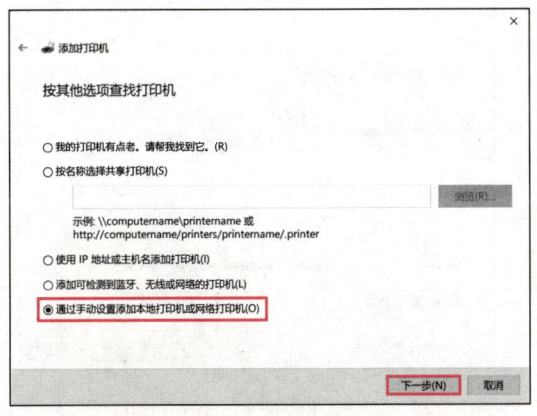
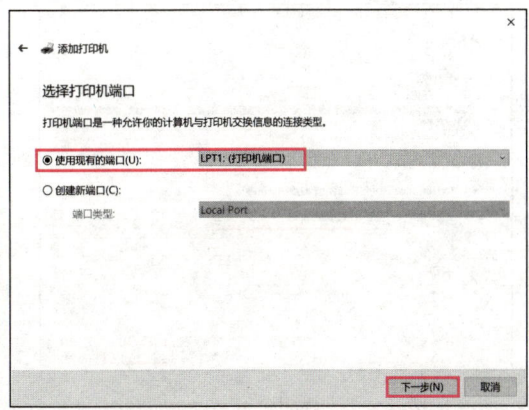

图 5-4　"按其他选项查找打印机"界面　　图 5-5　"选择打印机端口"界面

步骤 5▶ 显示"安装打印机驱动程序"界面，在"厂商"列表中选择"Microsoft"选项，在"打印机"列表中选择"Microsoft OpenXPS Class Driver"选项，单击"下一步"按钮，如图 5-6 所示。

步骤 6▶ 显示"键入打印机名称"界面，在"打印机名称"文本框中输入"Microsoft print1"，单击"下一步"按钮，如图 5-7 所示。

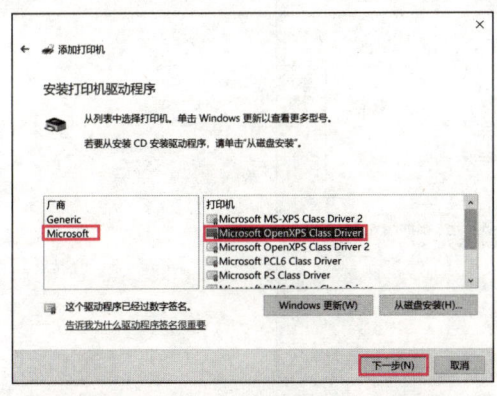
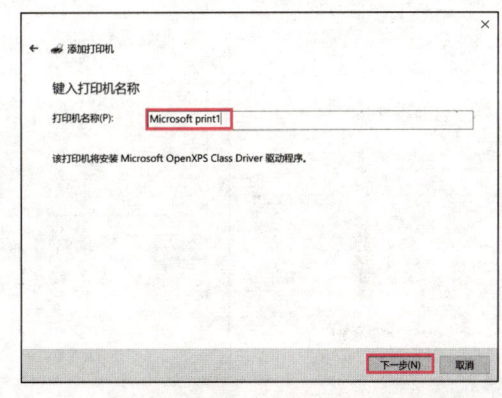

图 5-6　"安装打印机驱动程序"界面　　图 5-7　"键入打印机名称"界面

步骤 7▶ 显示"打印机共享"界面，选择"共享此打印机以便网络中的其他用户可以找到并使用它"单选按钮，在"共享名称"文本框中输入"Microsoft print1"，单击"下一步"按钮，如图 5-8 所示。

步骤 8▶ 显示"已成功添加 Microsoft print1"界面，单击"完成"按钮，完成打印机的安装操作，如图 5-9 所示。

步骤 9▶ 为让其他用户可以访问此共享打印机，需要在此计算机上创建一个公共用户"p1"。打开"计算机管理"窗口，创建用户"p1"，使其隶属于"Print Operators"，如图 5-10 所示。

网络操作系统：Windows Server 配置与管理

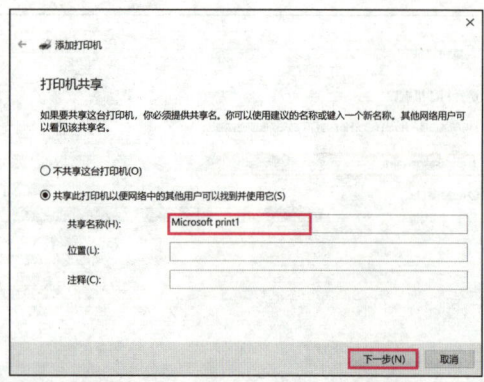

图 5-8 "打印机共享"界面

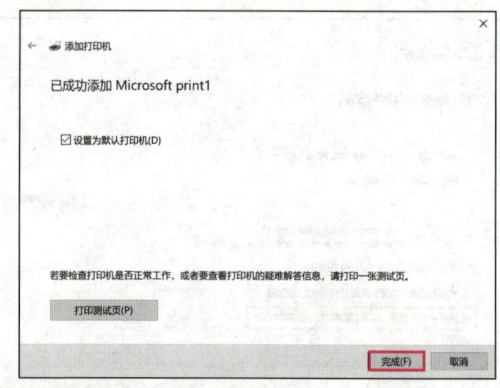

图 5-9 "已成功添加 Microsoft print1"界面

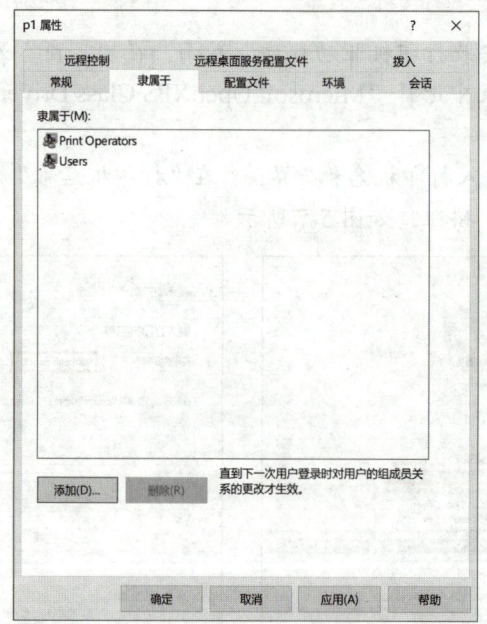

图 5-10 "p1 属性"对话框

5.3.3 任务 3 客户端安装网络打印机

在客户端上，按照以下操作步骤进行网络打印机的安装。

步骤 1▶ 打开"设备和打印机"窗口，单击"添加打印机"按钮，弹出"添加设备"对话框，选择"我所需的打印机未列出"选项，如图 5-11 所示。

客户端安装网络打印机

步骤 2▶ 弹出"添加打印机"对话框，选择"按名称选择共享打印机"单选按钮，在文本框中输入共享打印机所在计算机的 IP 地址和共享名称"\\192.168.50.10\Microsoft print1"，单击"下一页"按钮，如图 5-12 所示。

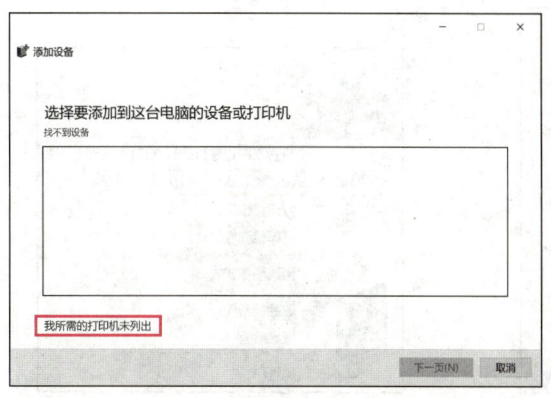 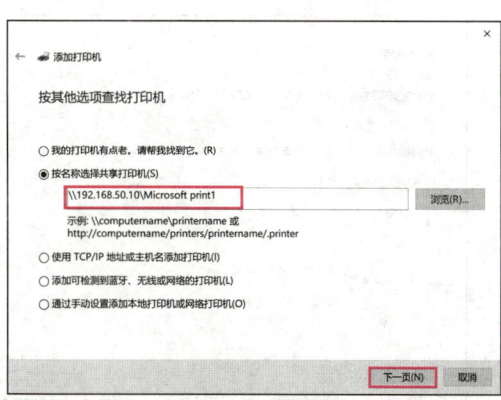

图 5-11　"添加设备"对话框　　　　图 5-12　"添加打印机"对话框

步骤 3▶ 弹出"连接到 192.168.50.10"对话框，分别在"用户名"和"密码"编辑框中，输入在服务器端新建的具有打印权限的用户名"p1"和密码，单击"确定"按钮，如图 5-13 所示。

步骤 4▶ 显示"已成功添加 192.168.50.10 上的 Microsoft print1"界面，单击"下一页"按钮，如图 5-14 所示。

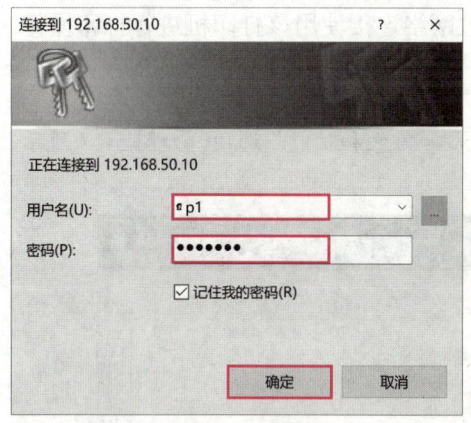 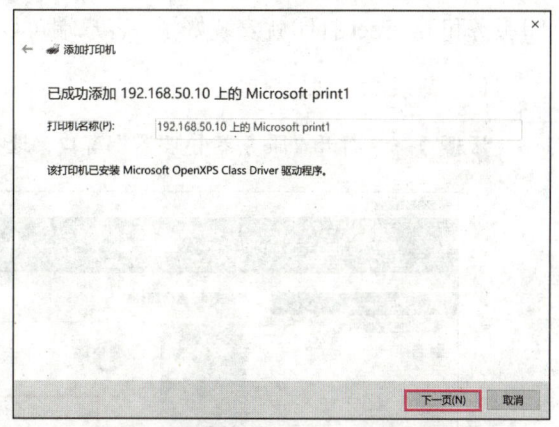

图 5-13　"连接到 192.168.50.10"对话框　　　图 5-14　"已成功添加 192.168.50.10 上的
　　　　　　　　　　　　　　　　　　　　　　　　　Microsoft print1"界面

步骤 5▶ 显示打印机添加成功界面，单击"完成"按钮，完成打印机的添加，如图 5-15 所示。

步骤 6▶ 在"设备和打印机"窗口中，右击共享打印机，在弹出的快捷菜单中选择"设置为默认打印机"选项（见图 5-16），将该打印机设置为默认打印机，用户就可以像使用本地打印机一样使用网络打印机了。

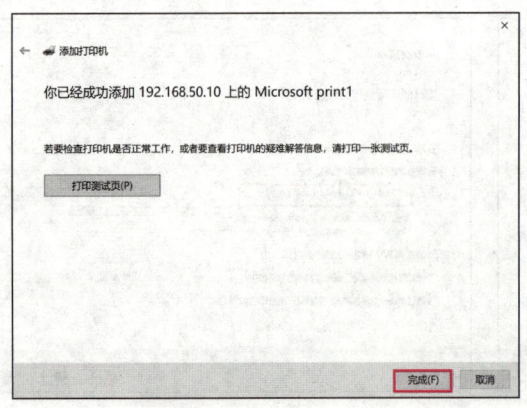
图 5-15 完成打印机的添加

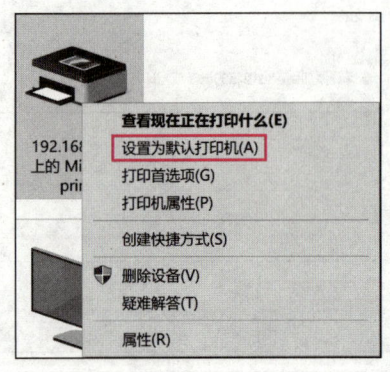
图 5-16 设置默认打印机

5.3.4 任务 4 安装和配置打印服务器

在 Windows Server 2022 操作系统上安装和配置打印服务器，需要先安装 Internet 打印组件，然后设置 Internet 打印服务，再启用打印机的远程管理功能。这样，基于服务器的打印服务和 Internet 打印就安装好了，客户端可以通过网络连接使用该打印机进行打印操作。

安装和配置打印服务器

1. 安装打印服务器

步骤 1▶ 打开"服务器管理器"窗口，选择"添加角色和功能"选项，如图 5-17 所示。

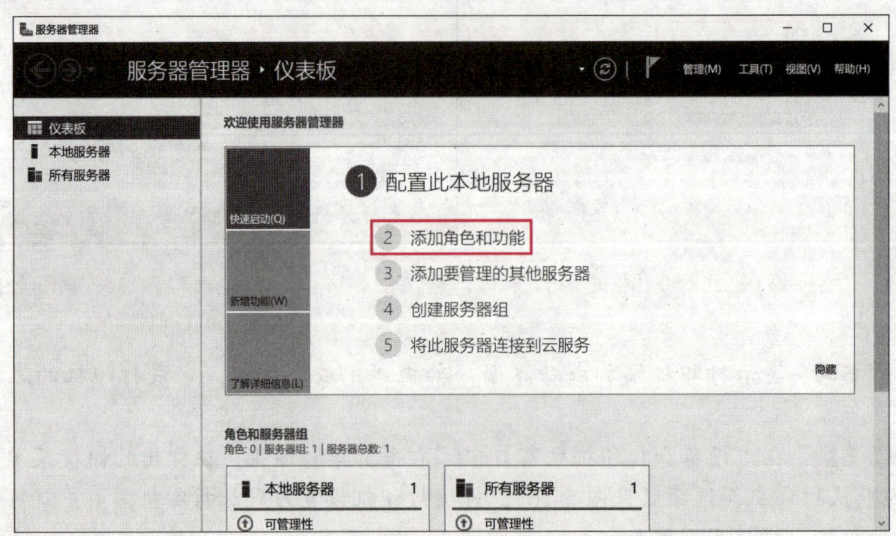
图 5-17 "服务器管理器"窗口

步骤 2▶ 打开"添加角色和功能向导"窗口，单击"下一步"按钮。

步骤 3▶ 显示"选择安装类型"界面，选择"基于角色或基于功能的安装"单选按钮,单击"下一步"按钮,如图 5-18 所示。

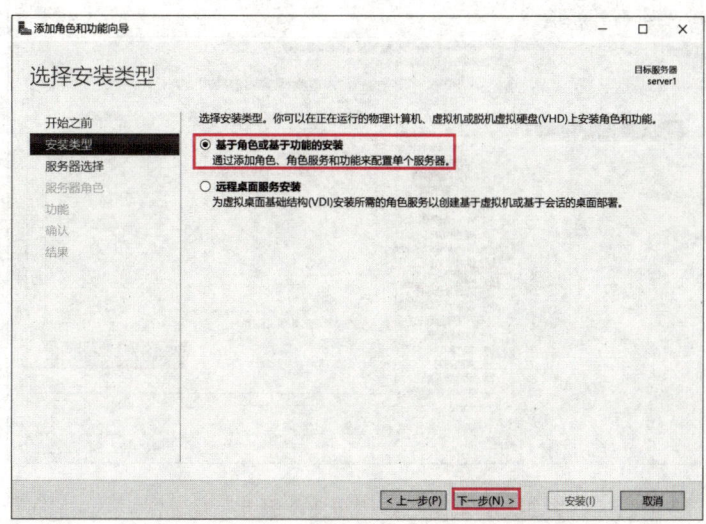

图 5-18 "选择安装类型"界面

步骤 4▶ 显示"选择目标服务器"界面,选择"从服务器池中选择服务器"单选按钮,安装程序自动检测到该服务器的网络连接,单击"下一步"按钮,如图 5-19 所示。

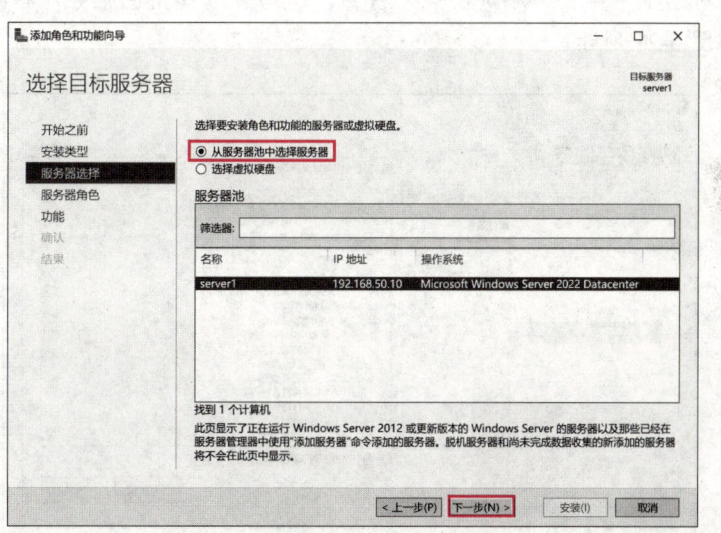

图 5-19 "选择目标服务器"界面

步骤 5▶ 显示"选择服务器角色"界面,勾选"打印和文件服务"复选框,在弹出的对话框中单击"添加功能"按钮,返回"选择服务器角色"界面,单击"下一步"按钮,如图 5-20 所示。

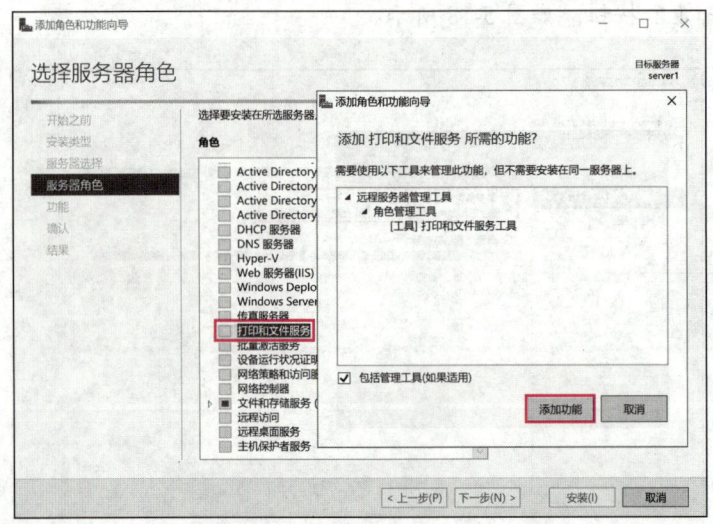

图 5-20 勾选"打印和文件服务"复选框

步骤 6▶ 显示"选择功能"界面,单击"下一步"按钮。

步骤 7▶ 显示"打印和文件服务"界面,单击"下一步"按钮。

步骤 8▶ 显示"选择角色服务"界面,勾选"打印服务器"和"Internet 打印"复选框,在弹出的对话框中单击"添加功能"按钮,返回"选择角色服务"界面,单击"下一步"按钮,如图 5-21 所示。

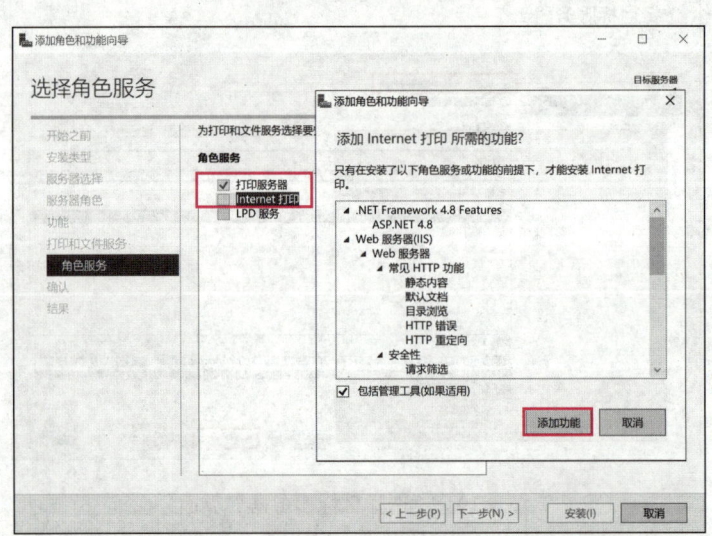

图 5-21 勾选"打印服务器"和"Internet 打印"复选框

步骤 9▶ 显示"Web 服务器角色(IIS)"界面,查看 Web 服务器简介及注意事项,单击"下一步"按钮。

步骤 10▶ 显示"选择角色服务"界面,选择准备安装的 Web 服务器组件,本例保

项目 5 打印机管理

持默认设置，单击"下一步"按钮，如图 5-22 所示。

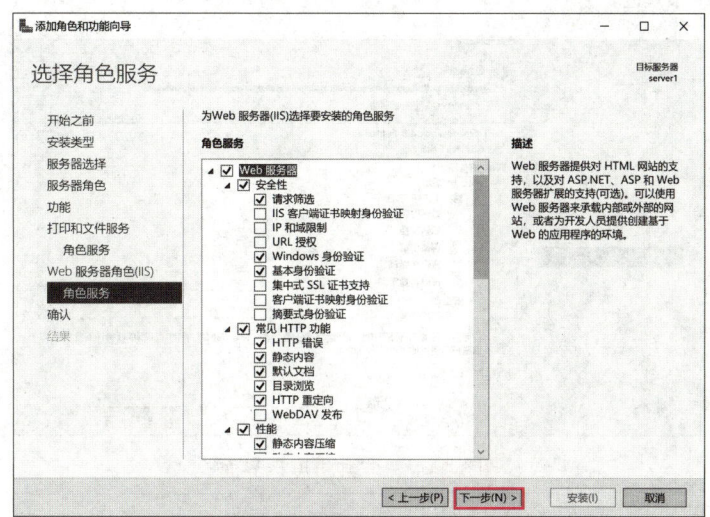

图 5-22 "选择角色服务"界面

步骤 11▶ 显示"确认安装所选内容"界面，确认所选择的服务无误后，单击"安装"按钮，开始安装打印服务，如图 5-23 所示。

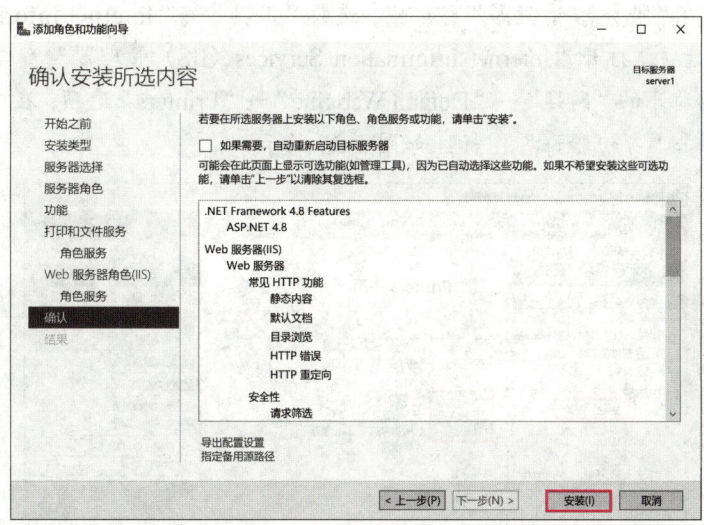

图 5-23 "确认安装所选内容"界面

步骤 12▶ 显示"安装进度"界面，待打印服务安装完成，单击"关闭"按钮，关闭"添加角色和功能向导"窗口，如图 5-24 所示。

网络操作系统：Windows Server 配置与管理

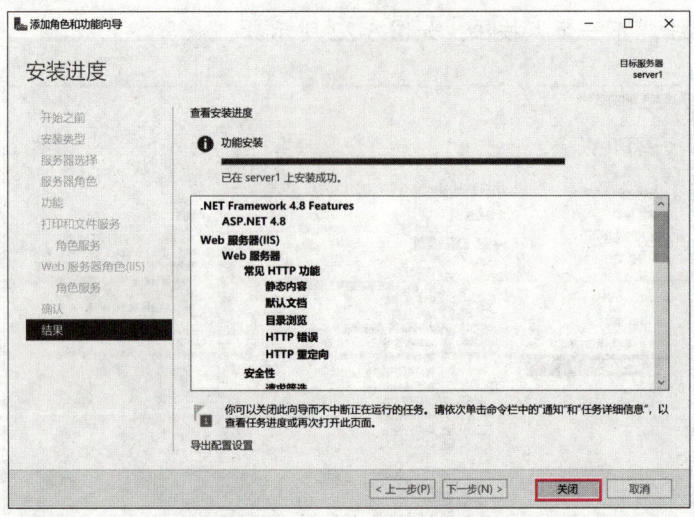

图 5-24　"安装进度"界面

2．设置 Internet 打印服务

Internet 打印服务接口依附在 Web 站点上，并以虚拟目录（"虚拟目录"的内容将在项目 8 中介绍）的形式供用户访问。安装 Internet 打印组件和启用 Internet 打印服务后，必须对打印服务器所依附的 Web 站点进行必要的设置才能被用户访问。具体操作步骤如下。

步骤1▶　在"服务器管理器"窗口中，选择"工具"→"Internet Information Services（IIS）管理器"选项，打开"Internet Information Services（IIS）管理器"窗口，在左侧窗格中选择服务器名称下的"网站"→"Default Web Site"→"Printers"选项，在中间的"Printers 主页"窗格中双击"身份验证"图标，如图 5-25 所示。

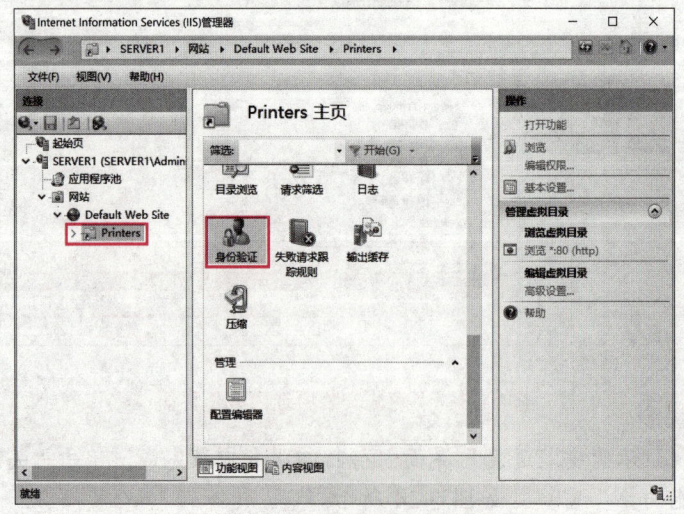

图 5-25　"Internet Information Services（IIS）管理器"窗口

步骤2▶　显示"身份验证"界面，启用"基本身份验证"和"匿名身份验证"，如图 5-26 所示。

项目 5 打印机管理

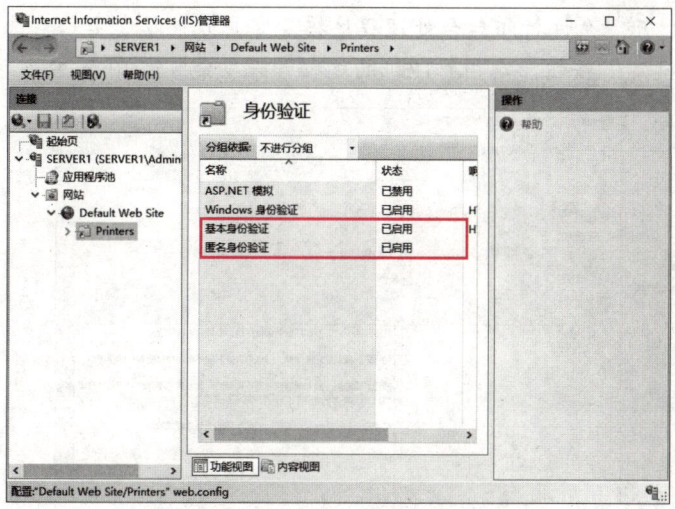

图 5-26 "身份验证"界面

3. 启用打印机的远程管理功能

具体操作步骤如下。

步骤 1▶ 按"Win+R"组合键弹出"运行"对话框，输入"gpedit.msc"后单击"确定"按钮，如图 5-27 所示。

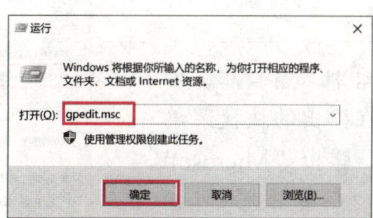

图 5-27 "运行"对话框

步骤 2▶ 打开"本地组策略编辑器"窗口，选择"计算机配置"→"管理模板"→"打印机"选项，双击右侧窗格中的"允许打印后台处理程序接受客户端连接"，如图 5-28 所示。

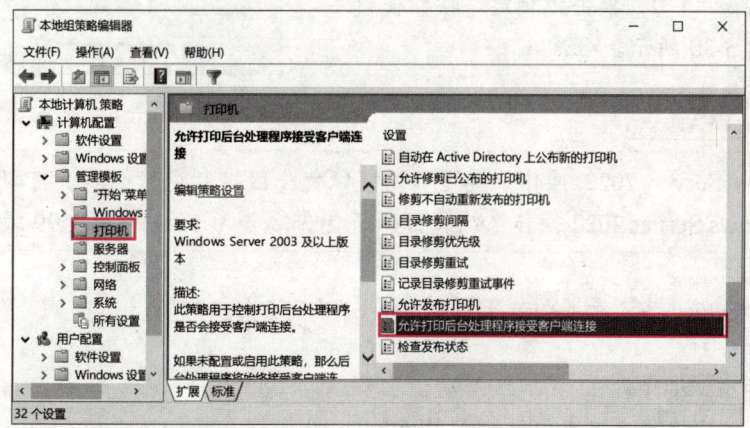

图 5-28 "本地组策略编辑器"窗口

步骤3▶ 打开"允许打印后台处理程序接受客户端连接"窗口,选择"已启用"单选按钮,单击"确定"按钮,启用打印机的远程管理功能,如图5-29所示。

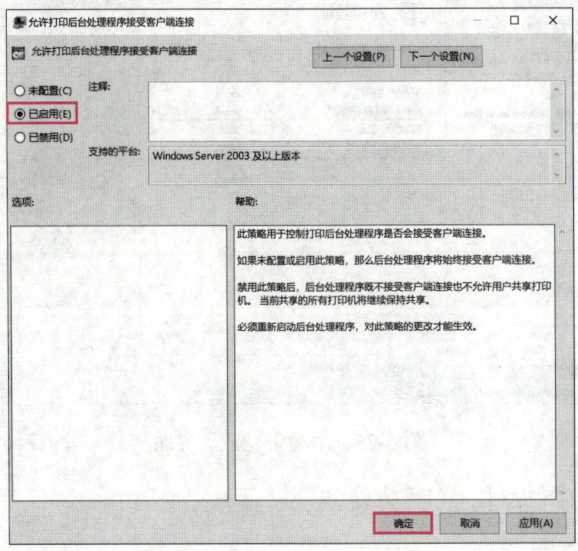

图5-29 "允许打印后台处理程序接受客户端连接"窗口

4．设置打印服务器属性

具体操作步骤如下。

步骤1▶ 在"设备和打印机"窗口中,右击要设置属性的打印机图标,在弹出的快捷菜单中选择"打印机属性"选项,弹出"Microsoft print1 属性"对话框,切换到"高级"选项卡。

步骤2▶ 选择"使用时间从"单选按钮,并设置起止时间。

步骤3▶ 在"优先级"编辑框中指定打印机的优先级(如"1"),单击"确定"按钮使设置生效,如图5-30所示。

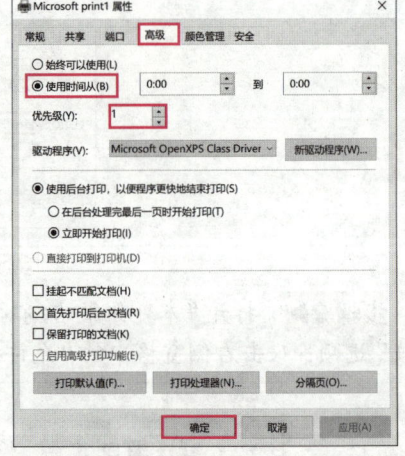

图5-30 "Microsoft print1 属性"对话框

> **提示**
>
> Windows Server 2022 操作系统可利用打印优先级控制逻辑打印机打印文档的先后顺序。Windows Server 2022 操作系统将打印机优先级分为 1 到 99 级,99 级最高。

5.3.5 任务5 客户端使用 Internet 打印机

客户端使用 Internet 打印机

具体操作步骤如下。

步骤1▶ 启动客户端虚拟机进入 Windows 10 操作系统,在"控

项目 5 打印机管理

制面板"中打开"设备和打印机"窗口,单击"添加打印机"按钮,弹出"添加设备"对话框,选择"我所需的打印机未列出"选项,如图 5-31 所示。

步骤 2▶ 弹出"添加打印机"对话框,选择"按名称选择共享打印机"单选按钮,在文本框中输入打印服务器的 IP 地址和共享名称"http://192.168.50.10/printers/Microsoft print1/.printer",单击"下一页"按钮,如图 5-32 所示。

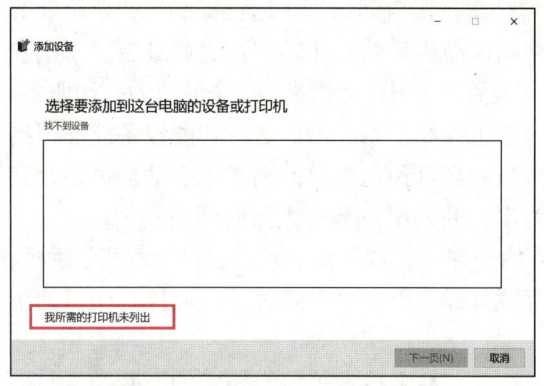

图 5-31 "添加设备"对话框

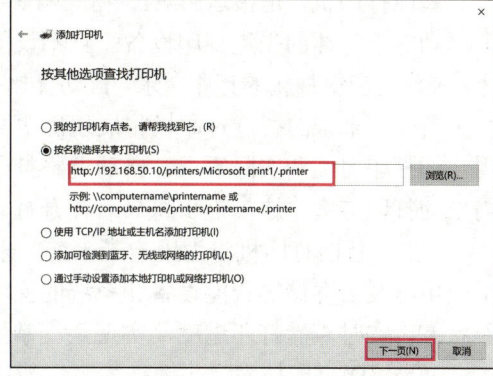

图 5-32 "添加打印机"对话框

步骤 3▶ 显示"已成功添加 http://192.168.50.10 上的 Microsoft print1"界面,单击"下一页"按钮,如图 5-33 所示。

步骤 4▶ 显示打印机添加成功界面,勾选"设置为默认打印机"复选框,单击"完成"按钮完成打印机的添加,如图 5-34 所示。

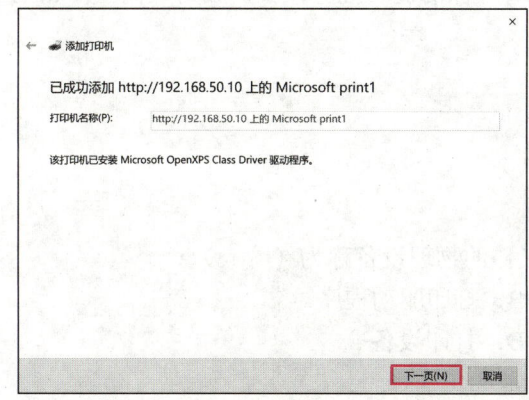

图 5-33 "已成功添加 http://192.168.50.10 上的 Microsoft print1"界面

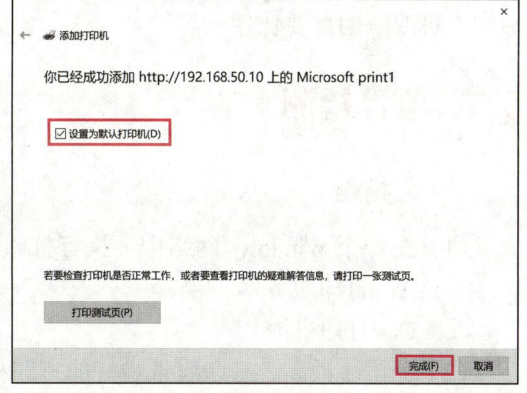

图 5-34 完成打印机的添加

5.4 举一反三

(1)将新采购的打印机连接至计算机 A,并安装相应的驱动程序,实现打印功能。

(2)将计算机 A 中已经安装的打印机共享给计算机 B 使用。

5.5 拓展阅读——智能打印机：打印领域的创新与变革

在科技日新月异的当下，打印机领域也迎来了智能化的革新浪潮。智能打印机凭借其前沿的创新技术和功能，正深刻改变着人们的打印体验。

智能打印机，是指运用 AI、物联网等尖端技术，集自动识别、远程控制、智能诊断等多项功能于一体的先进打印设备。它不仅能够确保高质量的打印输出，更通过智能识别技术，灵活适应多样化的打印需求，自动优化打印设置，为用户提供高效、个性化的打印服务。

首先，未来的智能打印机将展现出更高的自主性和学习能力。这些智能设备能够根据用户的打印习惯和实际需求，自动调整打印参数，甚至预见用户的需求，主动提供贴合其需求的打印方案。这一进步将显著提升打印效率，并为用户节省大量时间与精力。

此外，智能打印机将为用户带来前所未有的便捷操作和管理体验。通过计算机、手机、平板电脑及云存储等智能设备和系统的深度互联互通，用户可以随时随地监控打印机的工作状态，实时查看打印进度，实现全程掌控。

随着 3D 打印技术、热敏技术、智能感应技术、纳米技术等前沿技术的不断融合与创新，智能打印正步入更高效、更高质量、更环保且更具创新性的新时代。这不仅为用户带来了前所未有的便捷与高效打印体验，更引领整个办公系统向智能化、智慧化方向迈进。

如今，国产智能打印机品牌如雨后春笋般涌现，为消费者提供了更丰富的选择。华为、奔图、联想、汉印等业界知名品牌正凭借持续的技术革新和对用户需求的敏锐洞察，正稳步增加在国内市场的占有率，同时积极布局，向国际市场发起强有力的进军。

展望未来，智能打印机将以其便捷、高效、环保的优质打印体验，成为人们工作和生活中不可或缺的重要伙伴。

5.6 项目检测

1. 选择题

（1）在一个 Windows 网络中，执行打印工作的物理设备称为（　　）。
  A．打印服务器   B．打印驱动程序
  C．打印机池   D．打印设备

（2）分辨率最高、打印质量最好的打印机是（　　）。
  A．喷墨打印机 B．激光打印机 C．针式打印机 D．热敏打印机

（3）目前，物理打印机主要使用（　　）接口。
  A．串行   B．USB   C．PS/2   D．1394

2. 简答题

（1）打印机按照工作原理不同可分为哪两种，针式打印机和激光打印机分别属于哪种？
（2）什么叫打印设备？
（3）在打印机共享中，如何设置连接用户的权限以保证连接正常？

项目 6

域和活动目录管理

本项目主要介绍 Windows Server 2022 网络操作系统域和活动目录管理功能，包括活动目录、域、组织单元、域控制器的概念，域控制器的安装和配置，域用户的管理，域组的管理，域共享文件夹的管理，域共享打印机的管理。通过本项目的学习，读者应达到以下目标。

知识目标

- 理解域和活动目录的基本概念。
- 掌握组织单元的概念。
- 掌握域的组织方式和管理方法。

能力目标

- 能安装和配置域控制器。
- 能管理加入域中的计算机。
- 能管理域中的用户。
- 能完成域组的管理。
- 能管理域中的共享文件夹。
- 能管理域中的共享打印机。

素质目标

- 培养脚踏实地、求真务实的工作作风。
- 注重学思结合、知行合一，增强勇于探索的创新精神。

6.1 项目背景

随着网络规模的不断扩大,铁道学院原来简单易用的工作组网络模型出现了越来越多的问题(如用户权限无法统一管理、共享文件权限混乱等)。为了解决现有问题,作为网络管理员,需要部署一台服务器作为域控制器,实现对学院内网的所有计算机、用户、共享资源等的集中管理。

6.2 相关知识

1. 活动目录

活动目录(active directory, AD)是 Windows Server 2022 操作系统的目录服务,它存储着网络上各种对象(如用户、组、计算机、共享文件、打印机和联系人等)的有关信息,并使这些信息易于管理员和用户查找及使用。活动目录服务使用结构化的数据存储作为目录信息的逻辑层次结构基础。通过活动目录服务,管理员可以实现整个网络的集中管理。

活动目录服务通过将网络中的各种资源的信息保存到一个数据库中,来为网络中的用户和管理员提供对这些资源的访问、管理和控制。这个数据库称为活动目录数据库。

2. 域

域(domain)是 Windows Server 2022 操作系统目录服务的基本管理单位。域模式的最大好处是它的单一网络登录能力,任何用户只要在域中建立账户,就可以漫游网络。域目录树中的每一个节点都有自己的安全边界,这种层次结构保证了安全性。

3. 组织单元

活动目录服务把域详细划分成组织单元(organizational unit, OU),组织单元是一个逻辑单位,用于在活动目录中创建层次结构来组织和管理对象,这些对象包括用户、用户组、计算机、服务、共享文件夹等,甚至还可以包括其他组织单元(即 OU 可以嵌套)。组织单元不能包括来自其他域的对象。组织单元是可以进行组策略设置或委派管理权限的最小作用单位。

4. 域控制器

在 Windows Server 2022 操作系统中可以使用活动目录安装向导配置域控制器。域控制器用于存储目录数据并管理用户域的交互关系,其中包括用户登录过程、身份验证和目录搜索。一个域可以有一个或多个域控制器。

以学校为例,可以这样理解以上 4 个知识点的关系。活动目录是学校的数据库,它详细记录了全校师生及设施设备的信息;域可以理解为整个学校的管理范围和规则框架;组织单元相当于学校的各职能部门、二级学院或社团组织;而域控制器则是依据活动目录中的信息来管理和监督整个学校(域),保证每个组织单元及每位师生都能按照一定规则来开展活动,保障学校的正常安全运转。

项目6 域和活动目录管理

6.3 项目过程

项目过程可分为以下几个任务执行。
（1）项目环境设置。
（2）安装和配置域控制器。
（3）将一台计算机加入域。
（4）创建和管理域用户。
（5）创建和管理域组。
（6）管理域中共享文件夹。
（7）管理域中共享打印机。

知行合一

"纸上得来终觉浅，绝知此事要躬行。"学到的东西，不能停留在书本上，不能只装在脑袋里，而应该落实到行动上，做到知行合一、以知促行、以行求知，正所谓"知者行之始，行者知之成"。每一项事业，不论大小，都是靠脚踏实地、一点一滴干出来的。"道虽迩，不行不至；事虽小，不为不成。"这是永恒的道理。做人做事，最怕的就是只说不做，眼高手低。不论学习还是工作，都要面向实际、深入实践，实践出真知；都要严谨务实，一分耕耘一分收获，苦干实干。广大青年要努力成为有理想、有学问、有才干的实干家，在新时代干出一番事业。

6.3.1 任务1 项目环境设置

准备两台虚拟机。其中一台运行 Windows Server 2022 操作系统作为域控制器，设置其静态 IP 地址为"192.168.50.10/24"，计算机名为"server1"；另一台运行 Windows 10 操作系统作为域中的一台计算机，设置其 IP 地址与域控制器的 IP 地址在同一网段（如192.168.50.20/24），计算机名为"Win10-1"。两台虚拟机的网络适配器设置为桥接模式，并且相互之间能够 ping 通。

6.3.2 任务2 安装和配置域控制器

安装和配置域控制器

具体操作步骤如下。

步骤1▶ 单击"开始"按钮，在打开的"开始"菜单中选择"服务器管理器"选项，打开"服务器管理器"窗口，选择"添加角色和功能"选项，打开"添加角色和功能向导"窗口，单击"下一步"按钮。

步骤2▶ 显示"选择安装类型"界面，选择"基于角色或基于功能的安装"单选按钮，单击"下一步"按钮，如图 6-1 所示。

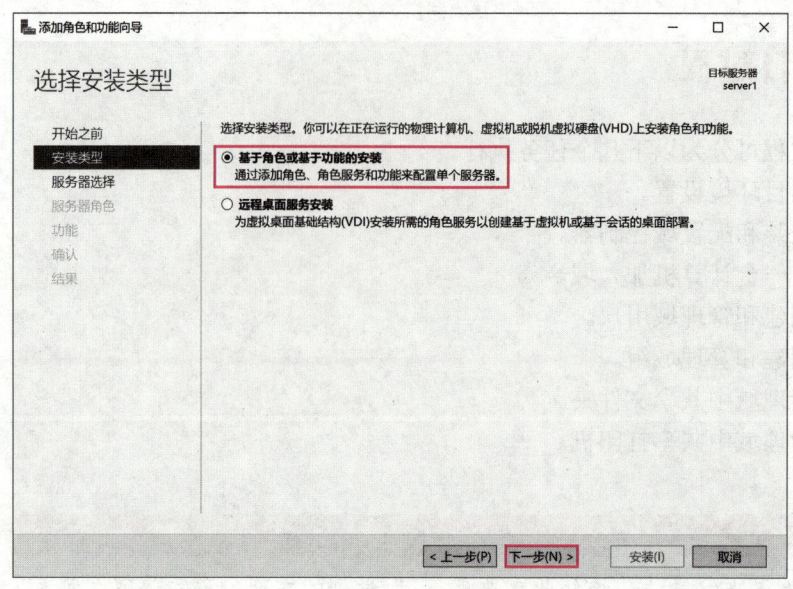

图 6-1 "选择安装类型"界面

步骤 3 ▶ 显示"选择目标服务器"界面,选择"从服务器池中选择服务器"单选按钮,安装程序自动检测到该服务器的网络连接,单击"下一步"按钮,如图 6-2 所示。

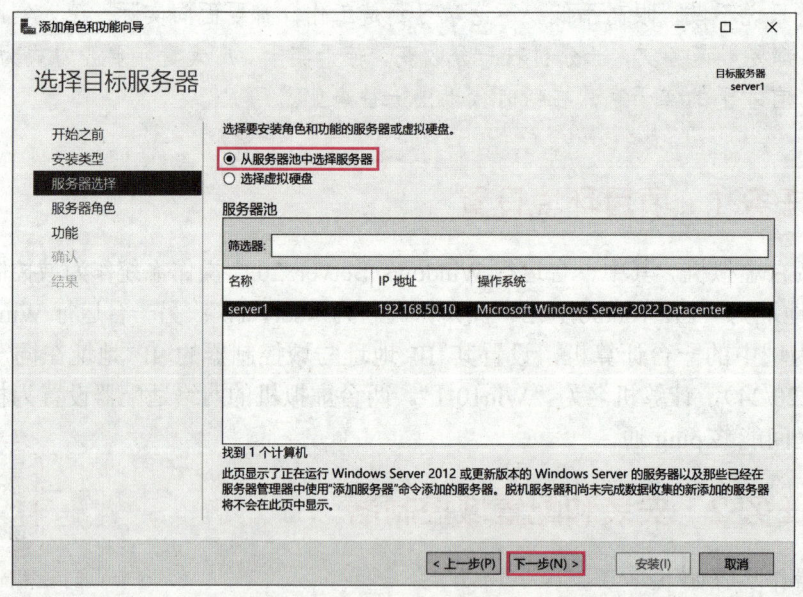

图 6-2 "选择目标服务器"界面

步骤 4 ▶ 显示"选择服务器角色"界面,勾选"Active Directory 域服务"复选框,在弹出的对话框中单击"添加功能"按钮,返回"选择服务器角色"界面,单击"下一步"按钮,如图 6-3 和图 6-4 所示。

项目6 域和活动目录管理

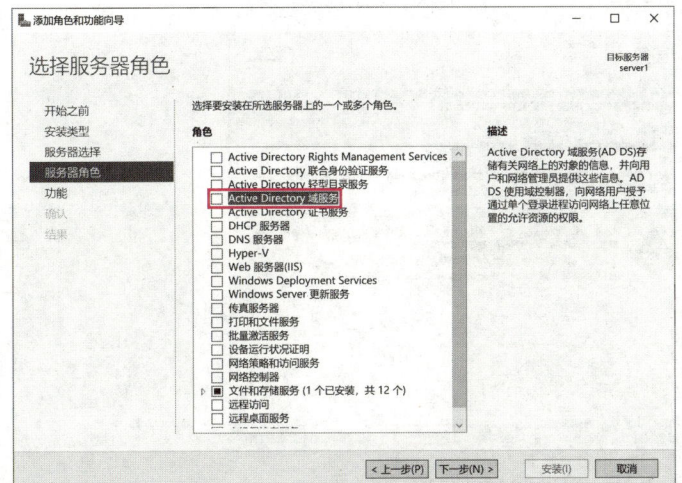

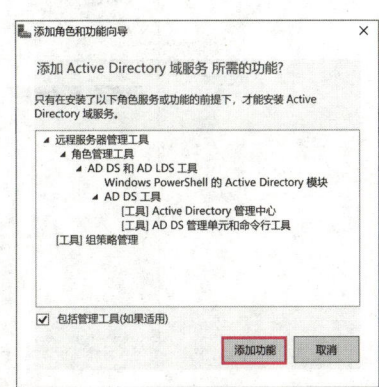

图6-3 "选择服务器角色"界面　　　　图6-4 "添加角色和功能向导"对话框

步骤5 显示"选择功能"界面，单击"下一步"按钮，如图6-5所示。

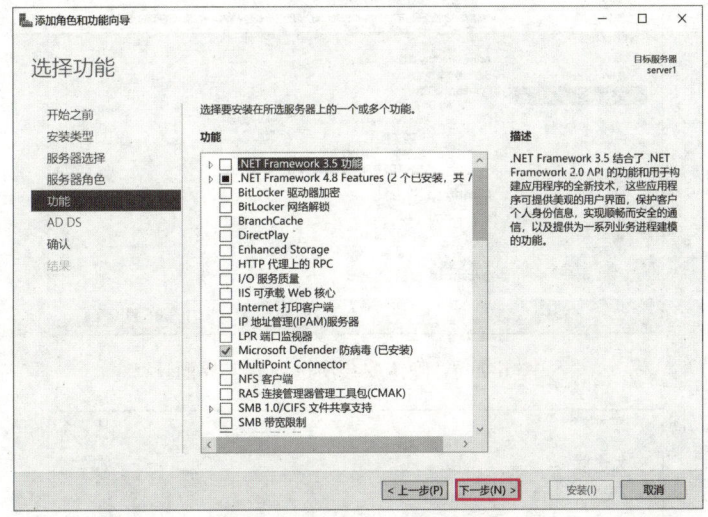

图6-5 "选择功能"界面

步骤6 显示"Active Directory 域服务"界面，单击"下一步"按钮，如图6-6所示。

步骤7 显示"确认安装所选内容"界面，确认所选择的服务无误后，单击"安装"按钮，开始安装域服务，如图6-7所示。

步骤8 显示"安装进度"界面，待域服务安装完成后，单击"关闭"按钮，关闭"添加角色和功能向导"窗口，如图6-8所示。

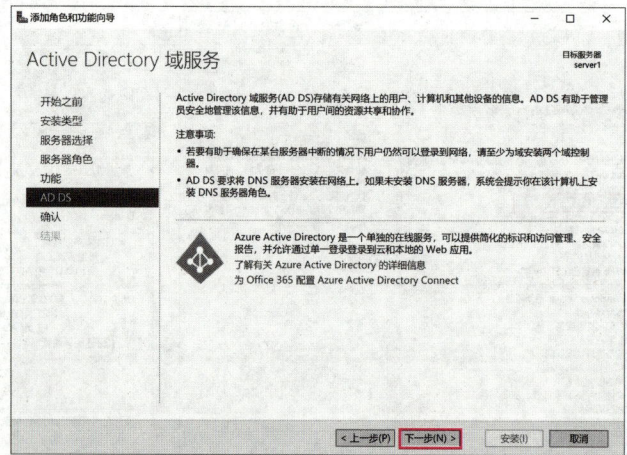

图 6-6 "Active Directory 域服务"界面

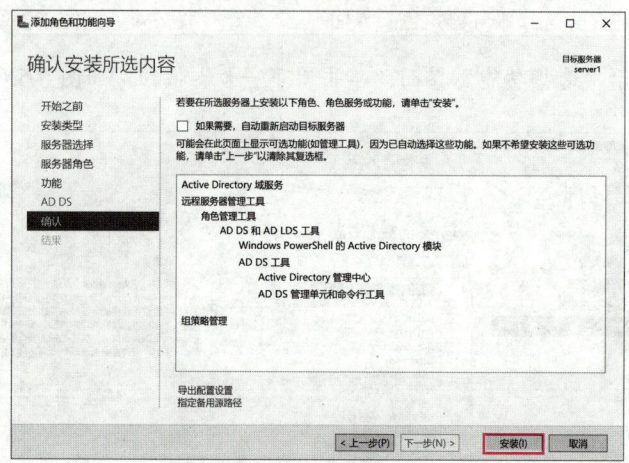

图 6-7 "确认安装所选内容"界面

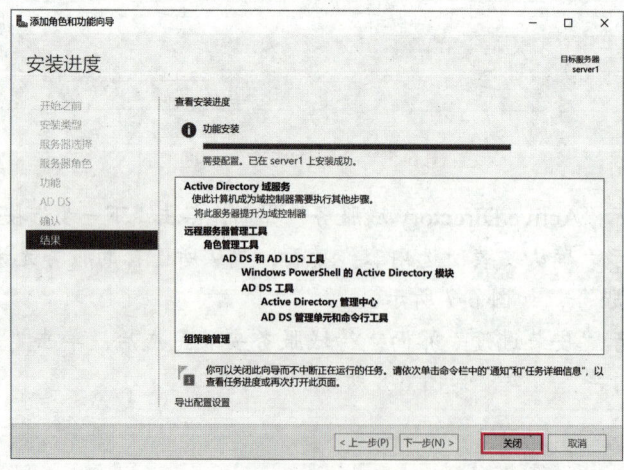

图 6-8 "安装进度"界面

项目 6 域和活动目录管理

> **提示**
>
> 在 Windows Server 2022 操作系统中,域控制器担任域中心枢纽的角色,因此,建立域控制器的过程,其实就是将一台计算机提升为域控制器的角色。

步骤 9▶ 返回"仪表板"界面,单击"通知"图标,在展开的列表中选择"将此服务器提升为域控制器"选项,如图 6-9 所示。

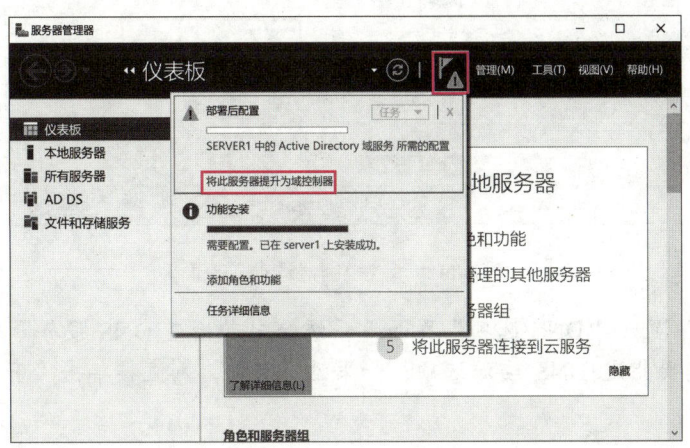

图 6-9 "仪表板"界面

步骤 10▶ 打开"Active Directory 域服务配置向导"窗口,选择"添加新林"单选按钮,在"根域名"文本框中输入新建域的 DNS 全名(如 mqj.com),单击"下一步"按钮,如图 6-10 所示。

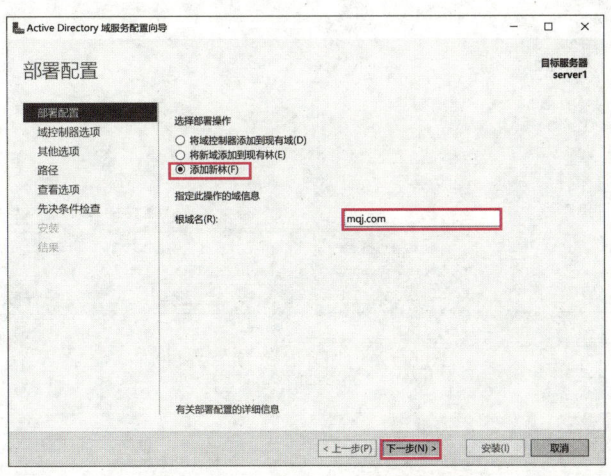

图 6-10 "Active Directory 域服务配置向导"窗口

步骤 11▶ 显示"域控制器选项"界面,在"键入目录服务还原模式(DSRM)密码"文本框中输入密码和确认密码,单击"下一步"按钮,如图 6-11 所示。

111

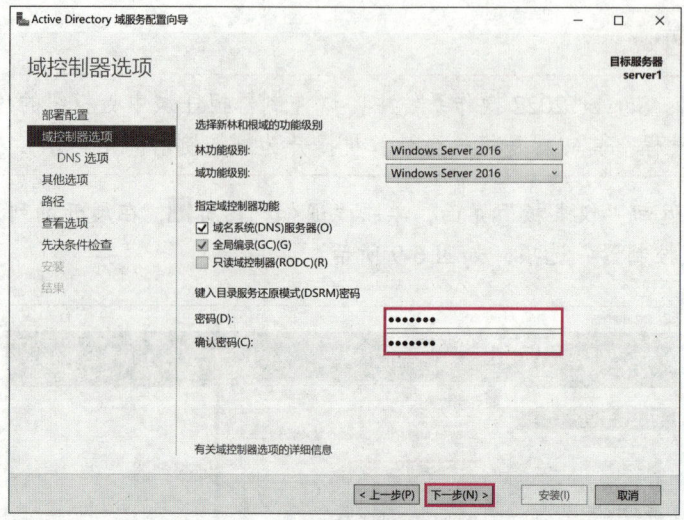

图 6-11 "域控制器选项"界面

步骤 12▶ 显示"DNS 选项"界面，系统会自动检查 DNS 服务器是否启动。如果已经启动，则需要指定 DNS 委派选项；如果没有启动，则直接单击"下一步"按钮，如图 6-12 所示。

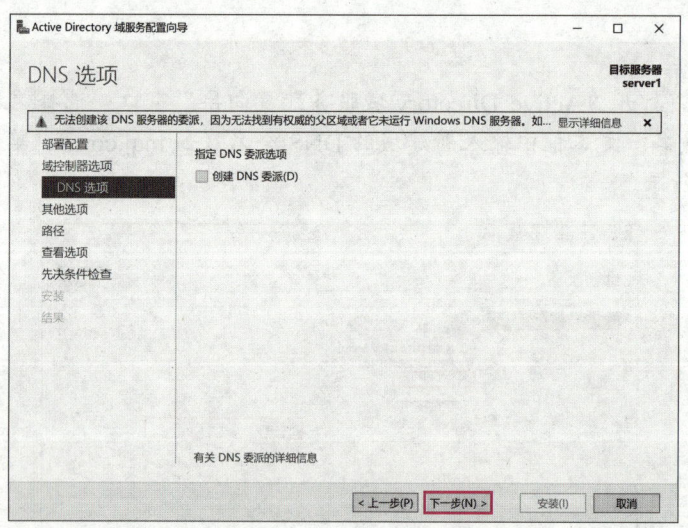

图 6-12 "DNS 选项"界面

这里可以不提前安装 DNS 服务器，后面将自动进行安装绑定。有关 DNS 的内容将在项目 7 中介绍。

步骤13▶ 显示"其他选项"界面,在"NetBIOS 域名"文本框中输入 NetBIOS 域名,此处保持默认值,单击"下一步"按钮,如图 6-13 所示。

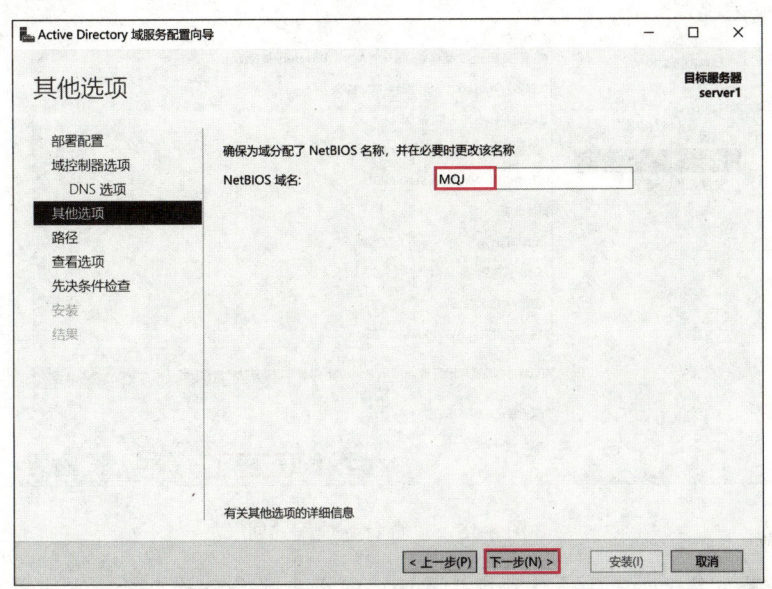

图 6-13 "其他选项"界面

步骤14▶ 显示"路径"界面,指定 AD DS 数据库、日志文件和 SYSVOL 的位置,如无特殊要求保持默认即可,单击"下一步"按钮,如图 6-14 所示。

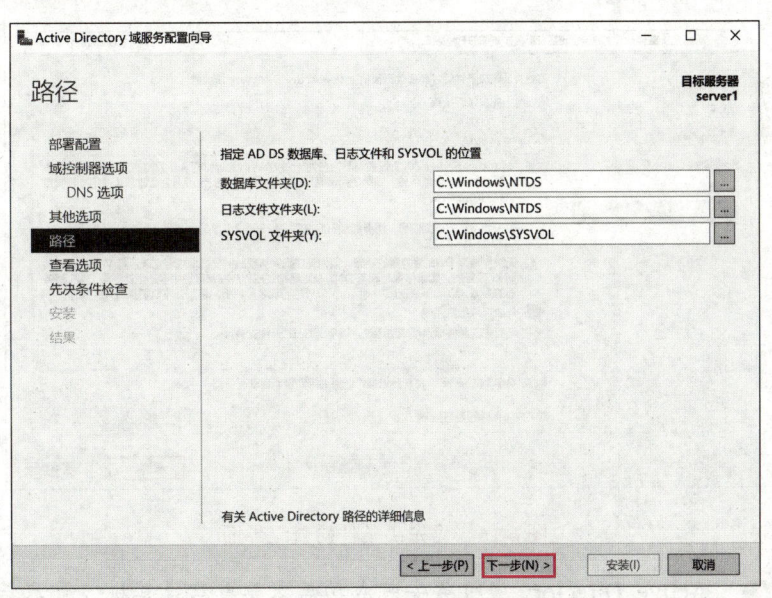

图 6-14 "路径"界面

步骤15▶ 显示"查看选项"界面,显示 Active Directory 域服务安装信息,单击"下一步"按钮,如图 6-15 所示。

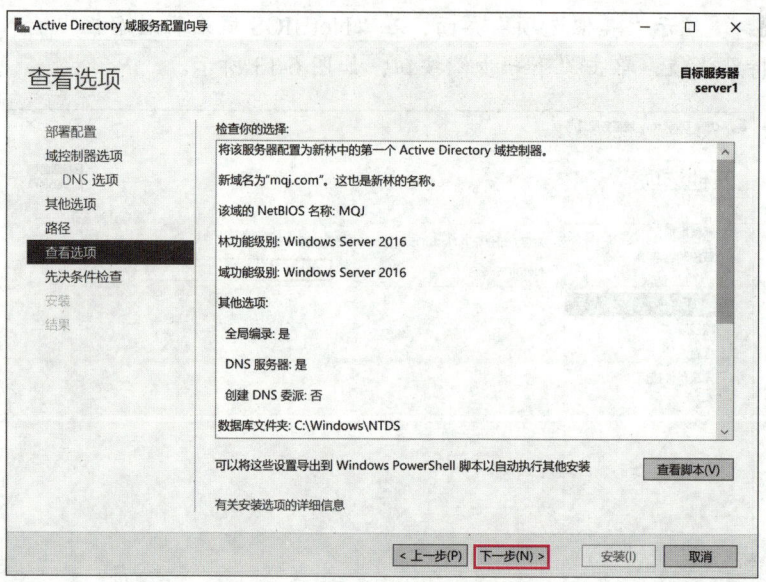

图 6-15 "查看选项"界面

步骤 16▶ 显示"先决条件检查"界面，完成先决条件检查后，单击"安装"按钮，如图 6-16 所示。

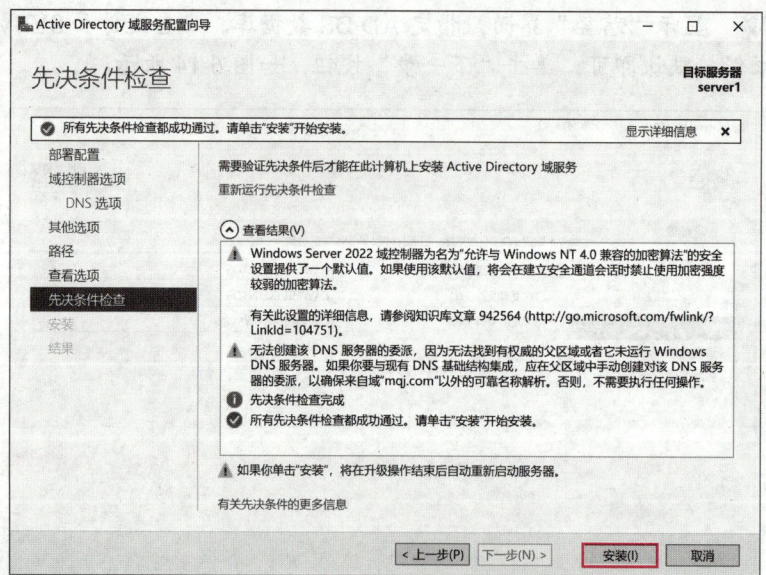

图 6-16 "先决条件检查"界面

步骤 17▶ Active Directory 域服务安装成功后需要重启计算机，重启后在"服务器管理器"窗口中可看到自动添加的服务和工具，如图 6-17 所示。

项目 6 域和活动目录管理

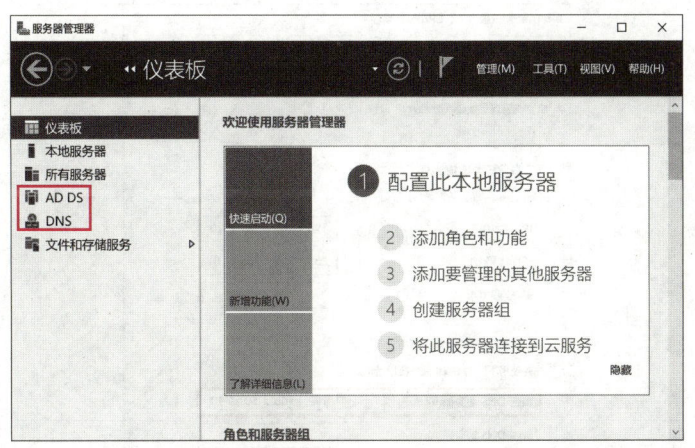

图 6-17 "服务器管理器"窗口

步骤 18 右击"开始"按钮,在弹出的快捷菜单中选择"系统"选项,打开"设置"窗口,选择"高级系统设置"选项,在弹出的"系统属性"对话框的"计算机名"选项卡中可看到配置的 AD 域名,如图 6-18 和图 6-19 所示。

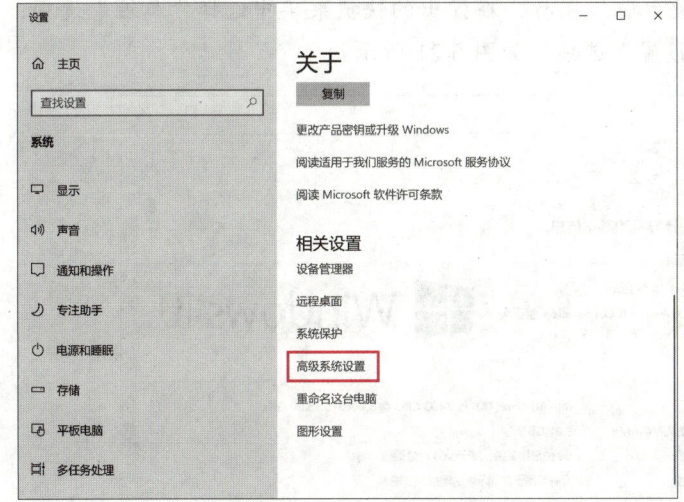

图 6-18 "设置"窗口

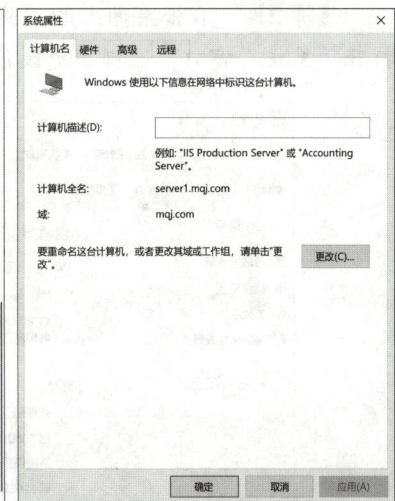

图 6-19 "系统属性"对话框

6.3.3 任务 3 将一台计算机加入域

下面将计算机名为"Win10-1"、IP 地址为"192.168.50.20/24"的计算机加入域名为"mqj.com"的域中,具体操作步骤如下。

将一台计算机加入域

步骤 1 开启 Windows 10 操作系统,在"Internet 协议版本 4(TCP/IPv4)属性"对话框的"首选 DNS 服务器"编辑框中输入 DNS 服务器的 IP 地址"192.168.50.10"(域控制器的 IP 地址),单击"确定"按钮,如图 6-20 所示。

115

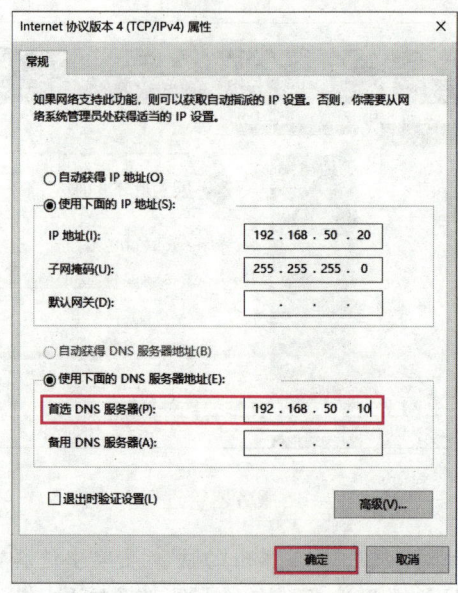

图 6-20　设置 DNS 服务器的 IP 地址

步骤 2▶　右击桌面上的"此电脑"图标，在弹出的快捷菜单中选择"属性"选项，打开"系统"窗口，选择"更改设置"选项，如图 6-21 所示。

图 6-21　"系统"窗口

步骤 3▶　弹出"系统属性"对话框，单击"更改"按钮，如图 6-22 所示。

步骤 4▶　弹出"计算机名/域更改"对话框，选择"域"单选按钮，并在下面的文本框中输入"mqj.com"，单击"确定"按钮，如图 6-23 所示。

项目 6　域和活动目录管理

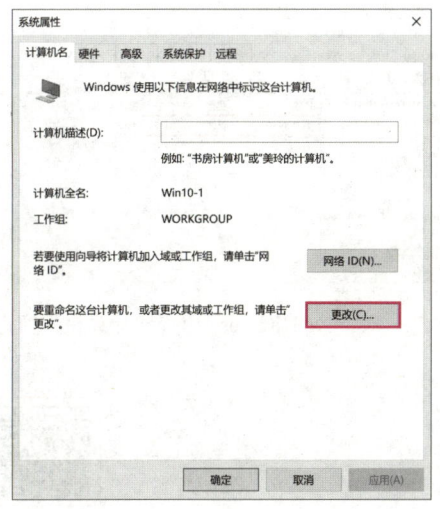

图 6-22　"系统属性"对话框

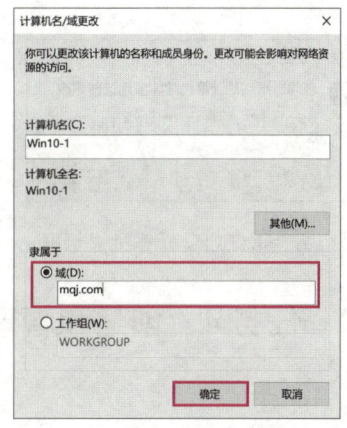

图 6-23　"计算机名/域更改"对话框

步骤 5　弹出"Windows 安全中心"对话框，要求输入有权限加入域的用户名和密码，此处输入域控制器中管理员的用户名和密码，单击"确定"按钮，如图 6-24 所示。

步骤 6　十几秒钟后就会成功加入域，弹出如图 6-25 所示的提示框，单击"确定"按钮。

图 6-24　"Windows 安全中心"对话框

图 6-25　提示成功加入域

> 计算机加入域进行验证之前，必须关闭域控制器的防火墙。

步骤 7　弹出重新启动计算机提示框，提示必须重启计算机才能应用更改，单击"确定"按钮重启计算机，如图 6-26 所示。

步骤 8　返回域控制器，在"服务器管理器"窗口中，选择"工具"→"Active Directory 用户和计算机"选项，打开"Active Directory 用户和计算机"窗口，选择"mqj.com"→"Computers"选项，即可显示加入域的计算机，如图 6-27 所示。

117

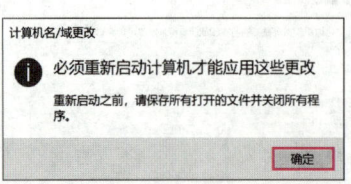

图 6-26 重新启动计算机提示框

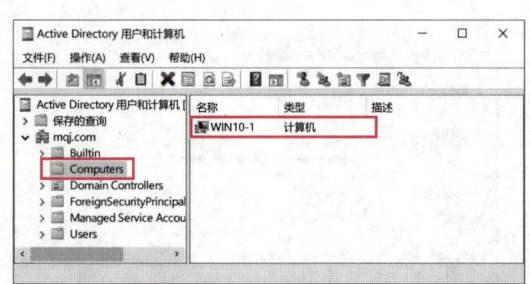

图 6-27 "Active Directory 用户和计算机"窗口

6.3.4 任务 4 创建和管理域用户

1. 新建域用户

创建和管理域用户

具体操作步骤如下。

步骤 1▶ 在"Active Directry 用户和计算机"窗口中,右击"mqj.com"域,在弹出的快捷菜单中选择"新建"→"用户"选项。

步骤 2▶ 弹出"新建对象-用户"对话框,输入用户的"姓""名""用户登录名"(用于登录系统),单击"下一步"按钮,如图 6-28 所示。

步骤 3▶ 显示输入密码界面,输入用户的密码,单击"下一步"按钮,如图 6-29 所示。在随后显示的界面中单击"完成"按钮,完成用户的创建。

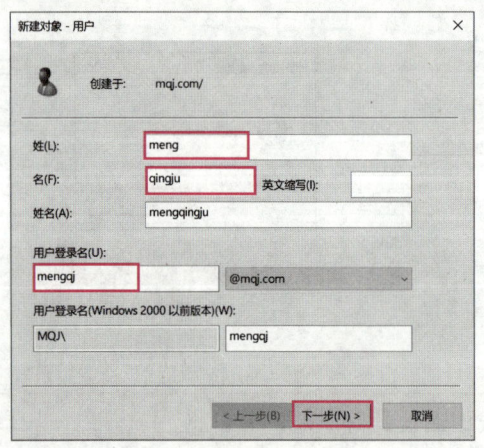

图 6-28 输入用户信息

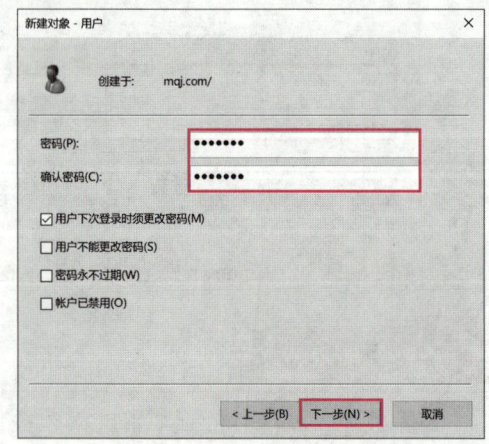

图 6-29 输入用户的密码

提示

用户登录名是指当用户从域中任意一台计算机登录到域控制器所使用的用户名;用户设置的密码要求包含特殊符号、数字、大写字母和小写字母 4 类字符中的 3 类字符,并且密码的长度不少于 7 位。

步骤 4▶ 在"Active Directory 用户和计算机"窗口中,即可查看用户信息,如图 6-30 所示。

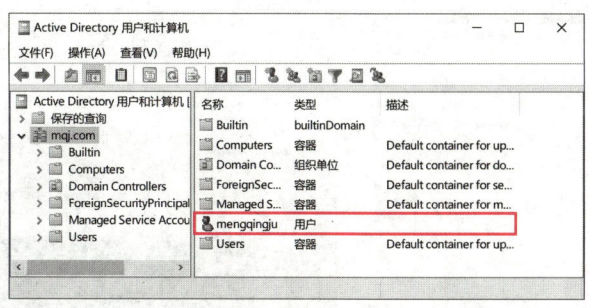

图 6-30 查看用户信息

知识库

在 Windows Server 2022 操作系统中,一个用户账户包含了用户的名称、密码、所属组、个人信息、通讯方式等信息。在添加一个用户账户后,它被自动分配一个唯一的安全标识 SID,在域中用户账户的 SID 决定用户的权限,可以在域内的任意计算机上用此账户登录。

2. 管理域用户

新建用户账户后,可进一步对账户的属性进行修改。右击要设置属性的用户账户(如 mengqingju),在弹出的快捷菜单中选择"属性"选项,弹出"mengqingju 属性"对话框,切换到"账户"选项卡,可以对"账户选项"进行设置,如图 6-31 所示。

在图 6-31 的"账户"选项卡中,单击"登录时间"按钮,弹出"mengqingju 的登录时间"对话框,可设置用户的登录时间,如图 6-32 所示。

提示

图 6-32 中横轴每个方块代表一小时,纵轴每个方块代表一天,蓝色方块表示允许用户使用的时间,空白方块表示该时间不允许用户使用,默认为在所有时间均允许用户使用。

当用户在允许登录的时间段内登录到网络中,并且一直持续到超过允许登录的时间时,用户可以继续使用,但不允许新的连接,如果用户注销后,则无法再次登录。

在图 6-31 的"账户"选项卡中,单击"登录到"按钮,弹出"登录工作站"对话框,如图 6-33 所示。默认情况下,用户可以从所有的客户端登录,也可以设置让用户从某些客户端登录,设置时输入计算机的名称(NetBIOS 名),然后单击"添加"按钮即可。

在图 6-31 的"账户"选项卡中,用户可以选择账户的使用期限。默认情况下账户是永久有效的,但对于临时员工来说,设置账户的有效期限就非常有用,在有效期限到期后,该账户被标记为失效。

右击用户,在弹出的快捷菜单中还可以对用户进行复制、添加到组、禁用账户、重置密码、移动、删除、重命名等操作，如图 6-34 所示。

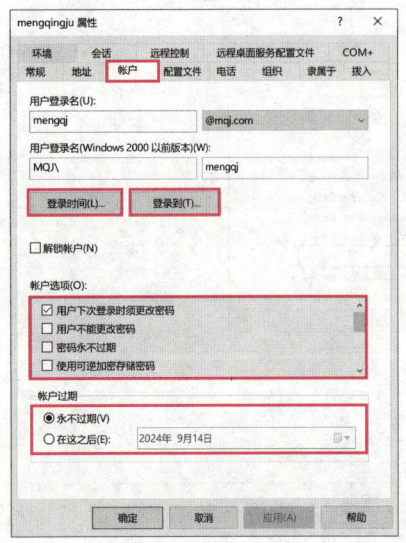

图 6-31 "mengqingju 属性"对话框

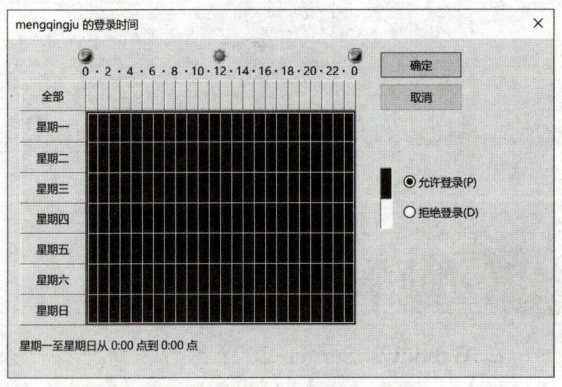

图 6-32 "mengqingju 的登录时间"对话框

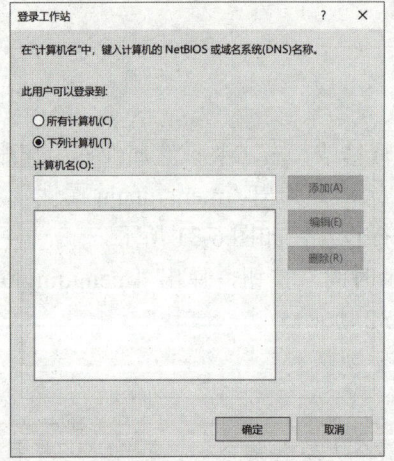

图 6-33 "登录工作站"对话框

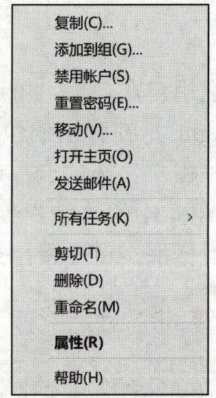

图 6-34 右击用户弹出的快捷菜单

（1）复制账户：可以将此账户复制添加到任意组中。
（2）添加到组：可以将账户添加到指定的组中。
（3）禁用账户：选择"禁用账户"选项，可以禁用此账户。
（4）重置密码：可以重新设置账户密码。
（5）移动账户：在移动对话框中选择相应的容器或组织单元即可移动账户。
（6）删除账户：在删除账户后，如再添加一个同名账户，由于 SID 的不同，它无法继承已被删除的账户属性和权限。
（7）重命名账户：更改账户的名称。在更改名称后，由于该账户的安全标识 SID 并未被修改，其账户的属性、权限等设置均未发生改变。

6.3.5 任务5 创建和管理域组

1. 创建域组

创建和管理域组

具体操作步骤如下。

步骤 1▶ 在"Active Directory 用户和计算机"窗口中，右击"mqj.com"域，在弹出的快捷菜单中选择"新建"→"组"选项。

步骤 2▶ 弹出"新建对象-组"对话框，在"组名"文本框中输入组的名称（如"wl"），选择所需的"组作用域"和所需的"组类型"，单击"确定"按钮，如图 6-35 所示。

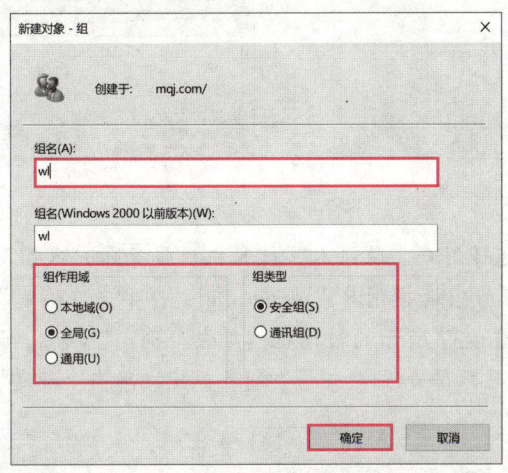

图 6-35 "新建对象-组"对话框

域组有安全组和通讯组两大类，每一类又分为本地域、全局和通用 3 个作用域。

（1）**安全组**：用于将用户、计算机和其他组收集到可管理的单位中，管理员可以为其指派权利和设置权限，具有安全功能，负责与安全相关的事件。

（2）**通讯组**：用于通讯，负责与安全无关的事件。通讯组只用于分发电子邮件列表，是没有启用安全性的组，不涉及权限的设置。

域组的 3 种作用域的含义如下。

（1）**本地域组**：主要用于设置在其所属域内的访问权限，以便访问该域内的资源。

（2）**全局组**：主要用于组织用户，即可以将多个被赋予相同权限的用户加入到同一个全局组中。

（3）**通用组**：用于设定在所有域内的访问权限，以便访问每一个域内的资源。

2. 管理域组

（1）添加组成员。具体操作步骤如下。

步骤 1▶ 右击要添加成员的组（如"wl"），在弹出的快捷菜单中选择"属性"选项，弹出"wl 属性"对话框，切换到"成员"选项卡，单击"添加"按钮，如图 6-36 所示。

步骤 2▶ 弹出"选择用户、联系人、计算机、服务账户或组"对话框，单击"高级"按钮，如图 6-37 所示。

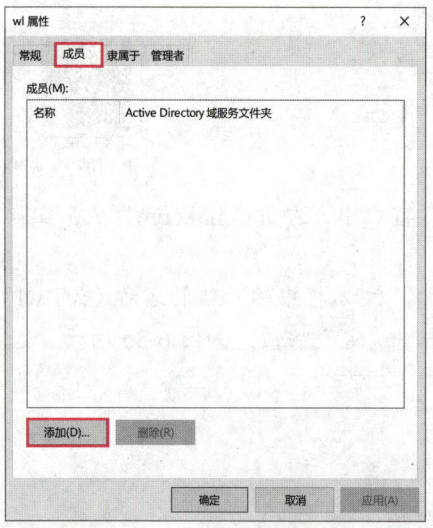

图 6-36 "wl 属性"对话框

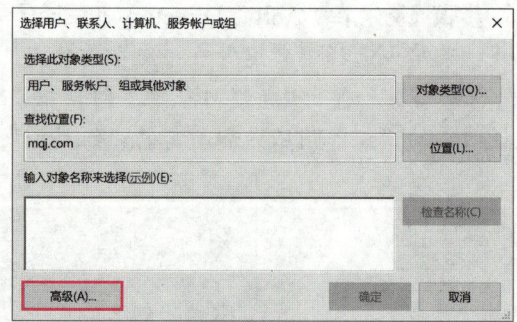

图 6-37 添加用户

步骤 3▶ 弹出"选择用户、联系人、计算机、服务账户或组"对话框,单击"立即查找"按钮,在"搜索结果"中选择用户"mengqingju",单击"确定"按钮,如图 6-38 所示。

步骤 4▶ 返回如图 6-37 所示的对话框,单击"确定"按钮,返回"wl 属性"对话框,可以看到"mengqingju"已经添加到"成员"列表框中,单击"确定"按钮,如图 6-39 所示。

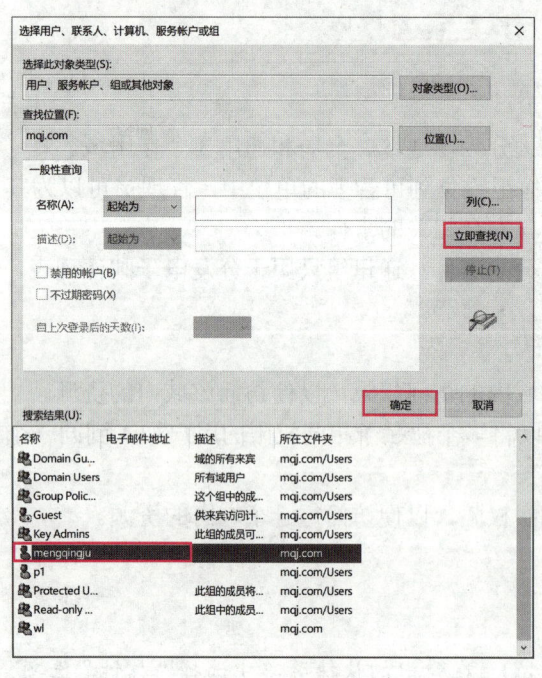

图 6-38 选择用户　　　　　图 6-39 "wl 属性"对话框

(2) 删除组成员。具体操作步骤如下。

步骤 1▶ 右击要删除成员的组(如"wl"),在弹出的快捷菜单中选择"属性"选项,

项目 6　域和活动目录管理

弹出"wl 属性"对话框,切换到"成员"选项卡。

步骤 2▶　在"成员"列表框中选择要删除的组成员(如"mengqingju"),单击"删除"按钮,如图 6-40 所示。

步骤 3▶　弹出"Active Directory 域服务"对话框,询问是否要将选定的成员从组中删除,单击"是"按钮,如图 6-41 所示。

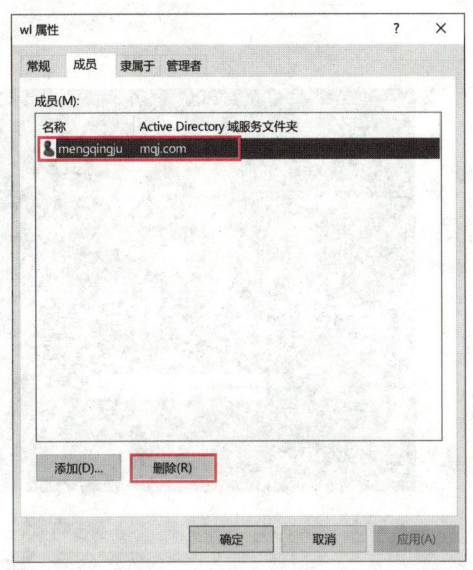

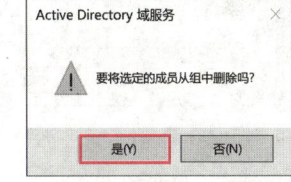

图 6-40　删除成员　　　　　　　　图 6-41　"Active Directory 域服务"对话框

6.3.6　任务 6　管理域中共享文件夹

具体操作步骤如下。

步骤 1▶　在"E:"盘根目录下创建文件夹"shareAD"并设置为与用户"mengqingju"共享,如图 6-42 所示。

管理域中共享文件夹

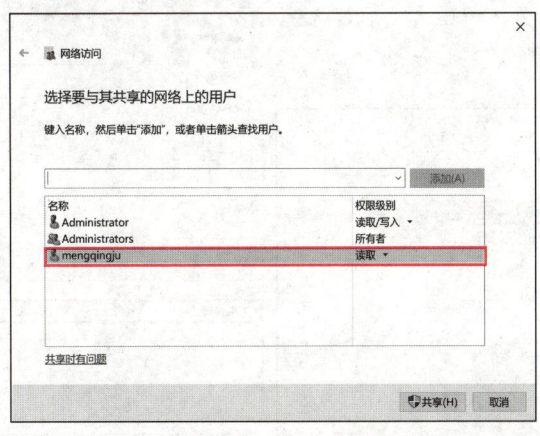

图 6-42　设置共享文件夹

123

步骤2▶ 在"Active Directory 用户和计算机"窗口中，右击"mqj.com"域，在弹出的快捷菜单中选择"新建"→"共享文件夹"选项。

步骤3▶ 弹出"新建对象-共享文件夹"对话框，在"名称"文本框中输入"shareAD"，在"网络路径"文本框中输入"\\192.168.50.10\shareAD"，单击"确定"按钮，如图6-43所示。

步骤4▶ 开启 Windows 10 操作系统作为客户端计算机，以域中用户身份登录到域，如图6-44所示。

图6-43 "新建对象-共享文件夹"对话框　　　　图6-44 在客户端上登录到域

步骤5▶ 打开"文件资源管理器"窗口，在导航窗格中选择"网络"选项，切换到"网络"选项卡，单击"搜索 Active Directory"按钮，如图6-45所示。

步骤6▶ 打开"查找共享文件夹"窗口，在"查找"下拉列表框中选择"共享文件夹"选项，在"范围"下拉列表框中选择"mqj.com"选项，单击"开始查找"按钮，在"搜索结果"列表框中会列出所有的共享文件夹，如图6-46所示。

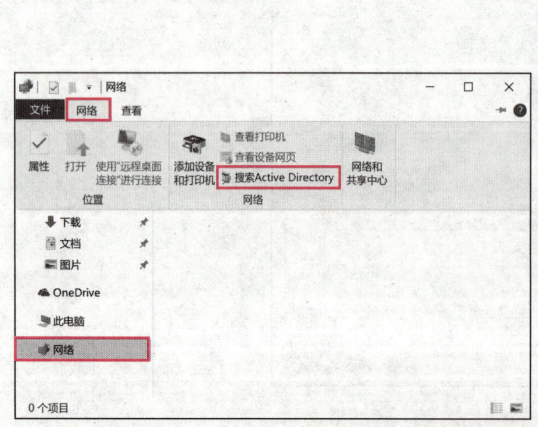
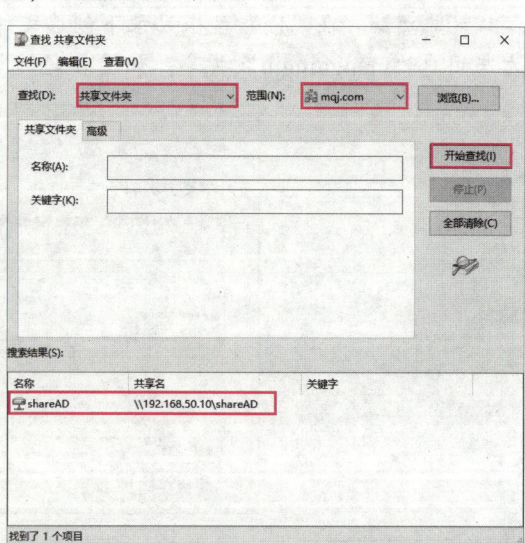

图6-45 "文件资源管理器"窗口　　　　图6-46 查找共享文件夹

步骤 7▶ 右击要访问的共享文件夹,在弹出的快捷菜单中选择"浏览"选项。

步骤 8▶ 打开活动目录下的"shareAD"共享文件夹,如图 6-47 所示。

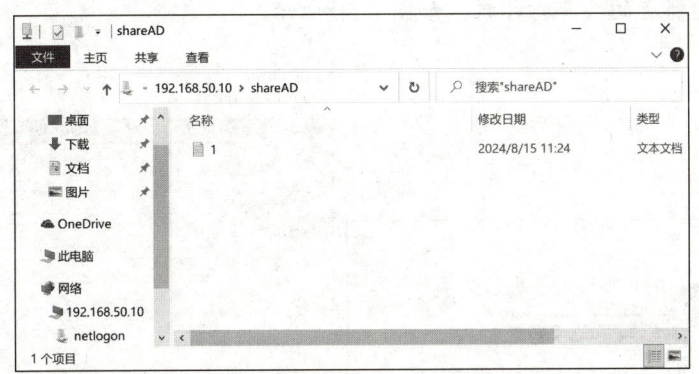

图 6-47 查看"shareAD"共享文件夹

6.3.7 任务 7 管理域中共享打印机

管理域中共享打印机

具体操作步骤如下。

步骤 1▶ 添加一台名为"Canon"的打印机并设置共享(参见项目 5 任务 2 中的方法)。

步骤 2▶ 右击打印机,在弹出的快捷菜单中选择"打印机属性"选项,弹出"Canon 属性"对话框,切换到"共享"选项卡,勾选"列入目录"复选框,单击"确定"按钮,如图 6-48 所示。

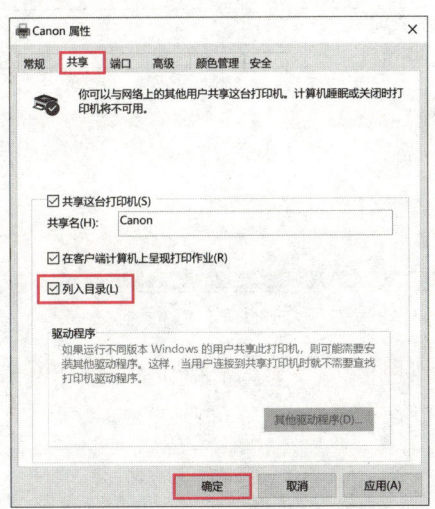

图 6-48 "Canon 属性"对话框

步骤 3▶ 开启 Windows 10 操作系统作为客户端计算机,以域中用户身份登录到域。

步骤 4▶ 打开"文件资源管理器"窗口,在导航窗格中选择"网络"选项,切换到"网络"选项卡,单击"搜索 Active Directory"按钮,如图 6-49 所示。

步骤 5 ▶ 打开"查找打印机"窗口,在"查找"下拉列表框中选择"打印机"选项,在"范围"下拉列表框中选择"mqj.com"选项,单击"开始查找"按钮,在"搜索结果"列表框中会列出所有的共享打印机,如图 6-50 所示。

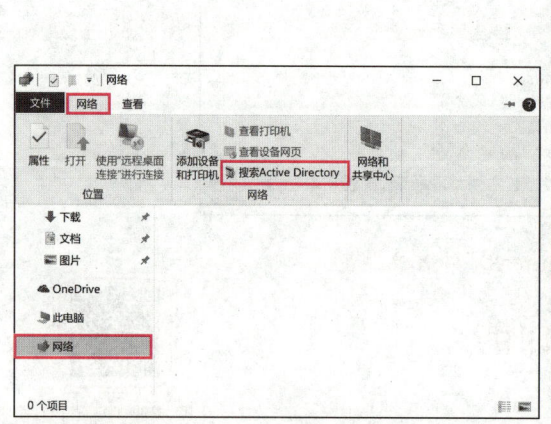

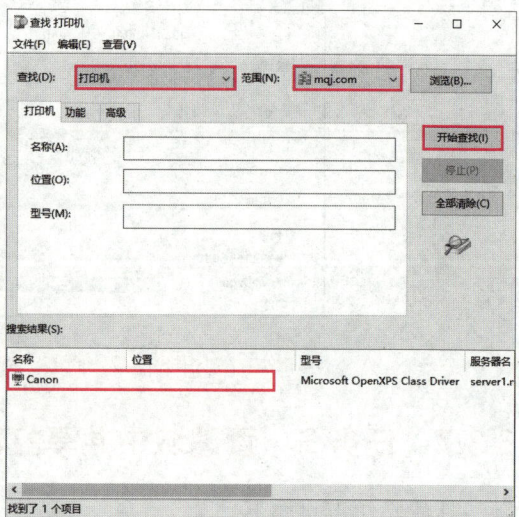

图 6-49 "文件资源管理器"窗口　　　　　　图 6-50 查找共享打印机

步骤 6 ▶ 右击共享打印机,在弹出的快捷菜单中选择"打开"选项,即可打开活动目录下的"Canon"共享打印机,如图 6-51 所示。

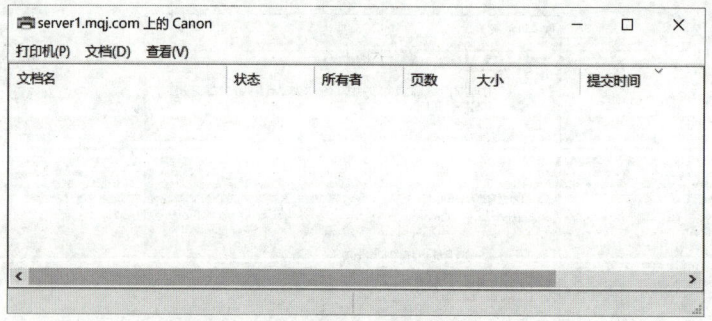

图 6-51 在客户端上访问共享打印机

6.4 举一反三

(1)准备一台安装了 Windows 7 操作系统的虚拟机,并将其加入到 Windows Server 2022 操作系统的域中。

(2)在 Windows 7 操作系统中访问域中共享的文件夹和打印机。

6.5 拓展阅读——互联网下半场，新的网络架构在布局

"将来，有可能我们需要多大的带宽就有多大的带宽，需要多长的时延就有多长的时延，网络可以根据你的需要来服务，每个人都可以有自己的网络。"在网络通信与安全紫金山实验室（以下简称紫金山实验室），中国工程院刘院士如此描摹互联网的未来。

这并非心血来潮。为了这个理想，科学家们早在多年前便开始布局科研攻关，一场有关网络强国的计划，也逐渐按下"快进键"。

2018年，紫金山实验室揭牌。如今，这个以刘院士团队、尤教授团队、邬院士团队为主的1 000多人组成的科研队伍，成功研发出全球首个大网级网络操作系统，开通了12个城市的未来试验网络。他们以网络操作系统、毫米波芯片和网络内生安全等"命门"技术为主攻方向，研制出具有自主知识产权的CMOS工艺毫米波芯片和大规模天线阵列，其水平在国际上遥遥领先。

"互联网上半场，在消费领域的互联网，中国是跟随者，但中国在应用领域做得很好，我们有BAT，在消费领域做得很成功。互联网下半场进入核心竞争后，我们面临的重大变革就是将互联网从尽力而为的网络变成确定性网络。"刘院士介绍。为了应对这场变革，科学家们提出了一个新的架构，紫金山实验室发布的全球首个大网级网络操作系统便是其中之一。

拥有自主可控的操作系统，对于国家安全和产业安全意义重大。紫金山实验室研发的这套能支持300多个城市1 000多个节点的大网操作系统，具有微架构服务、全维度协同、确定性可控、高容灾抗毁、毫秒级倒换等特点。

2024年8月，紫金山实验室宣布，经过十余年努力，我国通信与信息领域第一个国家重大科技基础设施——未来网络试验设施大科学装置建成。

身处300公里之外，可远程操纵手术机器人完成高难度手术，时延不超过6毫秒；坐在操作室，简单动手就能精准操控井下240米深处的采煤机……

科幻照进现实，未来网络试验设施现已面向交通、能源等行业提供专网服务，还为多个大科学装置提供端到端的网络传输服务，有力地支撑了重大创新和数字经济的发展。

6.6 项目检测

1. 选择题

（1）在设置域账户属性时，（　　）项目不能被设置。
　　A．账户登录时间　　　　　　B．账户的个人信息
　　C．账户的权限　　　　　　　D．指定账户登录域的计算机

（2）下列对象中，不属于AD中的容器的是（　　）。
　　A．组织单元　　　　　　　　B．组
　　C．域　　　　　　　　　　　D．工作组

网络操作系统：Windows Server 配置与管理

（3）Windows Server 2022 操作系统中，域和活动目录实现对计算机、用户、共享资源等的（　　）。

  A．分散管理　　　　　　B．集中管理
  C．无序管理　　　　　　D．没有管理

2．简答题

（1）简述活动目录服务的概念。

（2）简述域控制器的概念。

网络服务篇

项目 7

配置 DNS 服务器

域名系统（domain name system, DNS）用于 TCP/IP 网络中，通过简单的域名（如 www.baidu.com）代替难记的 IP 地址（如 110.242.68.31）来定位计算机。本项目介绍在 Windows Server 2022 网络操作系统中配置 DNS 服务器的方法。通过本项目的学习，读者应达到以下目标。

知识目标

- 了解 DNS 的域名空间。
- 了解 DNS 服务器类型。
- 了解 DNS 服务器的区域类型。
- 了解资源记录的概念和类型。
- 了解 DNS 的解析方式及过程。

能力目标

- 能设置 DNS 服务的管理环境。
- 能安装 DNS 服务器。
- 能创建正向和反向查找区域。
- 能创建主机记录。
- 能配置 DNS 客户端。
- 能创建指针记录和别名记录。
- 能配置 DNS 转发器。
- 能配置辅助 DNS 服务器。

素质目标

- 提高分析问题和解决问题的能力。
- 与时俱进，培养精益求精、追求卓越的工匠精神和创新意识。

7.1 项目背景

铁道学院的部分二级网站采用 IP 地址访问模式,由于 IP 地址难以记忆,教师和学生使用起来很不方便。作为网络管理员,需要选择一台服务器作为 DNS 服务器,实现域名与 IP 地址的解析。

在 Internet 上域名与 IP 地址的转换工作称为域名解析,域名解析需要由专门的域名解析服务器来完成,该服务器便是 DNS 服务器。

7.2 相关知识

1. DNS 域名空间

DNS 域名空间是指 Internet 上所有主机唯一的,容易记忆的主机名所组成的空间,是一种层次化的树型结构,如图 7-1 所示。其中顶层为根域(root domain),通常用圆点(.)表示。下一层为顶级域(top-level domain),顶级域是用以识别域名所属类别、应用范围、注册国家等公用信息的代码。

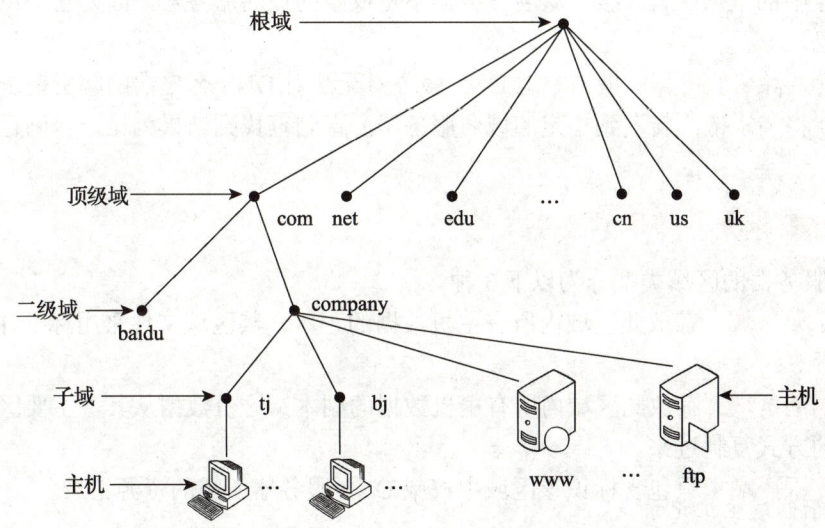

图 7-1 DNS 域名空间

在顶级域之下是二级域,供公司或组织申请与使用。例如,baidu.com 是百度公司申请的二级域名。

公司在其申请的二级域下,可以根据各自的情况划分下级子域或主机名等。例如,申请 company.com 之后,可以在该二级域下建立子域 tj.company.com。

主机名就是完全限定域名(fully qualified domain name,FQDN)的左端部分,代表某一个组织或公司内部某一台主机(如 www.tj.company.com)。

> **提示**
>
> FQDN 是指同时带有主机名和域名的名称。例如，主机名是 dnsserver，域名是 mycompany.com，那么 FQDN 就是 dnsserver.mycompany.com。

2．DNS 服务器类型

DNS 服务器按照配置和实现功能的不同，主要分为以下 4 种类型。

（1）主域名服务器：负责维护一个区域的所有域名信息，其数据可以修改，其区域文件采用标准 DNS 规范的文本文件。

（2）辅助域名服务器：用于提供主域名服务器的备份，通常与主域名服务器同时提供服务。对于客户端而言，辅助域名服务器提供与主域名服务器完全相同的功能。但是，辅助域名服务器提供的地址解析记录并不由自己决定，而是取决于对应的主域名服务器。当主域名服务器中的地址数据库发生变化时，在辅助域名服务器中的地址数据库也会发生相应的变化。

（3）缓存域名服务器：可运行域名服务器软件，但是没有域名数据库软件。一旦它从某个远程服务器中取得域名查询结果，就会将其放在高速缓存中，以后查询相同的信息就用高速缓存中的数据回答。缓存域名服务器不是权威的域名服务器，因为它提供的信息都是间接信息。

（4）转发域名服务器：指当本地 DNS 服务器无法对 DNS 客户端的解析请求进行本地解析时，就将请求依次转发到指定的域名服务器，直到查找到结果为止，否则返回无法映射的结果。

3．DNS 服务器的区域类型

DNS 服务器的区域类型分为以下 3 种。

（1）主要区域：存放此区域内所有主机数据的正本，其区域文件采用标准 DNS 规范的文本文件。

（2）辅助区域：存放此区域内所有主机数据的副本，这份数据从其"主要区域"利用区域传送的方式复制过来。

（3）存根区域：只包含标识该区域中权威 DNS 服务器所需的资源记录。

4．资源记录

资源记录是 DNS 数据库中的信息集，包含了域名与 IP 地址的映射关系、提供服务的类型等信息，用于处理客户端的查询。主要的资源记录有以下几个。

（1）SOA 资源记录（起始授权机构）：记录指定区域的起点。SOA 资源记录包含区域名、区域管理员电子邮件地址，以及指示辅助 DNS 服务器如何更新区域数据文件的设置等信息。

（2）NS 记录（名称服务器）：指定负责此区域的权威 DNS 服务器。

（3）A 记录（主机）：用于将计算机的 FQDN 映射到对应主机的 IP 地址上。

（4）PTR 记录（指针）：和 A 记录相反，它是将 IP 地址映射为计算机的 FQDN。

（5）CNAME 记录（别名）：用于记录主机的别名。

（6）MX 记录（邮件交换）：提供 SMTP 服务的邮件服务器名称到 IP 地址的映射，为 DNS 域名指定邮件交换服务器。

（7）AAAA 记录（IPv6 地址）：用于将域名解析为 IPv6 地址。

5．DNS 解析方式

DNS 解析方式主要分为以下 4 种。

（1）本地解析。本地解析过程如图 7-2 所示。客户端操作系统上运行着 DNS 客户端程序，用于存储得到的 DNS 查询记录。当其他程序提出 DNS 查询请求时，这个查询请求会传送至 DNS 客户端程序。DNS 客户端程序首先使用本地缓存信息进行解析，如果可以解析所要查询的名称，则 DNS 客户端程序就直接应答该查询，而不需要向 DNS 服务器查询，该 DNS 查询处理过程结束。

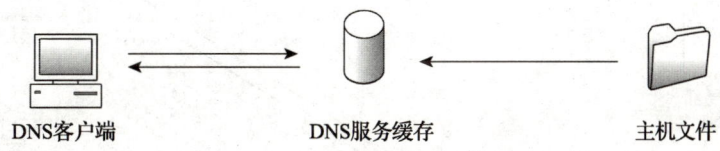

图 7-2　本地解析过程

（2）直接解析。直接解析过程如图 7-3 所示。如果 DNS 客户端程序不能通过本地 DNS 缓存回答客户端的 DNS 查询，它便向客户端所设定的局部 DNS 服务器发送一个查询请求，要求局部 DNS 服务器进行解析。局部 DNS 服务器得到这个查询请求，首先查看所要查询的域名自己能否回答，如果能，则直接给予回答，如果不能，再查看自己的 DNS 缓存，如果可以从缓存中解析，则也是直接解析。

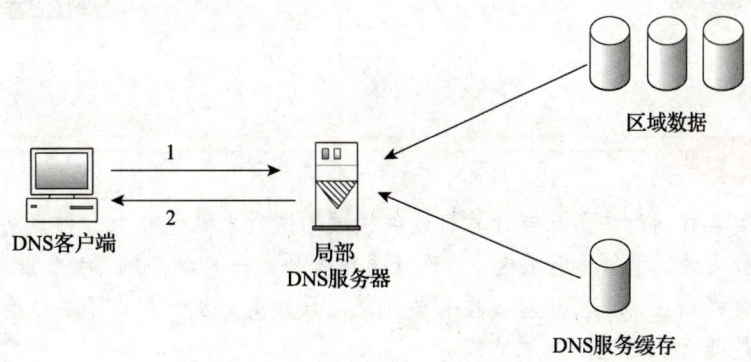

图 7-3　直接解析过程

（3）递归解析。当局部 DNS 服务器不能回答客户端的 DNS 查询时，它就需要向其他 DNS 服务器发送查询请求。此时有递归解析和迭代解析两种方式。如图 7-4 所示的是递归解析过程。局部 DNS 服务器负责向其他 DNS 服务器发送查询请求，通常是先向该域名的根域服务器发送查询请求，再由根域服务器一级级向下查询。最后将得到的查询结果返回给局部 DNS 服务器，再由局部 DNS 服务器返回给客户端。

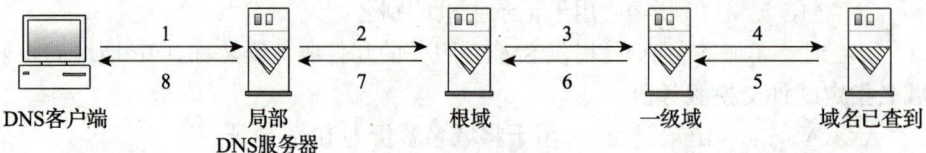

图 7-4 递归解析过程

（4）**迭代解析**。当局部 DNS 服务器不能回答客户端的 DNS 查询时，也可以通过迭代查询的方式进行解析，如图 7-5 所示。局部 DNS 服务器将能解析该域名的其他 DNS 服务器的 IP 地址返回给客户端 DNS 程序，客户端 DNS 程序再继续向这些 DNS 服务器进行查询，直到得到查询结果为止。

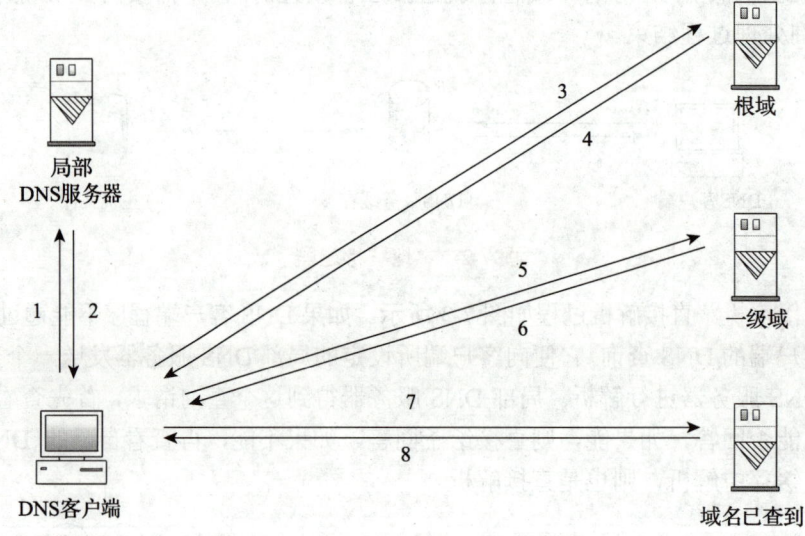

图 7-5 迭代解析过程

知类通达

在人类实践活动中，源自计算机软件领域的迭代思维已经由一种算法逐步升级发展为一种方法、理念和思维模式。迭代思维本质是一种动态的思维，就像登山时，人们都知道终点在哪里，却对过程有些迷茫，只知道一步一步走下去才有希望，这实际上就是践行了迭代的思维方式。

正如《学会成长》一书中所说，你需要无数步，每一步都可以称为一次迭代，每一次迭代得到的结果会作为下一次迭代的初始值，每一次迭代都是为了逼近目标。总结并掌握迭代思维的特点和规律，是在工作和生活中建立并运用好迭代思维的前提和基础。

项目 7　配置 DNS 服务器

7.3　项目过程

项目过程可分为以下几个任务执行。
（1）项目环境设置。
（2）安装 DNS 服务器。
（3）创建正向查找区域。
（4）创建主机记录。
（5）创建反向查找区域。
（6）创建指针记录。
（7）DNS 客户端测试。
（8）创建别名记录。
（9）查看域名根提示。
（10）配置 DNS 转发器。
（11）配置辅助 DNS 服务器。

7.3.1　任务 1　项目环境设置

开启两台虚拟机，一台作为服务器端运行 Windows Server 2022 操作系统，另一台作为客户端运行 Windows 10 操作系统。服务器端设置静态 IP 地址"192.168.50.10/24"，客户端设置的 IP 地址要与服务器的 IP 地址在同一个网段（如"192.168.50.20/24"），两台虚拟机的网络适配器设置为桥接模式，并且客户端能够 ping 通服务器。

提示

在配置 DNS 转发器和辅助 DNS 服务器时，需要准备两台运行 Windows Server 2022 操作系统的虚拟机。

7.3.2　任务 2　安装 DNS 服务器

安装 DNS 服务器

安装 DNS 服务器的具体操作步骤如下。

步骤 1▶　单击"开始"按钮，在打开的"开始"菜单中选择"服务器管理器"选项，打开"服务器管理器"窗口，选择"添加角色和功能"选项，如图 7-6 所示。

步骤 2▶　打开"添加角色和功能向导"窗口，单击"下一步"按钮。

步骤 3▶　显示"选择安装类型"界面，保持选择"基于角色或基于功能的安装"单选钮，单击"下一步"按钮。

步骤 4▶　显示"选择目标服务器"界面，系统会自动检测并选择本地计算机，直接单击"下一步"按钮。

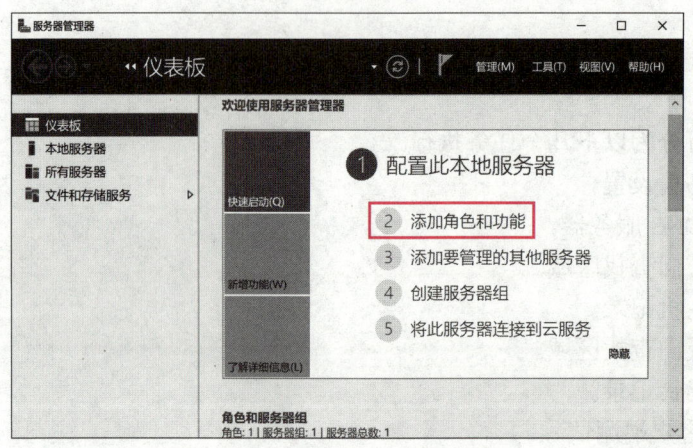

图 7-6 "服务器管理器"窗口

步骤 5▶ 显示"选择服务器角色"界面,勾选"DNS 服务器"复选框,此时,系统会弹出"添加角色和功能向导"对话框,单击"添加功能"按钮,返回"选择服务器角色"界面,单击"下一步"按钮,如图 7-7 所示。

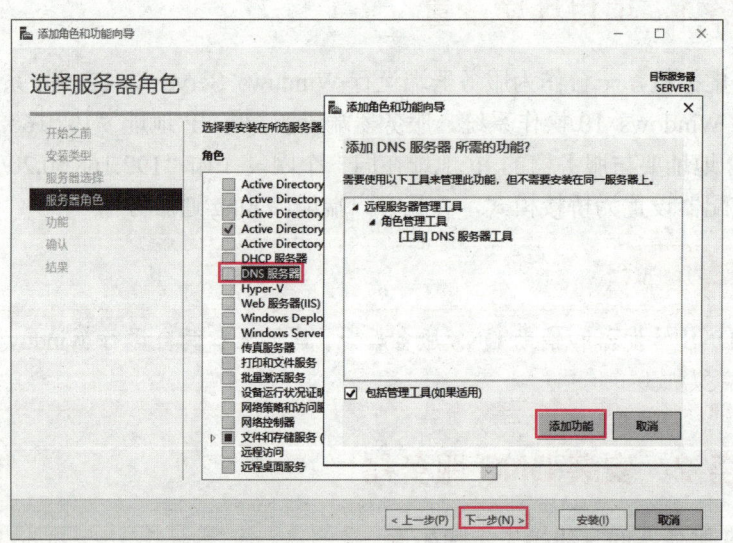

图 7-7 选择服务器角色

步骤 6▶ 显示"选择功能"界面,保持默认设置,单击"下一步"按钮。

步骤 7▶ 显示"DNS 服务器"界面,查看 DNS 服务器简介及注意事项,单击"下一步"按钮。

步骤 8▶ 显示"确认安装所选内容"界面,单击"安装"按钮,开始安装 DNS 服务器。

步骤 9▶ 显示"安装进度"界面,待 DNS 服务器安装完成,单击"关闭"按钮,关闭"添加角色和功能向导"窗口,如图 7-8 所示。

项目 7　配置 DNS 服务器

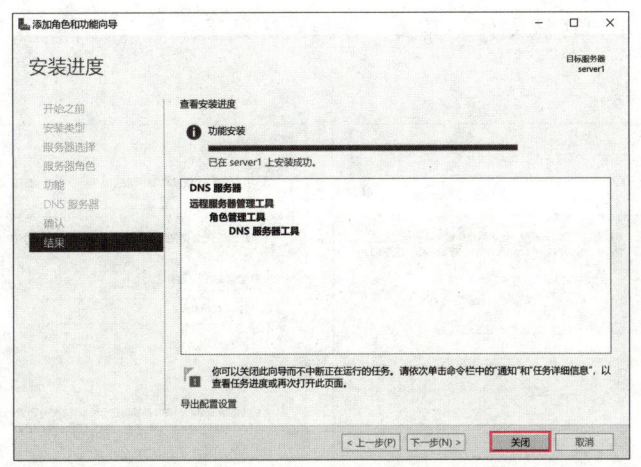

图 7-8　完成 DNS 服务器的安装

7.3.3　任务 3　创建正向查找区域

正向查找区域用于完成域名到 IP 地址的解析。在 DNS 服务器中创建正向查找区域的具体操作步骤如下。

创建正向查找区域

步骤 1▶ 在"服务器管理器"窗口中选择"工具"→"DNS"选项，打开"DNS 管理器"窗口，右击"正向查找区域"，在弹出的快捷菜单中选择"新建区域"选项，如图 7-9 所示。

步骤 2▶ 弹出"新建区域向导"对话框，单击"下一步"按钮。

步骤 3▶ 显示"区域类型"界面，选择"主要区域"单选按钮，单击"下一步"按钮，如图 7-10 所示。

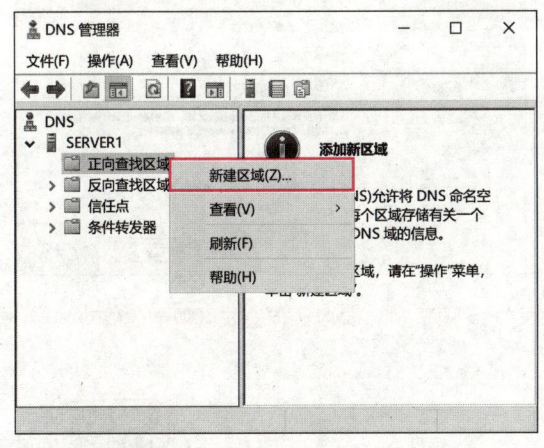

图 7-9　"DNS 管理器"窗口

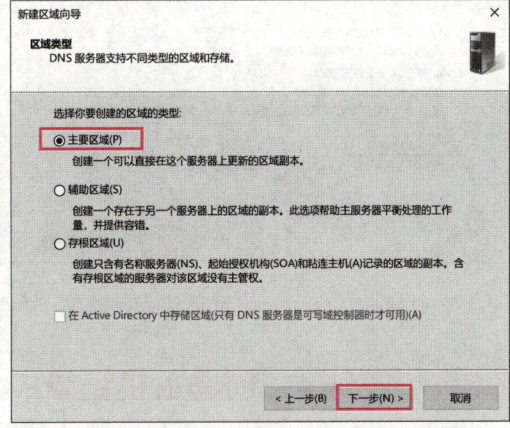

图 7-10　"区域类型"界面

步骤 4▶ 显示"区域名称"界面，在"区域名称"文本框中输入公司的域名"mqj.com"，单击"下一步"按钮，如图 7-11 所示。

137

步骤 5 ▶ 显示"区域文件"界面，保持默认设置，单击"下一步"按钮，如图 7-12 所示。

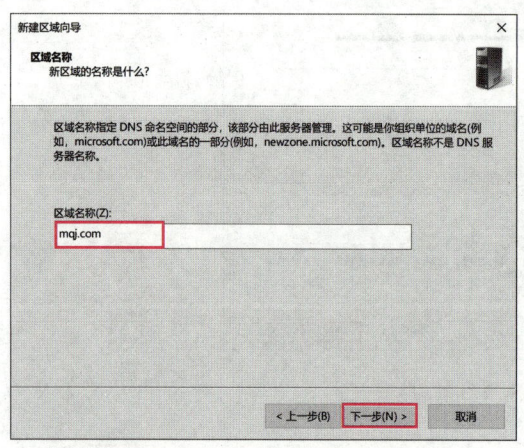
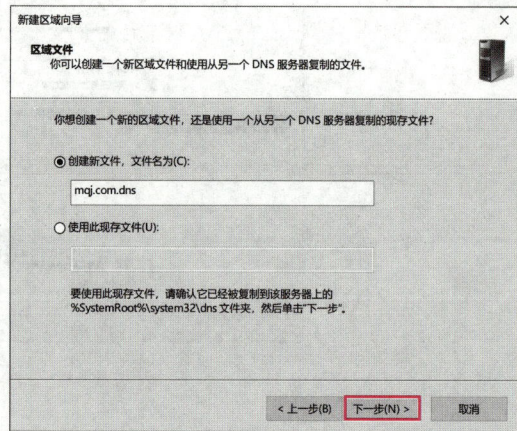

图 7-11 "区域名称"界面　　　　　图 7-12 "区域文件"界面

步骤 6 ▶ 显示"动态更新"界面，选择"不允许动态更新"单选按钮，单击"下一步"按钮，如图 7-13 所示。

步骤 7 ▶ 显示"正在完成新建区域向导"界面，单击"完成"按钮，完成 DNS 正向查找区域的创建，如图 7-14 所示。

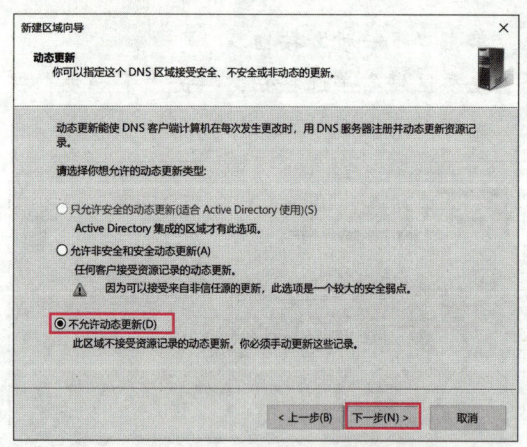
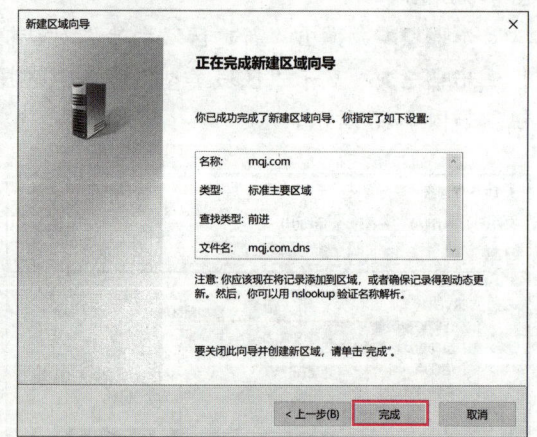

图 7-13 "动态更新"界面　　　　　图 7-14 DNS 正向查找区域创建成功

7.3.4 任务 4　创建主机记录

在 DNS 正向查找区域中创建主机记录的具体操作步骤如下。

步骤 1 ▶ 在"DNS 管理器"窗口中右击"mqj.com"，在弹出的快捷菜单中选择"新建主机（A 或 AAAA）"选项，如图 7-15 所示。

创建主机记录

项目 7　配置 DNS 服务器

步骤 2 ▶　打开"新建主机"对话框,在"名称"文本框中输入"www",在"IP 地址"文本框中输入 Web 服务器的地址,此处输入"192.168.50.10",单击"添加主机"按钮,如图 7-16 所示。

步骤 3 ▶　弹出提示框,提示主机创建成功,单击"确定"按钮返回"新建主机"对话框。此时,"取消"按钮会变为"完成"按钮,单击该按钮,关闭"新建主机"对话框。

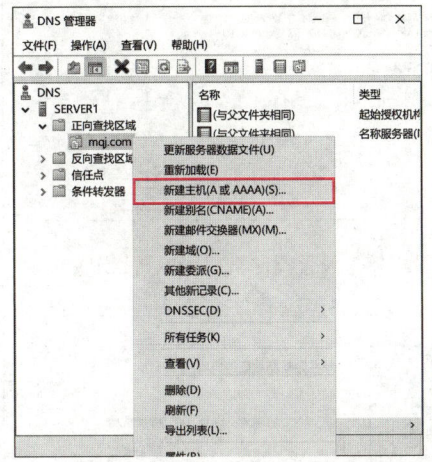

图 7-15　"DNS 管理器"窗口

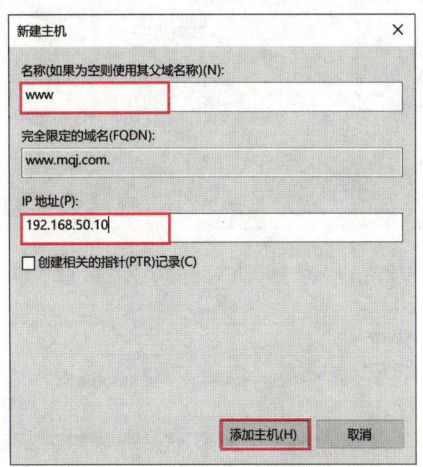

图 7-16　"新建主机"对话框

7.3.5　任务 5　创建反向查找区域

反向查找区域用于完成 IP 地址到域名的解析。在 DNS 服务器中创建反向查找区域的具体操作步骤如下。

创建反向查找区域

步骤 1 ▶　在"DNS 管理器"窗口中右击"反向查找区域",在弹出的快捷菜单中选择"新建区域"选项,弹出"新建区域向导"对话框,单击"下一步"按钮。

步骤 2 ▶　显示"区域类型"界面,保持选择"主要区域"单选按钮,单击"下一步"按钮。

步骤 3 ▶　显示"反向查找区域名称"界面,保持选择"IPv4 反向查找区域"单选按钮,单击"下一步"按钮,如图 7-17 所示。

步骤 4 ▶　显示"反向查找区域名称"界面,在"网络 ID"编辑框中输入"192.168.50",单击"下一步"按钮,如图 7-18 所示。

步骤 5 ▶　显示"区域文件"界面,保持默认设置,单击"下一步"按钮,如图 7-19 所示。

步骤 6 ▶　显示"动态更新"界面,保持选择"不允许动态更新"单选按钮,单击"下一步"按钮。

步骤 7 ▶　显示"正在完成新建区域向导"界面,单击"完成"按钮,完成 DNS 反向查找区域的创建,如图 7-20 所示。

139

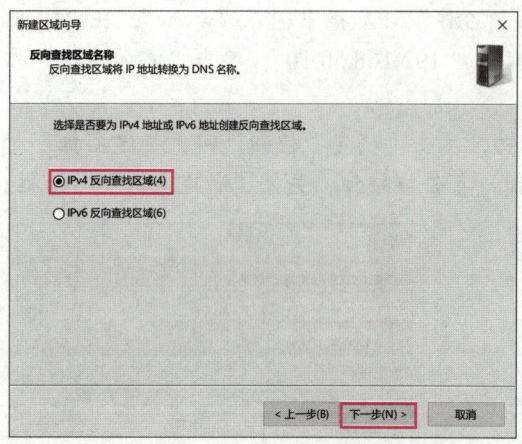

图 7-17　选择"IPv4 反向查找区域"单选按钮　　图 7-18　设置反向查找区域网络 ID

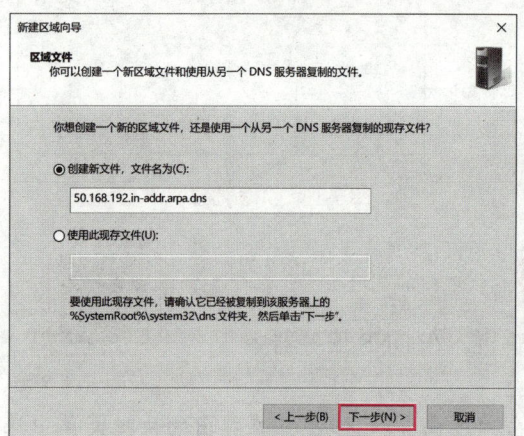

图 7-19　"区域文件"界面　　　　　　　图 7-20　DNS 反向查找区域创建成功

7.3.6　任务 6　创建指针记录

为 DNS 反向查找区域创建指针记录的具体操作步骤如下。

步骤 1▶ 在"DNS 管理器"窗口中右击"50.168.192.in-addr.arpa",在弹出的快捷菜单中选择"新建指针(PTR)"选项,如图 7-21 所示。

创建指针记录

步骤 2▶ 弹出"新建资源记录"对话框,在"主机 IP 地址"文本框中输入"192.168.50.10",单击"浏览"按钮,在弹出的"浏览"对话框中选择任务 4 中创建的主机记录"www",返回"新建资源记录"对话框,单击"确定"按钮,创建指针记录,如图 7-22 所示。

项目 7　配置 DNS 服务器

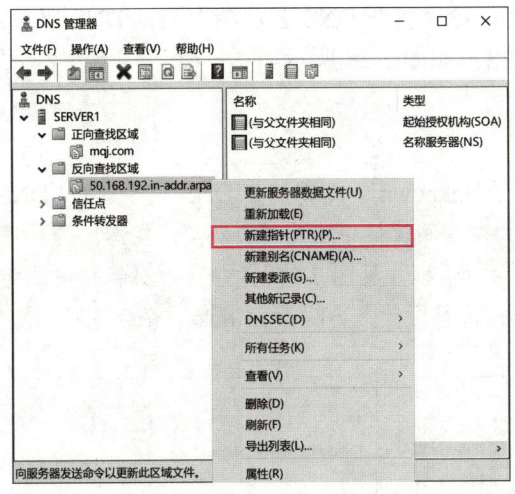

图 7-21　"DNS 管理器"窗口

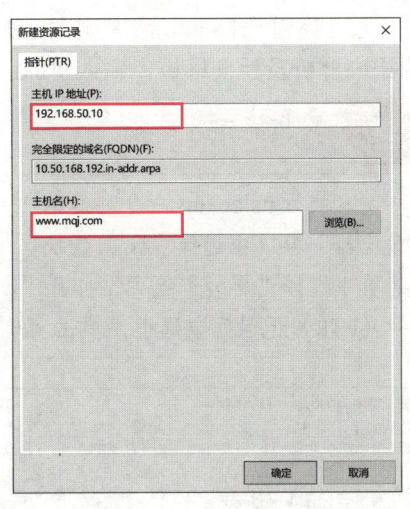

图 7-22　"新建资源记录"对话框

7.3.7　任务 7　DNS 客户端测试

DNS 客户端测试

DNS 客户端测试在装有 Windows 10 操作系统的虚拟机上完成。首先需要设置 Windows 10 虚拟机的 IP 地址与 DNS 服务器地址在同一网段，同时指定 DNS 服务器的地址，如图 7-23 所示。

配置好客户端后，可以使用 ping 命令和 nslookup 命令测试 DNS 服务器是否正常。

（1）使用 ping 命令测试：在 DNS 客户端上打开"命令行提示符"窗口，使用"ping www.mqj.com"命令可测试 DNS 服务器上的主机记录（见图 7-24），但不能测试反向主要区域上的指针记录，所以具有一定的局限性。

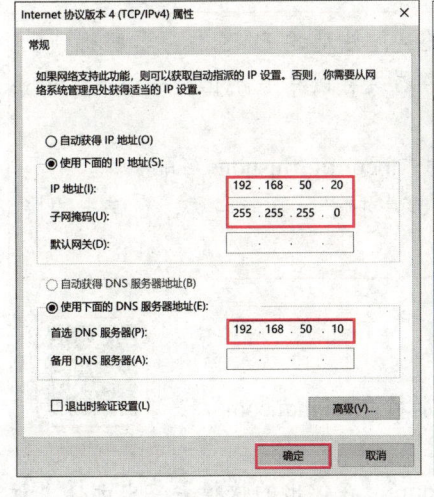

图 7-23　DNS 客户端设置

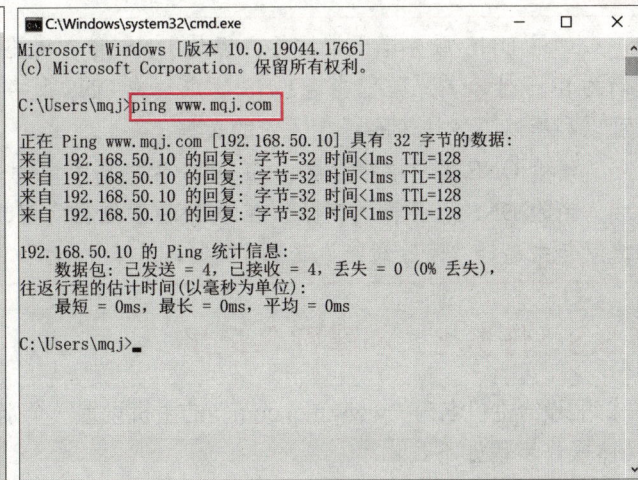

图 7-24　使用 ping 命令测试 DNS 服务器

141

(2) 使用 nslookup 命令测试：使用 nslookup 命令可在 DNS 客户端上测试 DNS 服务器的正向解析及反向解析，输入"exit"命令退出，如图 7-25 所示。

> **提示**
>
> 若运行 nslookup 命令时提示"默认服务器：Unknown"，则需要在 DNS 服务器的"DNS 管理器"窗口中选择"正向查找区域"选项，在右侧窗格中右击"www"，在弹出的快捷菜单中选择"属性"选项，打开"www 属性"对话框（见图 7-26），勾选"更新相关的指针（PTR）记录"复选框，单击"确定"按钮，保存设置，再运行 nslookup 命令即可。

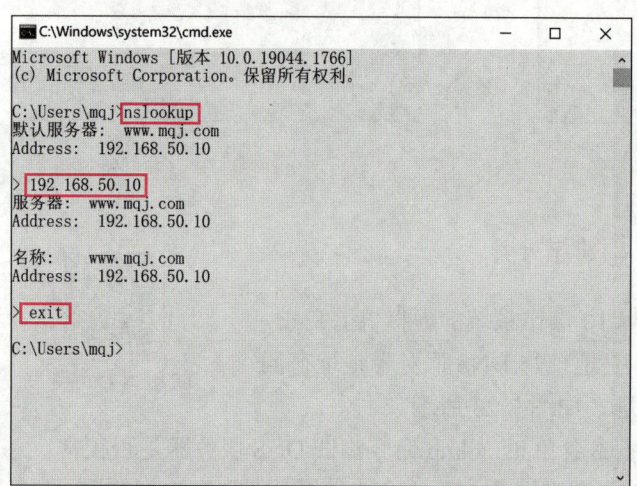
图 7-25 使用 nslookup 命令测试 DNS 服务器

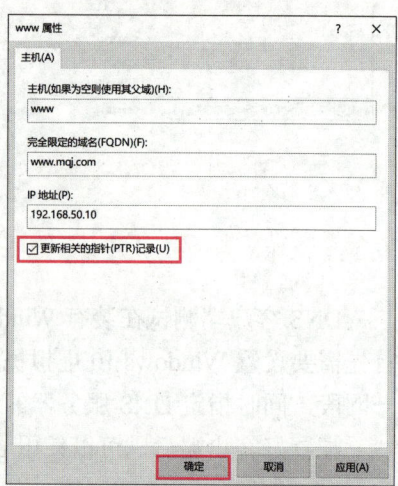
图 7-26 "www 属性"对话框

> **提示**
>
> 如果 DNS 服务器正常运行，但是 DNS 客户端还是无法通过 DNS 服务器解析到正确的 IP 地址，其原因可能是 DNS 客户端或 DNS 服务器缓存区中有不正确的资源记录。可以利用以下方法清除缓存区中的数据。
>
> 清除 DNS 客户端缓存区：在 DNS 客户端中运行"ipconfig/flushdns"命令。
>
> 清除 DNS 服务器缓存区：在"DNS 管理器"窗口中右击服务器名称，在弹出的快捷菜单中选择"清除缓存"选项。

7.3.8 任务 8 创建别名记录

假设给主机名为"www.mqj.com"的主机设置一个别名"aaa.mqj.com"，具体操作步骤如下。

创建别名记录

步骤 1 在"DNS 管理器"窗口中右击"mqj.com"，在弹出的快捷菜单中选择"新建别名（CNAME）"选项，打开"新建资源记录"对话框，在"别名（如果为空则使用父域）"文本框中输入别名"aaa"，单击"浏览"按钮，在弹出的"浏览"对话框中选择任

项目 7　配置 DNS 服务器

务 4 中创建的主机记录"www",返回"新建资源记录"对话框,单击"确定"按钮,如图 7-27 所示。

步骤 2▶　在"DNS 管理器"窗口中选择"mqj.com",在右侧窗格中可以看到创建的别名记录,如图 7-28 所示。

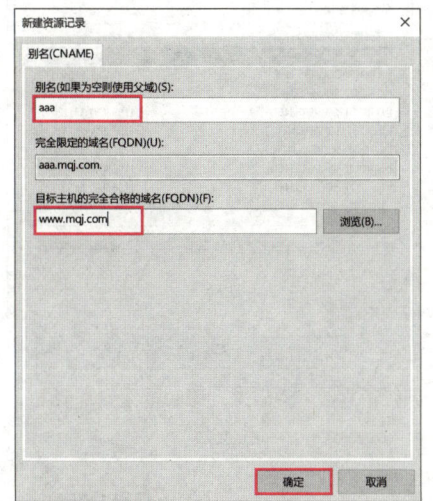

图 7-27　"新建资源记录"对话框　　　　图 7-28　别名记录创建成功

步骤 3▶　在 Windows 10 客户端上,运行命令"ping aaa.mqj.com",验证别名记录,可成功 ping 通该别名,如图 7-29 所示。

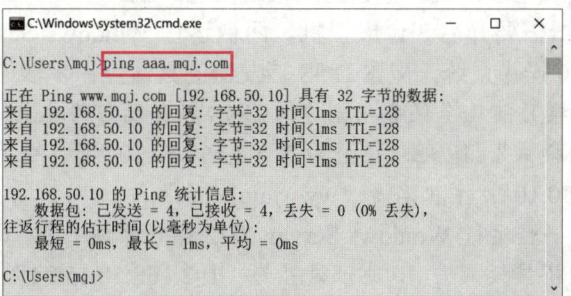

图 7-29　客户端测试结果

7.3.9　任务 9　查看域名根提示

全球有 13 台根服务器(名字分别为"A"至"M"),1 台主根服务器,放置在美国;12 台辅根服务器,其中 9 台放置在美国,两台放置在欧洲(位于英国和瑞典),1 台放置在亚洲(位于日本),访问国外域名都要经过这些根服务器。查看域名根提示的具体操作步骤如下。

查看域名根提示

步骤 1▶　在"DNS 管理器"窗口中右击服务器名称,在弹出的快捷菜单中选择"属性"选项,如图 7-30 所示。

步骤 2▶　弹出"SERVER1 属性"对话框,切换到"根提示"选项卡,在"名称服务

143

器"列表框中可查看根服务器，如图 7-31 所示。

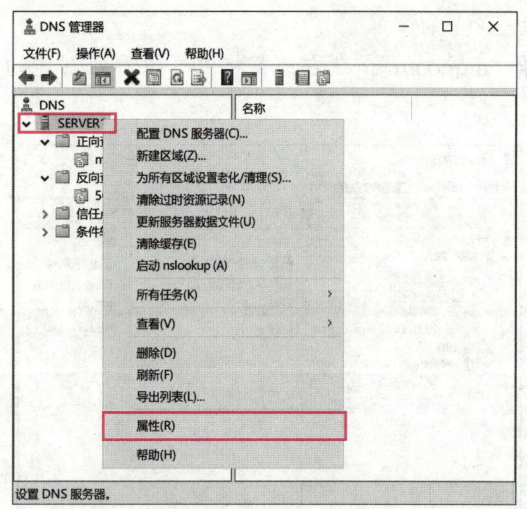

图 7-30 "DNS 管理器"窗口

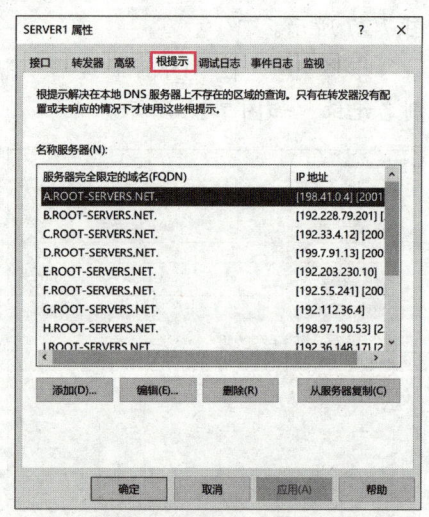

图 7-31 "SERVER1 属性"对话框

7.3.10 任务 10 配置 DNS 转发器

如果为网络配置了 DNS 转发器，那么当客户端发出解析请求时，首先去 DNS 转发器中进行查询，如果 DNS 转发器中没有对应的主机记录，便将查询请求直接转发到主 DNS 服务器进行查询，若主 DNS 服务器中有对应的主机记录，就会把查询结果返回客户端。

配置 DNS 转发器

配置 DNS 转发器需要开启 3 台虚拟机，两台运行 Windows Server 2022 操作系统，一台运行 Windows 10 操作系统。配置 DNS 转发器的具体操作步骤如下。

步骤 1▶ 将本项目前几个任务中创建的 DNS 服务器作为主 DNS 服务器，确认网络适配器设置为"桥接模式"，IP 地址设置为"192.168.50.10/24"，并且包括一条主机记录，IP 地址是"192.168.50.10"，主机名是"www.mqj.com"。

步骤 2▶ 将另一台运行 Windows Server 2022 操作系统的虚拟机作为 DNS 转发器，网络适配器设置为"桥接模式"，IP 地址设置为"192.168.50.15/24"，安装 DNS 服务。

步骤 3▶ 在 DNS 转发器的"服务器管理器"窗口中选择"工具"→"DNS"选项，打开"DNS 管理器"窗口，在左侧窗格中选择服务器名称，在右侧窗格中双击"转发器"，如图 7-32 所示。

步骤 4▶ 弹出"SERVER2 属性"对话框，在"转发器"选项卡中单击"编辑"按钮，如图 7-33 所示。

步骤 5▶ 弹出"编辑转发器"对话框，单击"单击此处添加 IP 地址或 DNS 名称"，在编辑框中输入主 DNS 服务器的 IP 地址"192.168.50.10"，按"Enter"键，添加该 IP 地址，单击"确定"按钮，保存设置，如图 7-34 所示。

步骤 6▶ 将运行 Windows 10 操作系统的虚拟机作为客户端，IP 地址设置为"192.168.50.20/24"，"首选 DNS 服务器"的 IP 地址设置为转发器的 IP 地址"192.168.50.15"，如图 7-35 所示。

项目 7　配置 DNS 服务器

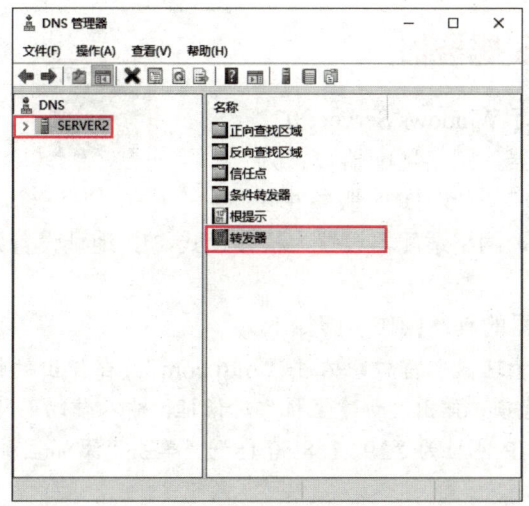

图 7-32　"DNS 管理器"窗口

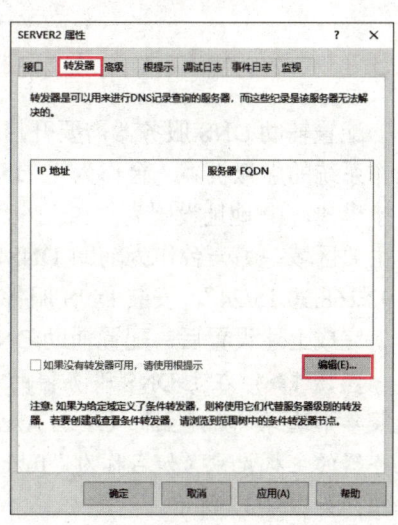

图 7-33　"SERVER2 属性"对话框

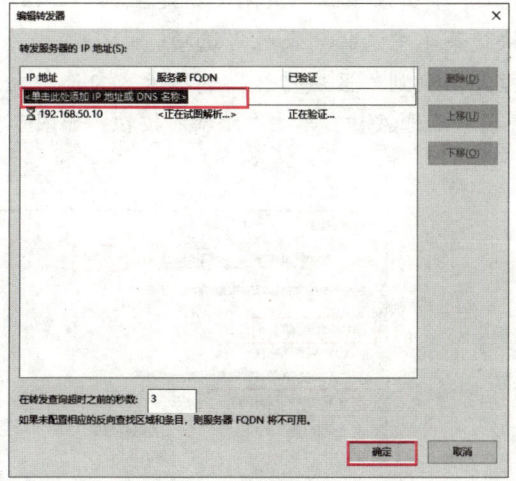

图 7-34　"编辑转发器"对话框

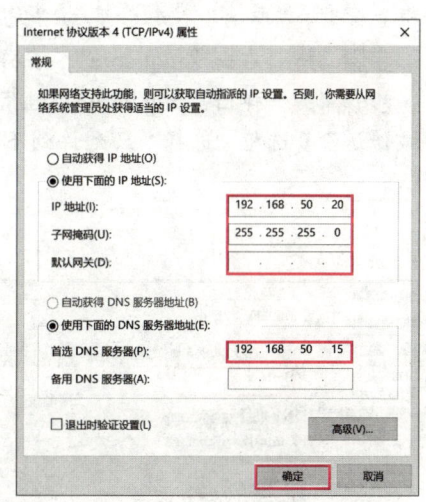

图 7-35　设置客户端 IP 和 DNS 服务器地址

步骤 7▶　在客户端上打开"命令提示符"窗口，输入命令"ping www.mqj.com"，按"Enter"键，如果能 ping 通 DNS 服务器，证明 DNS 转发器配置成功，如图 7-36 所示。

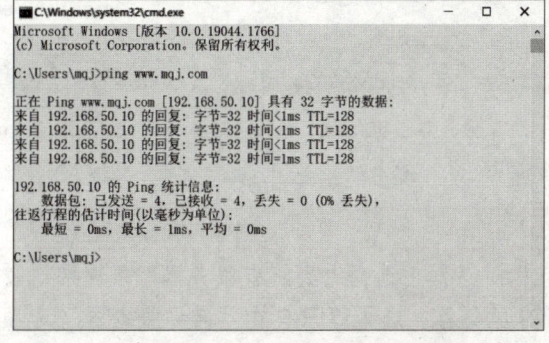

图 7-36　客户端验证 DNS 转发器

7.3.11 任务 11 配置辅助 DNS 服务器

配置辅助 DNS 服务器需要开启两台运行 Windows Server 2022 操作系统的虚拟机。一台作为主 DNS 服务器，网络适配器设置为桥接模式，IP 地址设置为 "192.168.50.10/24"，安装 DNS 服务并创建主要区域；另一台作为辅助 DNS 服务器，网络适配器设置为桥接模式，IP 地址设置为 "192.168.50.15/24"，安装 DNS 服务。

配置辅助 DNS 服务器

完成上述设置后，配置辅助 DNS 服务器的具体操作步骤如下。

步骤 1 ▶ 在主 DNS 服务器的 "DNS 管理器" 窗口中右击 "mqj.com"，在弹出的快捷菜单中选择 "新建主机（A 或 AAAA）" 选项，弹出 "新建主机" 对话框，输入辅助 DNS 服务器的主机记录（如名称为 "fuzhudns"，IP 地址为 "192.168.50.15"），单击 "添加主机" 按钮，如图 7-37 所示。

步骤 2 ▶ 弹出提示框，提示主机创建成功，单击 "确定" 按钮返回 "新建主机" 对话框。此时，"取消" 按钮会变为 "完成" 按钮，单击该按钮，关闭 "新建主机" 对话框。

步骤 3 ▶ 右击 "mqj.com"，在弹出的快捷菜单中选择 "属性" 选项。

步骤 4 ▶ 弹出 "mqj.com 属性" 对话框，切换到 "区域传送" 选项卡，勾选 "允许区域传送" 复选框，选择 "只允许到下列服务器" 单选按钮，单击 "编辑" 按钮，如图 7-38 所示。

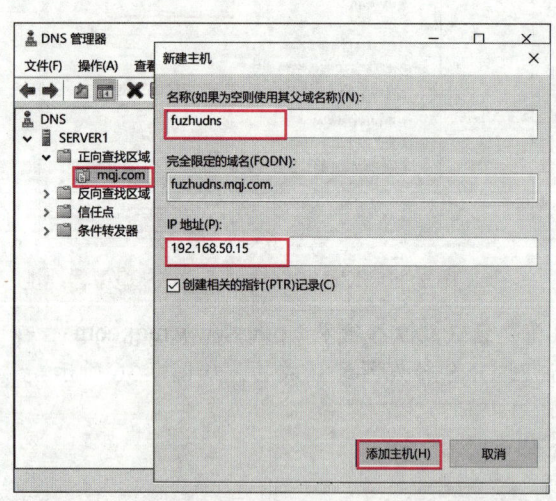
图 7-37 新建辅助 DNS 服务器主机记录

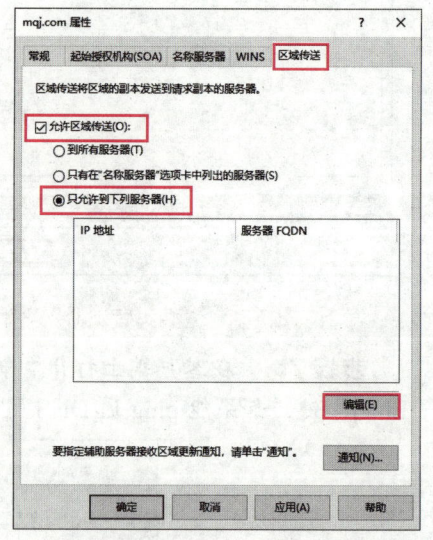
图 7-38 "mqj.com 属性" 对话框

> **提示**
>
> 在 "mqj.com 属性" 对话框中选择 "到所有服务器" 单选按钮表示该区域文件可以复制到网络中所有的 DNS 服务器；选择 "只有在'名称服务器'选项卡中列出的服务器"

项目 7　配置 DNS 服务器

单选按钮表示该区域文件可以复制到在"名称服务器"选项卡中列出的 DNS 服务器；选择"只允许到下列服务器"单选按钮表示该区域文件允许复制到指定的 DNS 服务器。

此外，用户还可以设置当主 DNS 服务器区域内的记录有变动时，自动通知辅助 DNS 服务器，而辅助 DNS 服务器收到通知后，就可以提出区域传送请求。方法：在"mqj.com 属性"对话框中单击"通知"按钮，在弹出的对话框中指定辅助 DNS 服务器。

步骤 5 弹出"允许区域传送"对话框，在"单击此处添加 IP 地址或 DNS 名称"编辑框中输入辅助 DNS 服务器的 IP 地址"192.168.50.15"，按"Enter"键，添加该 IP 地址，单击"确定"按钮，保存设置，如图 7-39 所示。

步骤 6 设置辅助 DNS 服务器的"首选 DNS 服务器"的 IP 地址为"192.168.50.10"，如图 7-40 所示。

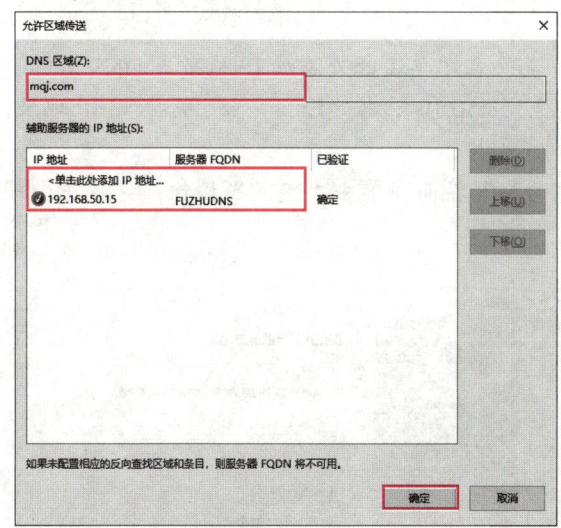
图 7-39　"允许区域传送"对话框

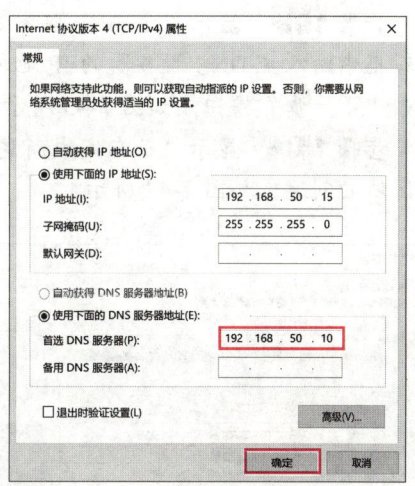
图 7-40　设置"首选 DNS 服务器"的 IP 地址

步骤 7 在辅助 DNS 服务器上创建正向辅助区域。在"DNS 管理器"窗口中右击"正向查找区域"，在弹出的快捷菜单中选择"新建区域"选项，弹出"新建区域向导"对话框，单击"下一步"按钮。

步骤 8 显示"区域类型"界面，选择"辅助区域"单选按钮，单击"下一步"按钮，如图 7-41 所示。

步骤 9 显示"区域名称"界面，在"区域名称"文本框中输入辅助区域名称"mqj.com"，单击"下一步"按钮，如图 7-42 所示。

辅助 DNS 服务器上的区域名称和主 DNS 服务器上的区域名称必须一致。

147

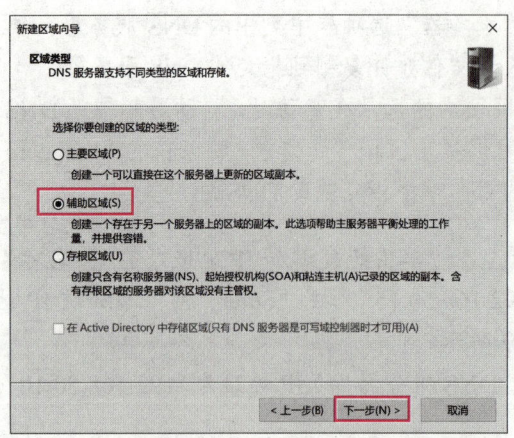
图7-41 "区域类型"界面

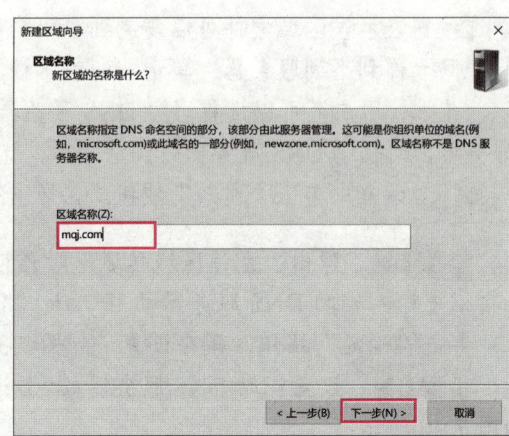
图7-42 "区域名称"界面

步骤10▶ 显示"主DNS服务器"界面,在"单击此处添加IP地址或DNS名称"编辑框中输入主DNS服务器的IP地址"192.168.50.10",按"Enter"键,添加该IP地址,单击"下一步"按钮,如图7-43所示。

步骤11▶ 显示"正在完成新建区域向导"界面,单击"完成"按钮,完成正向辅助区域的创建,如图7-44所示。

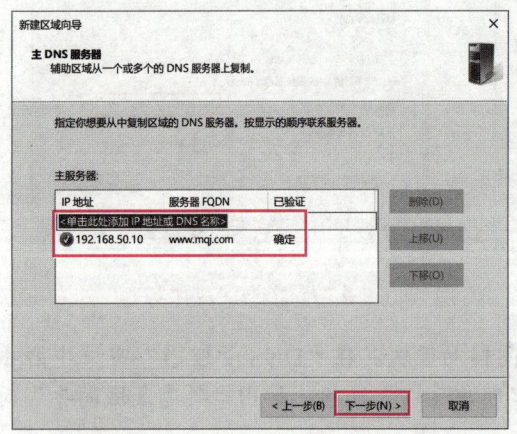
图7-43 "主DNS服务器"界面

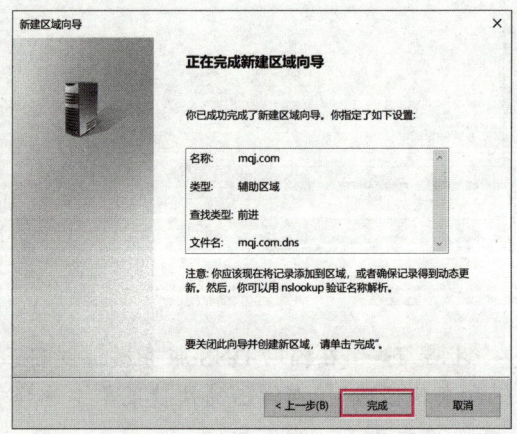
图7-44 正向辅助区域创建成功

步骤12▶ 选择"mqj.com"选项,可以看到主DNS服务器中的主机记录和别名记录全部传送到辅助DNS服务器中,如图7-45所示。

步骤13▶ 在主DNS服务器的"DNS管理器"窗口中右击反向查找区域"50.168.192.in-addr.arpa",在弹出的快捷菜单中选择"属性"选项,弹出"50.168.192.in-addr.arpa 属性"对话框,参照步骤4和步骤5,添加辅助DNS服务器。

步骤14▶ 在辅助DNS服务器上创建反向辅助区域。在"DNS管理器"窗口中右击"反向查找区域",在弹出的快捷菜单中选择"新建区域"选项,弹出"新建区域向导"对话框,单击"下一步"按钮。

项目 7 配置 DNS 服务器

步骤 15▶ 显示"区域类型"界面,选择"辅助区域"单选按钮,单击"下一步"按钮,如图 7-46 所示。

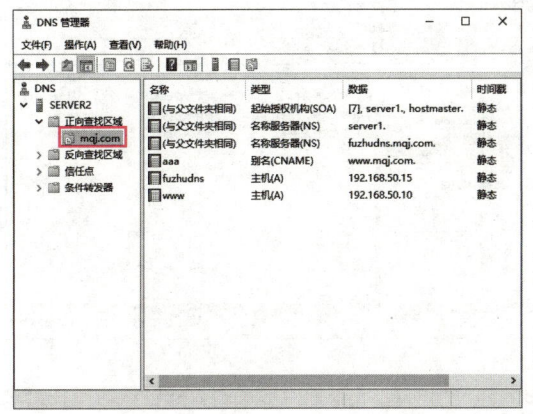

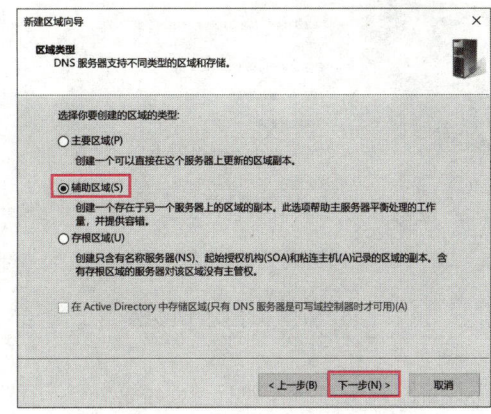

图 7-45 辅助 DNS 服务器的主机记录和别名记录　　图 7-46 "区域类型"界面

步骤 16▶ 显示"反向查找区域名称"界面,保持选择"IPv4 反向查找区域"单选钮,单击"下一步"按钮。

步骤 17▶ 显示"反向查找区域名称"界面,在"网络 ID"编辑框中输入"192.168.50",单击"下一步"按钮,如图 7-47 所示。

步骤 18▶ 显示"主 DNS 服务器"界面,在"单击此处添加 IP 地址或 DNS 名称"编辑框中输入主 DNS 服务器的 IP 地址"192.168.50.10",按"Enter"键,添加该 IP 地址,单击"下一步"按钮,如图 7-48 所示。

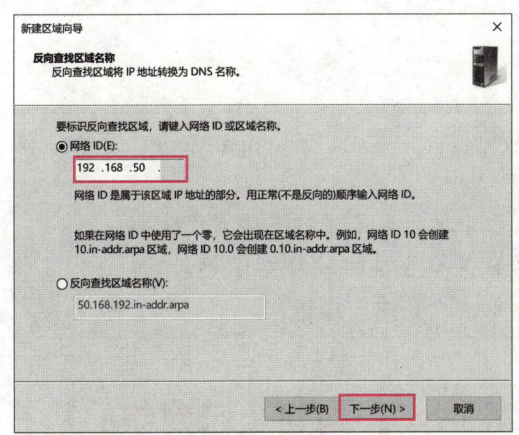

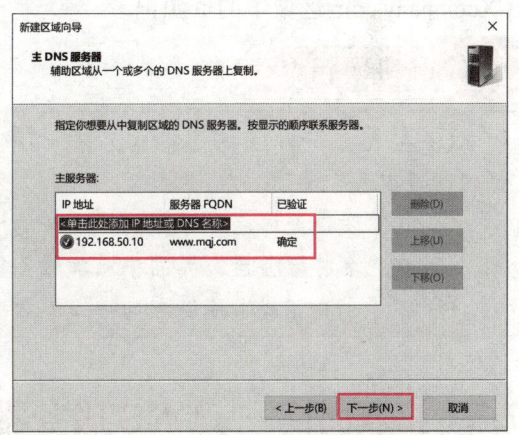

图 7-47 "反向查找区域名称"界面　　图 7-48 "主 DNS 服务器"界面

步骤 19▶ 显示"正在完成新建区域向导"界面,单击"完成"按钮,完成反向辅助区域的创建,如图 7-49 所示。

步骤 20▶ 选择"50.168.192.in-addr.arpa"选项,可以看到主 DNS 服务器中的指针记录全部传送到辅助 DNS 服务器中,如图 7-50 所示。

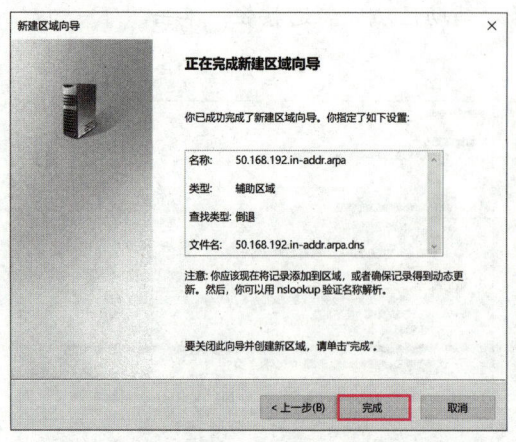
图 7-49　反向辅助区域创建成功

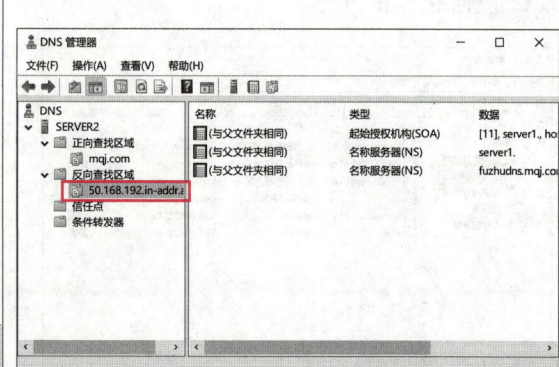
图 7-50　辅助 DNS 服务器中反向查找区域的指针记录

7.4　举一反三

（1）如果 A 公司收购了 B 公司，要求将 B 公司 DNS 服务器上的 B.com 区域资源记录复制到 A 公司的 DNS 服务器上进行统一管理。

① 在 B 公司的 DNS 服务器上配置允许区域复制。

② 在 A 公司的 DNS 服务器上创建辅助区域 B.com。

（2）现假设 A 公司的 DNS 服务器主要维护区域为 Xcompany.com，B 公司的 DNS 服务器主要维护区域为 B.Xcompany.com。要求实现在 A 公司的 DNS 服务器上解析 B 公司的 B.Xcompany.com 区域中的资源记录。

> **提示**
>
> ① 在 A 公司的 DNS 服务器上打开 DNS 管理器，右击"Xcompany.com"区域，选择"新建委派"选项。
> ② 在"受委派域名"界面的"委派的域"中输入要委派的子域名"B"。
> ③ 在"名称服务器"界面中添加服务器 B 完全合格的域名和 IP 地址。
> ④ 在"正在完成新建委派向导"界面中单击"完成"按钮。

7.5　拓展阅读——DNS 服务器与 IPv6：构建未来网络的基石

DNS 服务器是互联网基础设施的关键一环。它如同一座桥梁，连接着用户与网络世界中的众多资源，使得人们能够轻松访问各种网站和服务。

在浏览器中输入一个网址，如 www.example.com，DNS 服务器就会将这个网址中的域名转换为计算机能够识别的 IP 地址，从而连接到正确的网站服务器。DNS 服务器的高效运行对于人们流畅访问互联网资源至关重要。

目前，我国在根服务器领域取得了一定的成果。由下一代互联网国家工程中心牵头发起的"雪人计划"已在全球完成 25 台 IPv6 根服务器架设，其中在中国部署了 4 台，打破了中国过去没有根服务器的困境。这一成果使得我国在互联网领域有了一定的话语权，也为全球互联网的发展做出了巨大贡献。

IPv6 作为 IPv4 的继任者，拥有更庞大的地址空间，能够支持更多的设备接入互联网。它的出现，不仅缓解了 IPv4 地址资源枯竭的问题，还为未来的物联网、智能家居等新兴领域提供了更广阔的发展空间。

我国政府高度重视 IPv6 的部署与应用，出台了一系列政策支持 IPv6 的发展。例如，《"十四五"信息通信行业发展规划》明确提出要提升 IPv6 端到端的贯通能力，实现 IPv6 用户规模和业务流量"双增长"。截至 2024 年 5 月底，我国 IPv6 活跃用户数达到 7.94 亿，移动网络 IPv6 流量占比达到 64.56%，固定网络 IPv6 流量占比达到 21.21%。这表明 IPv6 在我国已经得到了广泛的应用，并且用户基础持续扩大。

那么，DNS 服务器和 IPv6 是如何相互关联和协同工作的呢？

在 IPv6 环境中，DNS 服务器须能够准确解析 IPv6 地址。这意味着当人们输入一个域名时，DNS 服务器能够快速返回对应的 IPv6 地址，确保设备能够通过 IPv6 协议与目标服务器建立连接。

IPv6 的普及也为 DNS 服务器带来了新的挑战和机遇。一方面，DNS 服务器需要升级和优化，以支持处理大量的 IPv6 地址查询。另一方面，IPv6 的特性为 DNS 服务器提供了更多的功能和可能性。

在未来的网络发展中，DNS 服务器和 IPv6 的紧密结合将成为构建更智能、更高效、更安全的互联网的关键。无论是智能家居、工业互联网还是智能交通等领域，都将依赖于这一强大的组合来实现无缝的连接和通信。

7.6　项目检测

1．选择题

（1）www.jnrp.edu.cn 是 Internet 中主机的（　　）。
　　A．用户名　　　　　　B．别名　　　　　　C．IP 地址　　　　　　D．FQDN
（2）在 DNS 服务器中，A 记录是指（　　）。
　　A．官方信息　　　　　　　　　　　　　B．IP 地址到域名的映射
　　C．域名到 IP 地址的映射　　　　　　　D．一个 name server 的规范
（3）DNS 中指针记录的标志是（　　）。
　　A．A　　　　　　　　B．PTR　　　　　　C．CNAME　　　　　　D．NS

2．简答题

（1）什么是 DNS 服务器？
（2）DNS 服务器的类型主要分为哪 4 种？
（3）DNS 服务器的域名空间是什么？

项目 8

配置 Web 服务器

万维网（world wide web, WWW）服务即 Web 服务，是 Internet 中应用最为广泛的服务。WWW 服务主要用来搭建 Web 网站，向 Internet 发布各种信息。本项目主要介绍在 Windows Server 2022 网络操作系统中配置与管理 Web 服务器的方法。通过本项目的学习，读者应达到以下目标。

知识目标

- 了解 Web 服务器的作用。
- 了解 Web 应用的服务过程。
- 了解超文本传输协议 HTTP 的概念。
- 了解 IIS 的概念。

能力目标

- 能设置 Web 服务的运行环境。
- 能安装 Web 服务器。
- 能新建 Web 网站。
- 能完成 Web 网站的管理。
- 能配置虚拟目录。
- 能配置基于 IP 地址或主机名的虚拟网站。

素质目标

- 学习楷模事迹，汲取开拓创新、无私奉献的模范力量。
- 培养执着专注、科学严谨、精益求精、追求卓越的工匠精神。

8.1 项目背景

铁道学院需要经常将学院近期的工作重点、教学情况、文件管理制度等信息以网页形式发布。作为网络管理员，需要选择一台服务器作为 Web 服务器，并在服务器上创建 Web 网站，然后通过该网站发布学院信息。

8.2 相关知识

1．Web 服务器简介

Web 服务器是基于网站架设的服务器。Web 服务器与客户端之间主要通过 HTTP 协议建立连接。当客户端连接到 Web 服务器上并请求文件时，Web 服务器将处理该请求并将文件发送到客户端，客户端浏览器将文件解析后呈现给终端用户。

目前，Web 服务器有几十种，应用较为广泛的有适用于 Windows 平台的 IIS、适用于多平台的 Apache HTTP Server 等。

Internet 中的网站数以万计，为了确定访问资源的位置及访问的方式，通常使用 URL（统一资源定位符）确定服务器的位置。URL 的格式：

协议://主机名称/路径名/文件名:端口号

如 http://www.sina.com（默认端口号为 80）。

2．Web 应用的服务过程

Web 应用采用客户端/服务器模式，其服务过程如下：用户启动客户端浏览器，输入 Web 页面的地址，客户端浏览器与此地址对应的服务器连接，并告诉服务器所访问的页面，服务器将该页面发送给客户端浏览器，显示该页面内容供用户浏览。

3．HTTP 简介

超文本传输协议（hypertext transfer protocol，HTTP）是互联网上应用最为广泛的一种网络协议。所有的 WWW 文件都必须遵守这个协议标准。设计 HTTP 最初的目的是提供一种发布和接收 HTML 页面的方法。

在 Internet 中，所有的传输都是通过 TCP/IP 进行的。HTTP 作为 TCP/IP 模型中应用层的协议也不例外。HTTP 通常承载于 TCP 之上，有时也承载于 TLS 或 SSL 协议层之上，此时就成了 HTTPS（常称为安全版 HTTP）。默认情况下，HTTP 的端口号为 80，HTTPS 的端口号为 443。

4．IIS 简介

互联网信息服务（Internet information services，IIS）是由微软公司提供的基于运行 Microsoft Windows 的互联网基本服务。它是 Windows Server 2022 的一个组件，可以使 Windows Server 2022 成为一个 Internet 信息的发布平台，为系统管理员创建和管理 Internet 信息服务器提供各种管理功能和操作方法。

IIS 的核心组件包括 Web 服务、FTP 服务、NNTP 服务和 SMTP 服务等，分别用于网页浏览、文件传输、新闻服务和邮件发送等方面。

> **✦ 修身笃学**
>
> 人们今天能够随心所欲地在网络世界遨游，需要感谢一个人——蒂姆·伯纳斯·李，他既是"互联网之父"，又是"千年技术奖"的首位获奖者，同时还是万维网的创始人。
>
> 早期，只有极少数精英人士才有机会通过"网络"这种高效的信息传输渠道进行通信，而且当时的"网络"具有一定的局限性，只能小范围使用。为了让"网络"更加方便，蒂姆创造了第一个网页浏览器，并将"网络"世界互相打通，让一个个小型信息库相互连通，形成真正的知识百科全书，使每个人都可以随意使用。拥有如此伟大的发明，他本可以申请专利，收取专利费用，成为享誉世界的超级富豪。但是，他放弃了这一机会，从而促使免费且实用的万维网科技得到了迅速发展，并大大地改变了人们的生活。
>
> 伦敦奥运会开幕式上，他曾独自一人坐在计算机前，接受来自全世界人民感谢的掌声。这位彻底改变人们生活和工作方式的发明者，用一句"This is for everyone"完美诠释了他的初衷——这项发明属于生活在地球上的每一个人。

8.3　项目过程

项目过程可分为以下几个任务执行。
（1）项目环境设置。
（2）安装 Web 服务器。
（3）新建 Web 网站。
（4）客户端访问 Web 网站。
（5）配置端口号不是 80 的 Web 网站。
（6）控制客户端访问权限。
（7）配置 Web 网站身份验证。
（8）配置虚拟目录。
（9）配置基于 IP 地址的 Web 网站。
（10）配置基于主机名的 Web 网站。

8.3.1　任务 1　项目环境设置

开启两台虚拟机，一台运行 Windows Server 2022 操作系统作为服务器端，一台运行 Windows 10 操作系统作为客户端，Windows Server 2022 系统设置为静态 IP 地址（如"192.168.50.10/24"），Windows 10 客户端设置的 IP 地址要与服务器的 IP 地址在同一个网

项目 8　配置 Web 服务器

段（如"192.168.50.20/24"），两台虚拟机的网络适配器设置为桥接模式，并且客户端能够 ping 通服务器。

8.3.2　任务 2　安装 Web 服务器

在 Windows Server 2022 操作系统中安装 Web 服务器的具体操作步骤如下。

安装 Web 服务器

步骤 1▶ 单击"开始"按钮，在打开的"开始"菜单中选择"服务器管理器"选项，打开"服务器管理器"窗口，选择"添加角色和功能"选项，如图 8-1 所示。

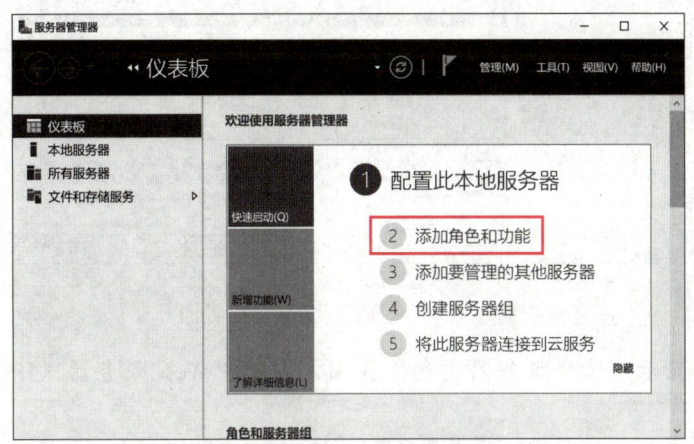

图 8-1　"服务器管理器"窗口

步骤 2▶ 打开"添加角色和功能向导"窗口，单击"下一步"按钮。

步骤 3▶ 显示"选择安装类型"界面，选择"基于角色或基于功能的安装"单选按钮，单击"下一步"按钮，如图 8-2 所示。

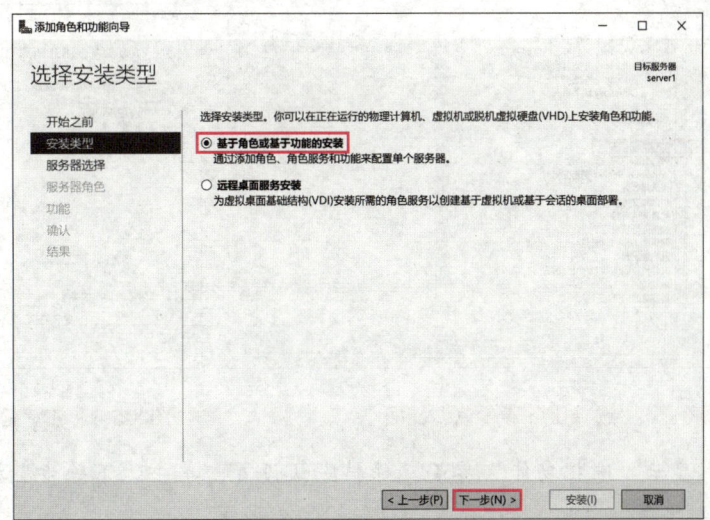

图 8-2　"选择安装类型"界面

155

步骤 4▶ 显示"选择目标服务器"界面,系统自动检测到当前服务器,本例保持默认设置,单击"下一步"按钮,如图 8-3 所示。

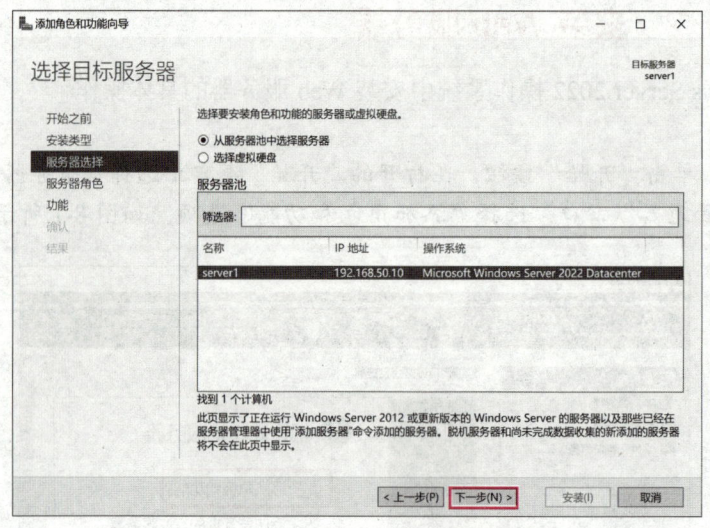

图 8-3 "选择目标服务器"界面

步骤 5▶ 显示"选择服务器角色"界面,勾选"Web 服务器(IIS)"复选框,如图 8-4 所示。

步骤 6▶ 弹出"添加角色和功能向导"对话框,单击"添加功能"按钮,如图 8-5 所示。回到"选择服务器角色"界面,单击"下一步"按钮。

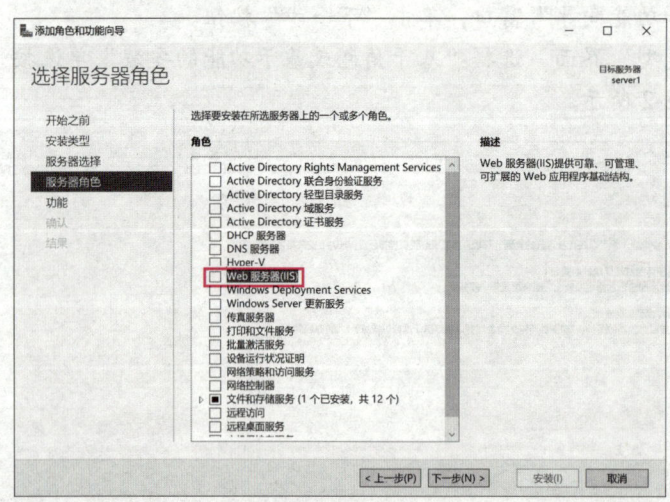

图 8-4 "选择服务器角色"界面

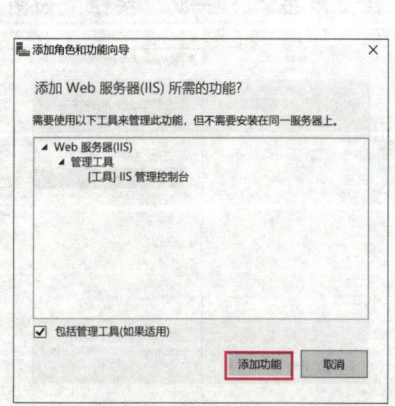

图 8-5 单击"添加功能"按钮

步骤 7▶ 显示"选择功能"界面,保持默认设置,单击"下一步"按钮,如图 8-6 所示。

项目 8 配置 Web 服务器

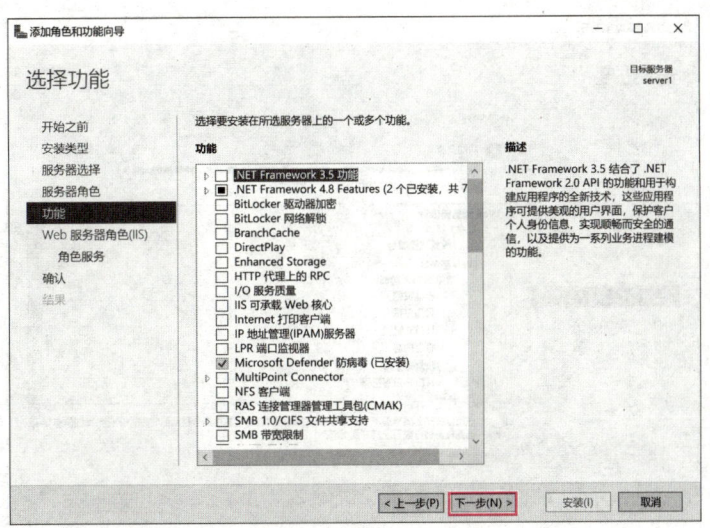

图 8-6 "选择功能"界面

步骤 8▶ 显示"Web 服务器角色（IIS）"界面，查看 IIS 简介及注意事项，单击"下一步"按钮。

步骤 9▶ 显示"选择角色服务"界面，勾选"IP 和域限制"与"Windows 身份验证"复选框，单击"下一步"按钮，如图 8-7 所示。

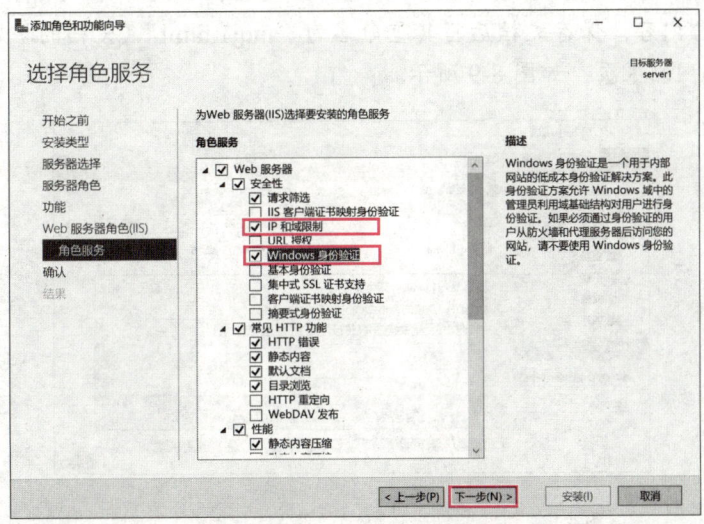

图 8-7 "选择角色服务"界面

步骤 10▶ 显示"确认安装所选内容"界面，单击"安装"按钮，开始安装 Web 服务器。

步骤 11▶ 显示"安装进度"界面，待 Web 服务器安装完成，单击"关闭"按钮，关闭"添加角色和功能向导"窗口，如图 8-8 所示。

网络操作系统：Windows Server 配置与管理

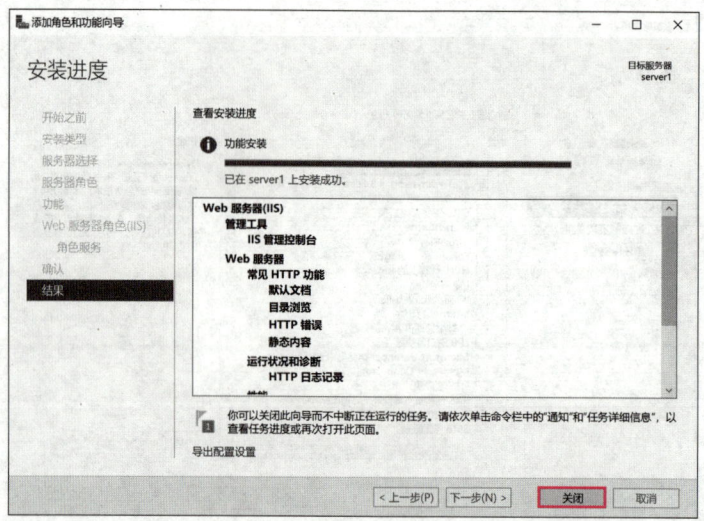

图 8-8 "安装进度"界面

8.3.3 任务 3 新建 Web 网站

在 IIS 中新建 Web 网站的具体操作步骤如下。

新建 Web 网站

步骤 1▶ 在 D 盘中新建文件夹 "mqj1"，在 "文件资源管理器" 窗口中的 "查看" 选项卡中勾选 "文件扩展名" 复选框，在文件夹 "mqj1" 中新建记事本文档并输入文档内容，保存文档后将其重命名为 "mqj1.html"（文档的扩展名必须是 htm 或 html），作为网站主页，如图 8-9 所示。

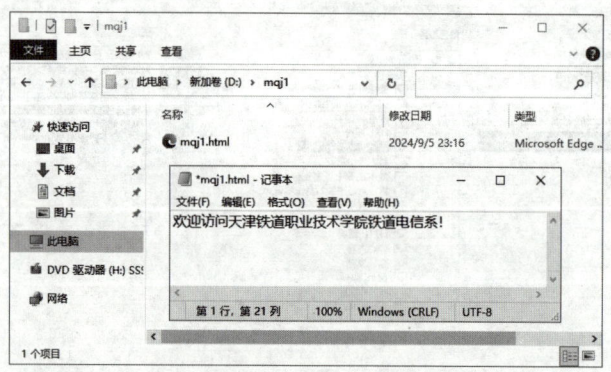

图 8-9 新建文件夹 "mqj1" 和文档 "mqj1.html"

步骤 2▶ 在 "服务器管理器" 窗口中选择 "工具" → "Internet Information Services（IIS）管理器" 选项，打开 "Internet Information Services（IIS）管理器" 窗口，选择服务器名称下的 "网站" → "Default Web Site" 选项，在 "操作" 窗格中选择 "停止" 选项，停止默认网站的运行，如图 8-10 所示。

项目 8　配置 Web 服务器

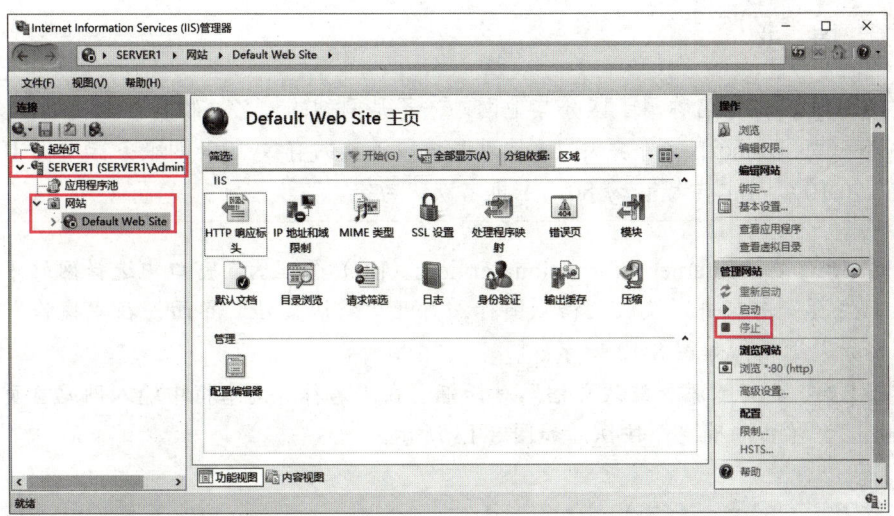

图 8-10　停止默认网站

步骤 3▶ 在"Internet Information Services（IIS）管理器"窗口中右击"网站"，在弹出的快捷菜单中选择"添加网站"选项，打开"添加网站"对话框，在"网站名称"文本框中输入"mq1"，在"物理路径"文本框中输入网站主目录（也可单击 按钮，在弹出的"浏览文件夹"对话框中进行选择），绑定 IP 地址为"192.168.50.10"，其他选项保持默认设置，单击"确定"按钮，如图 8-11 所示。

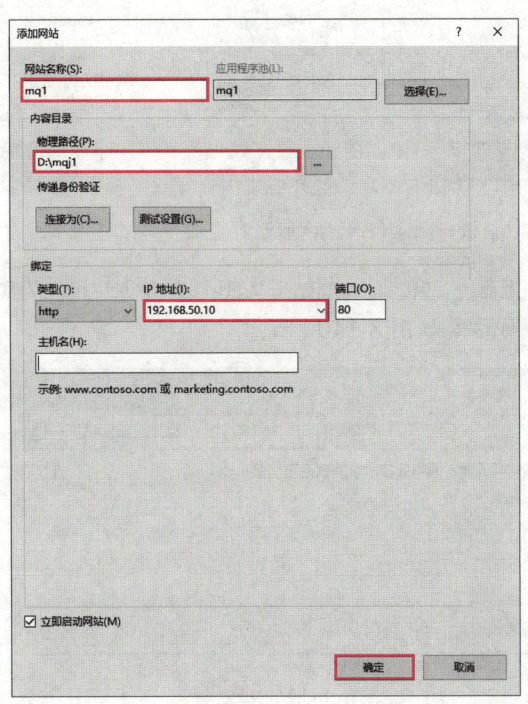

图 8-11　"添加网站"对话框

> 在 IIS 中，网站名称用于区分其他网站，不是网站的域名；物理路径是网站文件的存放位置（如 D:\mqj1 文件夹）；IP 地址是该服务器的有效 IP（如服务器本机 IP 地址 192.168.50.10），端口号默认为 80，主机名默认为空。

步骤 4▶ 在"Internet Information Services（IIS）管理器"窗口中选择网站"mq1"，在"mq1 主页"中双击"默认文档"图标，打开"默认文档"界面，在"操作"窗格中选择"添加"选项，如图 8-12 所示。

步骤 5▶ 打开"添加默认文档"对话框，在"名称"文本框中输入网站首页文件名"mqj1.html"，单击"确定"按钮，如图 8-13 所示。

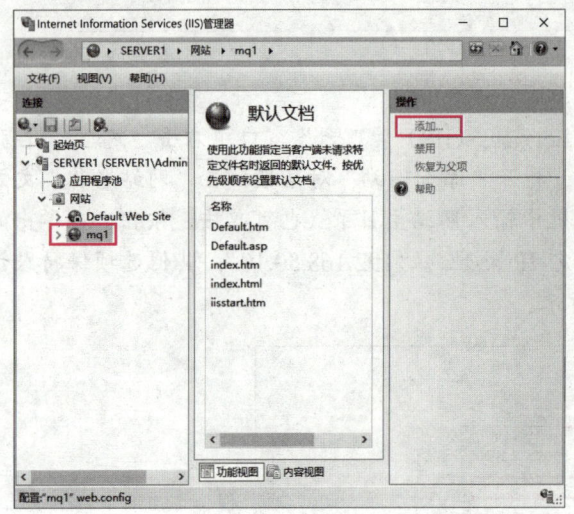

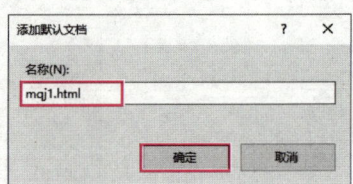

图 8-12 "Internet Information Services（IIS）管理器"窗口　　图 8-13 "添加默认文档"对话框

步骤 6▶ 打开浏览器，在地址栏中输入 Web 网站地址"http://192.168.50.10"，按"Enter"键，即可浏览"mq1"网站，如图 8-14 所示。

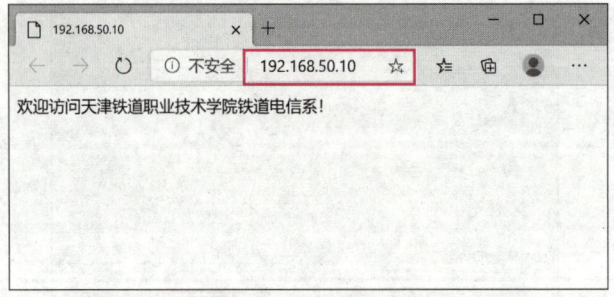

图 8-14 浏览网站

提示

在浏览器中访问网页时，如果网页显示乱码，可用记事本打开网页文件，选择"文件"/"另存为"选项，弹出"另存为"对话框，在"编码"下拉列表框中选择"带有BOM 的 UTF-8"选项，单击"保存"按钮，替换原文件；或者将浏览器的"编码"设置为"Unicode（UTF-8）"，然后刷新网页。

8.3.4 任务 4 客户端访问 Web 网站

客户端访问 Web 网站的具体操作步骤如下。

步骤 1▶ 确认客户端 IP 地址已设置为"http://192.168.50.20/24"，在"命令提示符"窗口中，输入命令"ping 192.168.50.10"，按"Enter"键，测试客户端与 Web 服务器的连通性，如图 8-15 所示。

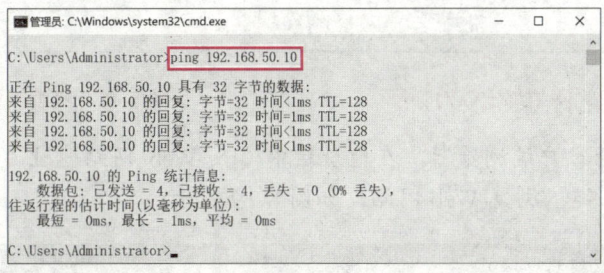

图 8-15 测试客户端与 Web 服务器的连通性

步骤 2▶ 打开客户端浏览器，在地址栏中输入 Web 网站地址"http://192.168.50.10"，按"Enter"键，浏览 Web 网站，如图 8-16 所示。

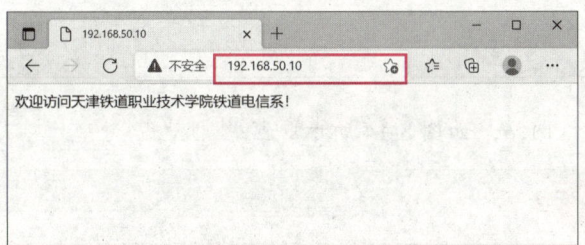

图 8-16 客户端成功浏览 Web 网站

8.3.5 任务 5 配置端口号不是 80 的 Web 网站

Web 网站的默认访问端口号是 80，可将其更改为 8080 或 8000 等。例如，将网站"mq1"的端口号改为 8080 的具体操作步骤如下。

步骤 1▶ 在"Internet Information Services（IIS）管理器"窗口中选择网站"mq1"，选择"操作"窗格中的"绑定"选项，打开"网站绑定"对话框。

步骤 2▶ 在"网站绑定"对话框中选择已存在的网站绑定记录,单击"编辑"按钮,如图 8-17 所示。

步骤 3▶ 打开"编辑网站绑定"对话框,在"端口"文本框中输入"8080",单击"确定"按钮,保存设置,如图 8-18 所示。

步骤 4▶ 返回"网站绑定"对话框,单击"关闭"按钮,关闭该对话框。

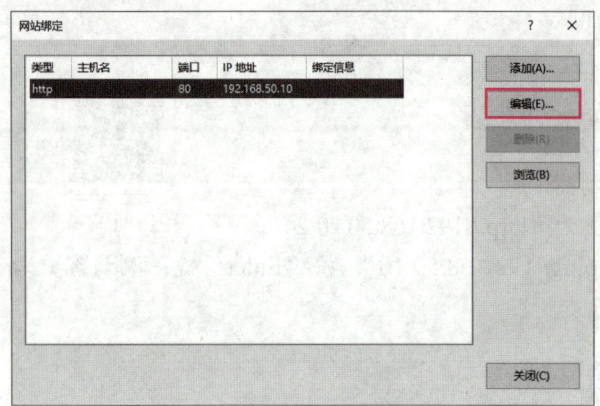

图 8-17 "网站绑定"对话框

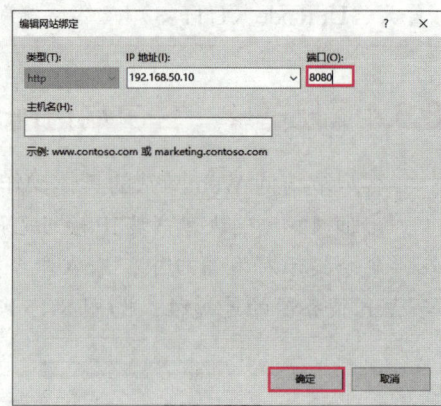

图 8-18 "编辑网站绑定"对话框

步骤 5▶ 打开客户端浏览器,在地址栏中输入 Web 网站地址"http://192.168.50.10:8080",按"Enter"键,浏览 Web 网站,如图 8-19 所示。

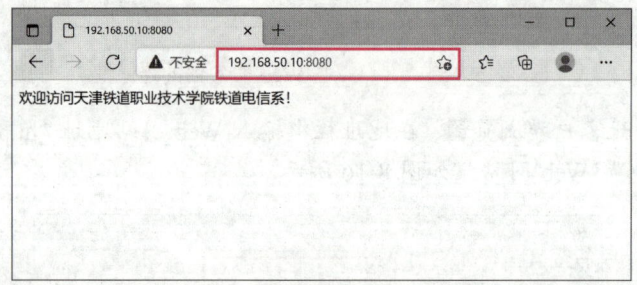

图 8-19 客户端带端口号访问 Web 网站

> **提示**
>
> 如果为 Web 服务器绑定了非 80 端口,则客户端访问该 Web 服务器时,必须在服务器地址后面加上端口号(端口号和地址间用冒号分隔),否则将无法打开网页,如图 8-20 所示。
>
> 本任务完成后,为了后续任务的进行,还需要将"mq1"的端口号改为 80。

项目 8　配置 Web 服务器

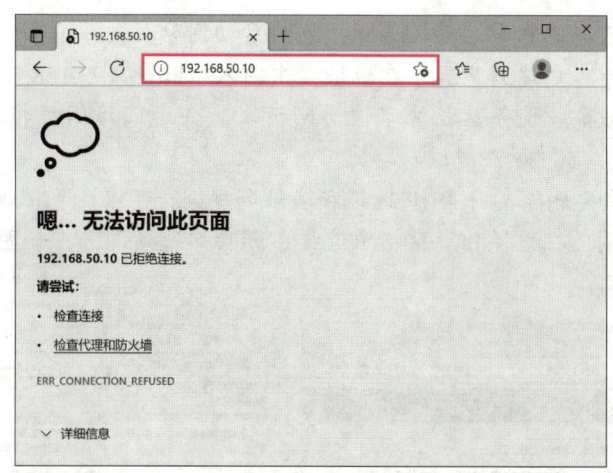

图 8-20　客户端不带端口号不能访问 Web 网站

8.3.6　任务 6　控制客户端访问权限

在 IIS 中可以通过 IP 地址或域名设置来控制拒绝或允许特定范围内的 IP 地址对网站的访问权限。例如，拒绝 IP 地址为 "192.168.50.20" 的计算机访问 Web 网站的具体操作步骤如下。

控制客户端访问权限

步骤 1▶　在 "Internet Information Services（IIS）管理器" 窗口中选择网站 "mq1"，在 "mq1 主页" 窗格中双击 "IP 地址和域限制" 图标，打开 "IP 地址和域限制" 界面，在 "操作" 窗格中选择 "添加拒绝条目" 选项，如图 8-21 所示。

步骤 2▶　弹出 "添加拒绝限制规则" 对话框，选择 "特定 IP 地址" 单选按钮，在 "特定 IP 地址" 文本框中输入 "192.168.50.20"，单击 "确定" 按钮，如图 8-22 所示。

图 8-21　"IP 地址和域限制" 界面

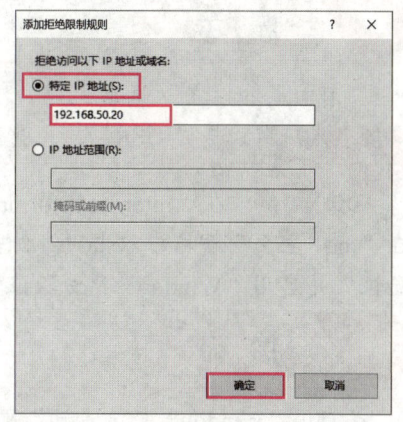

图 8-22　"添加拒绝限制规则" 对话框

步骤 3▶　在 "Internet Information Services（IIS）管理器" 窗口中选择网站 "mq1"，

163

在"操作"窗格中选择"重新启动"选项，重新启动网站。

步骤4 打开客户端浏览器，在地址栏中输入"http://192.168.50.10"，按"Enter"键，访问 Web 服务器，服务器拒绝了该访问请求，并返回访问被拒绝的提示信息，如图 8-23 所示。

步骤5 如果要删除某一条 IP 地址和域限制规则，可以在"IP 地址和域限制"界面中选择要删除的规则，在"操作"窗格中选择"删除"选项即可，如图 8-24 所示。

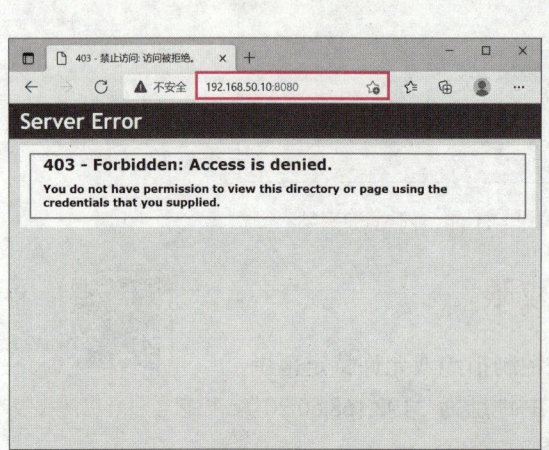
图 8-23　Web 服务器拒绝特定客户端的访问请求

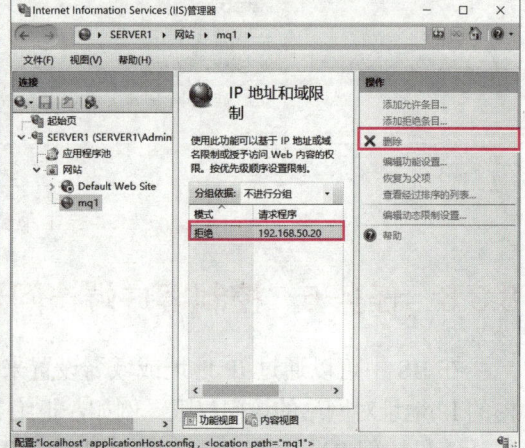
图 8-24　删除拒绝条目

8.3.7　任务 7　配置 Web 网站身份验证

如果要禁止陌生人访问 Web 网站，可以为网站配置 Windows 身份验证，并禁用匿名身份验证。这样，只有知悉 Web 网站账户和密码的用户才可以访问 Web 网站。配置 Web 网站身份验证的具体操作步骤如下。

配置 Web 网站身份验证

> **提示**
>
> 前面已经建立了 Web 网站，客户端能够进行访问是因为 IIS 默认使用匿名身份验证（匿名账户默认是"IUSR"），不需要输入用户名和密码。

步骤1 在"Internet Information Services（IIS）管理器"窗口中选择网站"mq1"，在"mq1 主页"窗格中双击"身份验证"图标，打开"身份验证"界面，禁用"匿名身份验证"并启用"Windows 身份验证"，如图 8-25 所示。

> **提示**
>
> 启用"Windows 身份验证"意味着 IIS 会自动使用当前系统登录的账户访问 Web 网站。为了安全起见，最好不使用默认的管理员账户"Administrator"访问 Web 网站，而是新建一个账户，并使用新建的账户访问 Web 网站。

项目 8　配置 Web 服务器

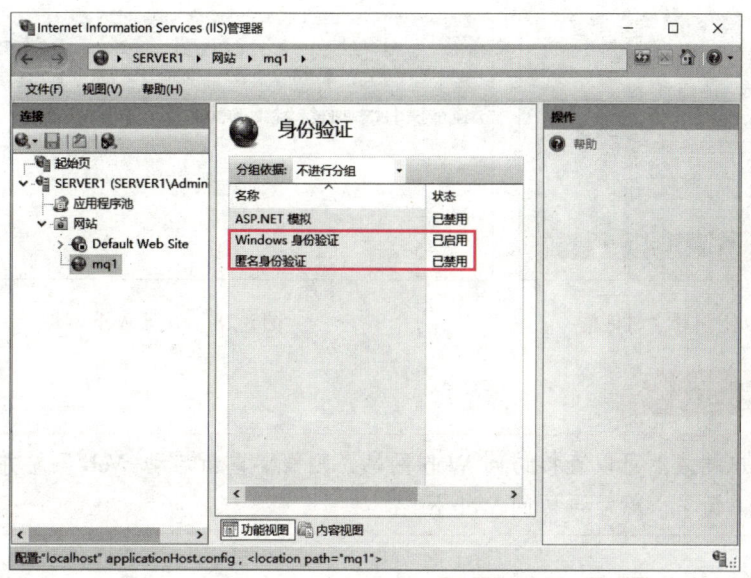

图 8-25　"身份验证"界面

步骤 2▶　右击桌面左下角的"开始"按钮,在弹出的快捷菜单中选择"计算机管理"选项,打开"计算机管理"窗口,右击"系统工具"→"本地用户和组"→"用户",在弹出的快捷菜单中选择"新用户"选项,打开"新用户"对话框,输入用户信息,单击"创建"按钮,添加新用户,如图 8-26 所示。

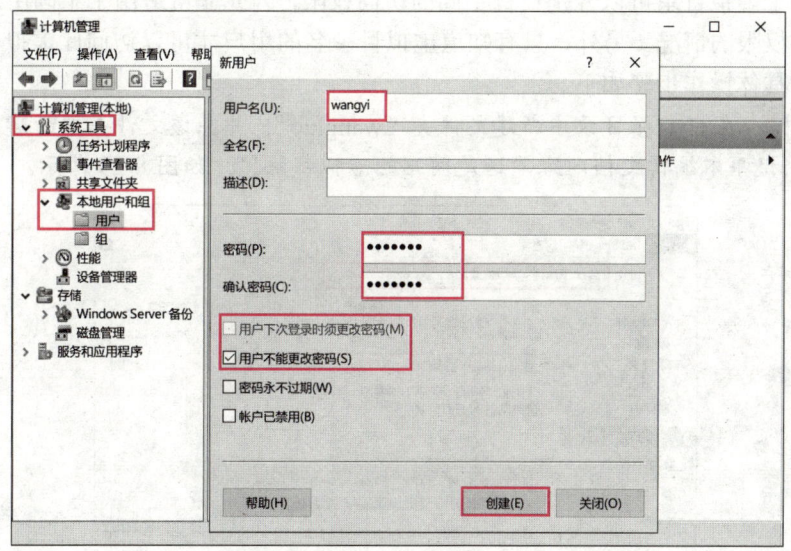

图 8-26　添加新用户

步骤 3▶　打开客户端浏览器,在地址栏中输入 Web 网站地址"http://192.168.50.10",按"Enter"键,这时会弹出用户登录对话框(见图 8-27),输入用户名和密码,单击"确定"按钮,即可访问 Web 网站,如图 8-28 所示。

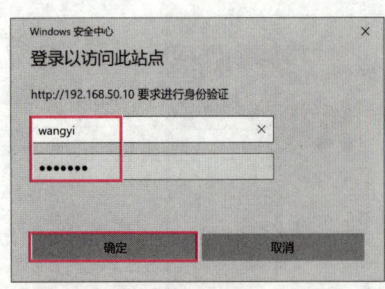

图 8-27 用户登录对话框

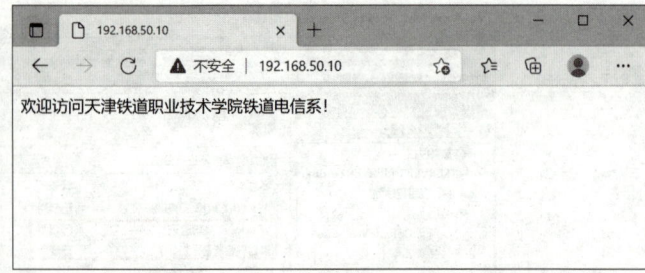

图 8-28 访问 Web 网站

> 如果客户端依然可以直接访问 Web 网站，则需要重新启动 Web 网站并清除客户端浏览器的历史记录，然后再访问 Web 网站。

8.3.8 任务 8 配置虚拟目录

要从 Web 网站主目录以外的其他目录发布站点，可以使用虚拟目录实现。虚拟目录不包含在 Web 服务器的主目录中，但在访问 Web 网站的用户看来，它与位于主目录中的子目录是一样的。每一个虚拟目录都有一个别名，客户端可以通过此别名来访问虚拟目录。

配置虚拟目录

由于每个虚拟目录可以分别设置不同的访问权限，因此非常适用于不同用户对不同目录拥有不同权限的情况。另外，只有知道虚拟目录名的用户才可以访问此虚拟目录。配置虚拟目录的具体操作步骤如下。

步骤 1▶ 在 C 盘根目录中新建文件夹"wangluo"，并在该文件夹中新建文档"xuni.html"，使用记事本编辑文档内容"这是网站的虚拟目录！"，如图 8-29 所示。

图 8-29 文件夹"wangluo"和文档"xuni.html"

步骤 2▶ 在"Internet Information Services（IIS）管理器"窗口中选择网站"mq1"，在"操作"窗格中选择"查看虚拟目录"选项，打开"虚拟目录"界面。

步骤 3▶ 在"操作"窗格中选择"添加虚拟目录"选项，如图 8-30 所示。

项目 8　配置 Web 服务器

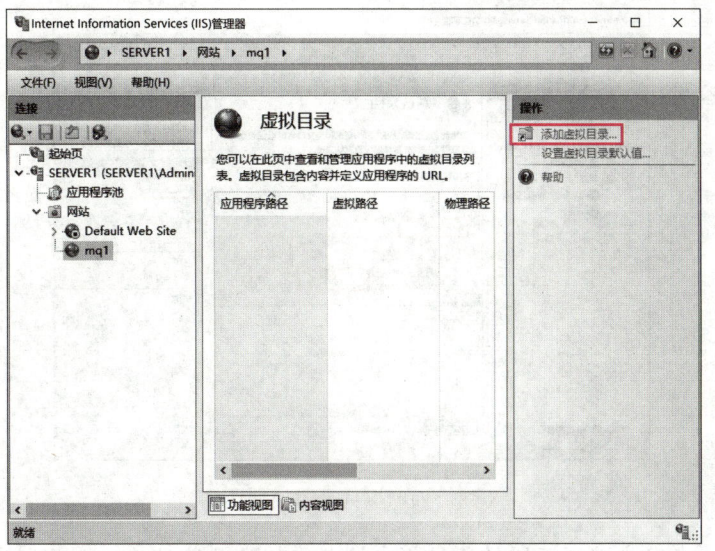

图 8-30　"虚拟目录"界面

步骤 4▶ 弹出"添加虚拟目录"对话框，在"别名"文本框中输入"bbs"，物理路径设置为"C:\wangluo"，单击"确定"按钮，如图 8-31 所示。

步骤 5▶ 在"Internet Information Services（IIS）管理器"窗口中选择新建的虚拟目录"bbs"（见图 8-32），在"bbs 主页"窗格中双击"默认文档"图标，打开"默认文档"界面。

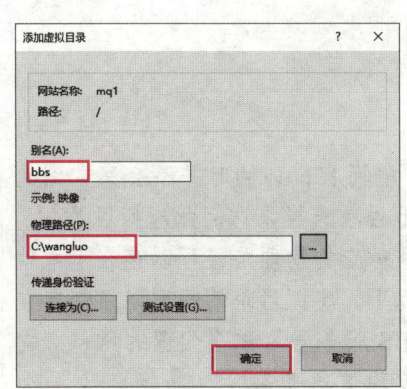 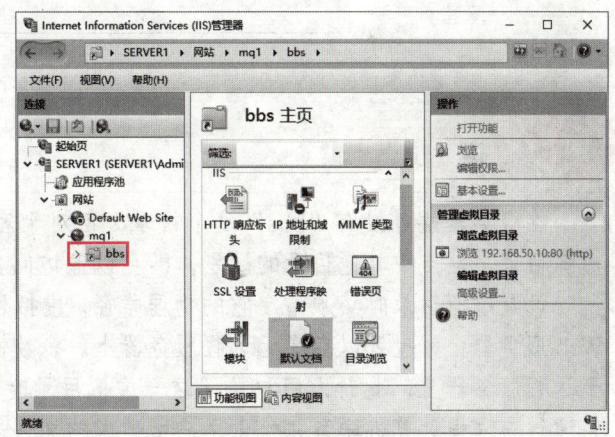

图 8-31　"添加虚拟目录"对话框　　　　图 8-32　选择新建的虚拟目录"bbs"

步骤 6▶ 在"操作"窗格中选择"添加"选项，弹出"添加默认文档"对话框，在"名称"文本框中输入"xuni.html"，单击"确定"按钮，为虚拟目录添加默认文档，如图 8-33 所示。

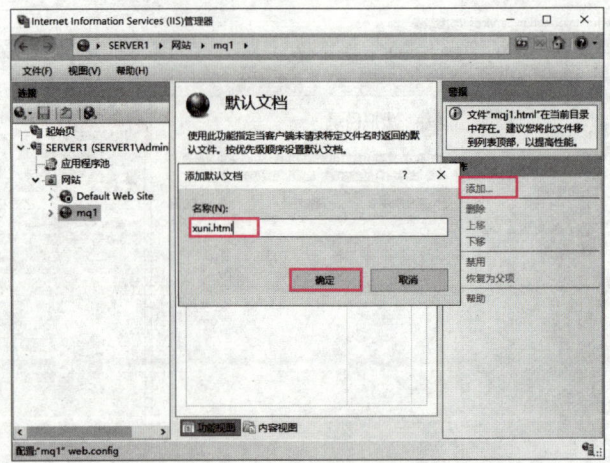

图 8-33　为虚拟目录添加默认文档

步骤 7 ▶ 在客户端浏览器的地址栏中输入虚拟目录地址"http://Web 服务器的 IP 地址/虚拟目录的别名",本例输入"http://192.168.50.10/bbs",按"Enter"键,成功浏览虚拟目录,如图 8-34 所示。

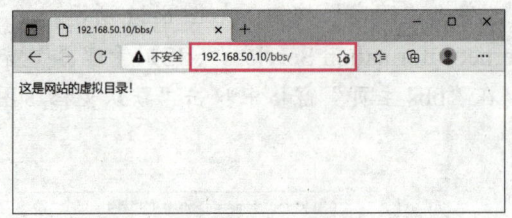

图 8-34　在客户端成功浏览虚拟目录

提示

在服务器端并没有"bbs"这个目录,但对于客户端而言,访问时并不会察觉到此虚拟目录与站点中其他目录的区别,即可以像访问其他目录一样来访问此虚拟目录。

设置虚拟目录时必须指定它的物理路径,虚拟目录对应的物理路径可以存在于本地 Web 服务器上,也可以存在于远程服务器上。多数情况下,虚拟目录的物理路径都存在于远程服务器上,此时,用户访问这一虚拟目录时,IIS 服务器将充当代理的角色,它将通过与远程计算机联系并检索用户所请求的文件来实现信息服务。

8.3.9　任务 9　配置基于 IP 地址的 Web 网站

要配置基于 IP 地址的 Web 网站,需要在 Web 服务器上添加多个 IP 地址,然后将各个 Web 网站绑定到不同的 IP 地址上。访问 Web 服务器上不同的 IP 地址,就可以看到与该 IP 地址所对应的网站。配置基于 IP 地址的 Web 网站的具体操作步骤如下。

配置基于 IP 地址的
Web 网站

项目 8 配置 Web 服务器

步骤 1 ▶ 在 Web 服务器上打开"Internet 协议版本 4（TCP/IPv4）属性"对话框，单击"高级"按钮，如图 8-35 所示。

步骤 2 ▶ 弹出"高级 TCP/IP 设置"对话框，单击"添加"按钮，弹出"TCP/IP 地址"对话框，在"IP 地址"编辑框中输入"192.168.50.11"，子网掩码保持默认设置，单击"添加"按钮，添加一个新的 IP 地址，如图 8-36 所示。分别单击"确定"和"关闭"按钮，关闭打开的所有对话框。

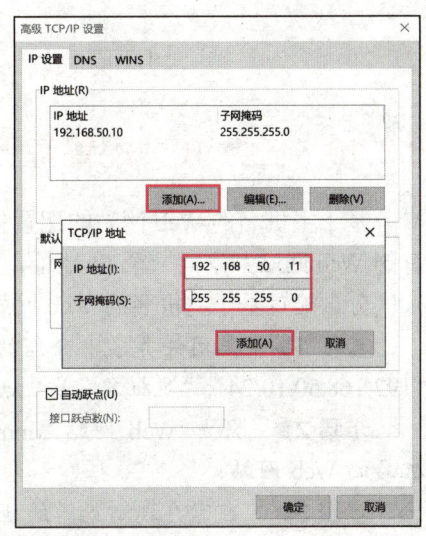

图 8-35 "Internet 协议版本 4（TCP/IPv4）属性"对话框   图 8-36 "高级 TCP/IP 设置"对话框

步骤 3 ▶ 采用任务 3 中介绍的方法创建 Web 网站"mq2"（见图 8-37），网站对应的 IP 地址是"192.168.50.11/24"，物理路径是"D:\mqj2"，主页文档是"mqj2.html"，文档内容：配置基于 IP 地址的 Web 网站！

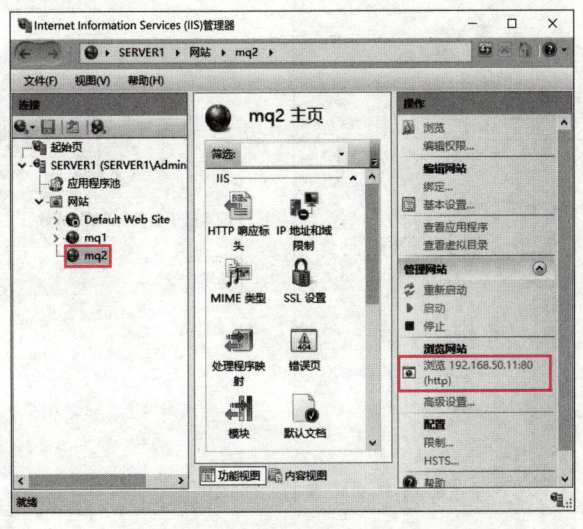

图 8-37 创建 Web 网站"mq2"

步骤 4▶ 在客户端浏览器的地址栏中输入"http://192.168.50.11",按"Enter"键,即可访问 Web 网站"mq2",如图 8-38 所示。

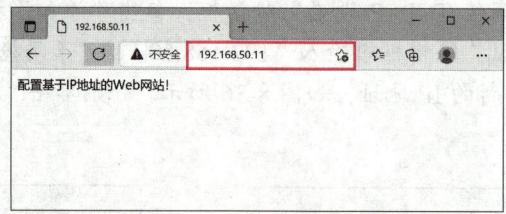

图 8-38　在客户端访问 Web 网站"mq2"

8.3.10　任务 10　配置基于主机名的 Web 网站

配置基于主机名的 Web 网站

基于主机名的 Web 网站的配置只需要服务器有一个 IP 地址,所有的 Web 网站共享同一个 IP 地址,各个 Web 网站之间通过主机名进行区分。配置基于主机名的 Web 网站的具体操作步骤如下。

步骤 1▶ 采用任务 3 中介绍的方法创建 Web 网站"mq3",网站对应的 IP 地址是"192.168.50.10/24","主机名"是"www.mqj.com",物理路径是"D:\mq3",如图 8-39 所示。

步骤 2▶ 添加 Web 网站"mq3"的主页文档"mqj3.html",文档内容:配置基于主机名的 Web 网站!

步骤 3▶ 在客户端浏览器的地址栏中输入"http://www.mqj.com",按"Enter"键,即可访问 Web 网站"mq3",如图 8-40 所示。

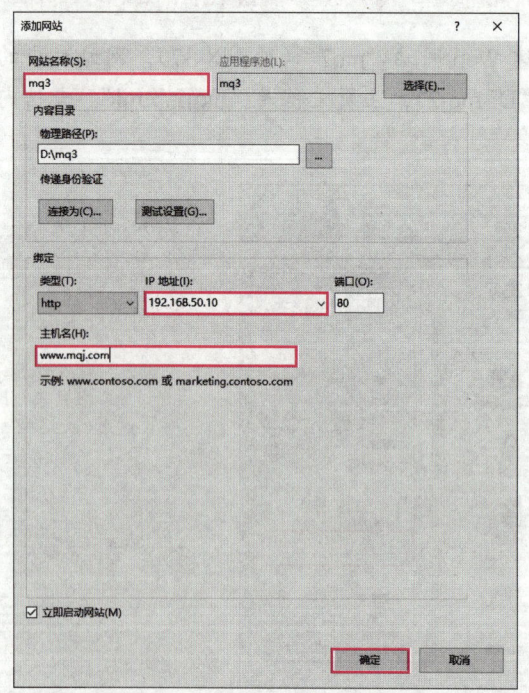

图 8-39　添加 Web 网站"mq3"

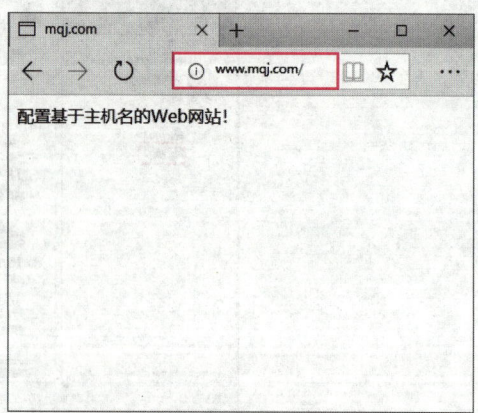

图 8-40　成功访问 Web 网站"mq3"

项目 8 配置 Web 服务器

> **提示**
>
> 本例可通过主机名访问 Web 网站,是因为在项目 7 中配置了 DNS 服务器,并且创建了 "www.mqj.com" 的主记录。如果无法通过域名访问 Web 网站,则需要查看 DNS 服务器是否正常运行,以及 Web 服务器的 IP 地址和 DNS 服务器地址是否正确。

8.4 举一反三

(1)如何配置需要身份验证的 Web 网站?
(2)在 Web 网站"a1"上配置别名为"ab"的虚拟目录。
(3)配置主机名为"www.abc.cn"的 Web 网站。

8.5 拓展阅读——1994 年,中国插上了"互联网的翅膀"

回顾历史,翻开 1994 年这一页,我们会发现中国改革创新的步伐走得如此坚定稳健,每一步都为未来的发展积攒了不可或缺的力量。

1994 年 4 月 20 日,由中国科学院牵头的科研项目 NCFC 工程通过一条 64 K 的国际专线接入国际互联网,实现了与互联网的全功能连接,中国互联网由此诞生了。同年 5 月 15 日,中国科学院高能物理研究所设立了国内第一个 Web 服务器,推出了中国第一套网页,内容除介绍中国高科技发展之外,还有一个栏目叫"Tour in China"。此后,该栏目开始提供包括新闻、经济、文化、商贸等更为广泛的图文并茂的信息,并改名为"中国之窗"。

1994 年 5 月 21 日,中国科学院计算机网络信息中心完成了中国国家顶级域名(.CN)服务器的设置,改变了中国的顶级域名服务器一直放在国外的历史。

目前,我国已成为世界互联网强国,并利用互联网催生了各行业的新形态,为我国的经济发展、行业创新带来了机遇。在后续的互联网大浪潮中,诞生了众多优秀的互联网企业,如网易、搜狐、新浪、阿里巴巴、腾讯和百度等。可以说 1994 年,中国插上了"互联网的翅膀",也为此后的经济腾飞,互联网产业的快速崛起奠定了坚实的基础。

8.6 项目检测

1. 选择题

(1)Web 网站的默认端口号为( )。
  A. 8080 B. 8000 C. 80 D. 8008
(2)在浏览器地址栏中输入( )可以访问新建的 Web 网站。
  A. http://计算机 IP 地址
  B. http://新建 Web 网站时设置的 IP 地址

C．http://126.0.0.1

D．http://计算机 IP 地址:8080

（3）某 Web 网站的物理路径目录为"C:\myweb"，IP 地址为"192.168.1.3"，主机名为"webserver"，内网域名为"www.myweb.com"，虚拟目录的物理路径为"C:\myweb\bumen"，虚拟目录别名为"department"，下面可以访问虚拟目录下的"index.htm"页面的 URL 是（　　）。

A．http://192.168.1.3/department/index.htm

B．http://www.myweb.com/bumen/index.htm

C．http://webserver/bume/index.htm

D．http://192.168.1.3/bume/index.htm

2．简答题

（1）Web 应用的服务过程是什么？

（2）什么是 IIS？

项目 9

配置 DHCP 服务器

动态主机配置协议（dynamic host configuration protocol，DHCP）通常被应用在大型局域网络环境中，其主要作用是集中管理、分配 IP 地址，使网络环境中的主机动态获得 IP 地址、网关地址、DNS 服务器地址等信息，从而提升 IP 地址的使用率。本项目主要介绍在 Windows Server 2022 网络操作系统中配置与管理 DHCP 服务器的方法。通过本项目的学习，读者应达到以下目标。

知识目标

- 了解 DHCP 的概念及优点。
- 了解 DHCP 的工作原理。
- 了解 DHCP 服务器的 IP 作用域。
- 了解 DHCP 配置选项的含义。
- 了解 DHCP 中继代理的概念及工作原理。

能力目标

- 能设置 DHCP 服务器的管理环境。
- 能安装 DHCP 服务器。
- 能创建 DHCP 服务器的 IP 作用域。
- 能配置 DHCP 服务器的作用域选项。
- 能配置 DHCP 客户端。
- 能配置 DHCP 保留。
- 能配置 DHCP 中继代理。

素质目标

- 培养崇尚技艺、求实创新的职业品质。
- 增强自主学习、协作学习、探究学习的意识。

9.1 项目背景

铁道学院网络实训室现有计算机 48 台，组成一个局域网，要求计算机开机自动获得 IP 地址，避免网络内 IP 地址的冲突。

网络上的每台计算机都必须拥有 IP 地址。对于小型网络，网络管理员可以采用手工分配 IP 地址的方法；对于大中型网络，计算机数量众多并且地理位置分散，手工分配 IP 地址的方法就不适用了，这种情况下，可以搭建 DHCP 服务器来分配 IP 地址。

9.2 相关知识

1. DHCP 的优点

DHCP 有以下几个优点。

（1）动态分配 IP 地址可以提升 IP 地址的使用率，因为 IP 地址是动态分配的，而不是固定给某个客户端使用的。

（2）可以减少管理员的维护工作量，用户也不必关心网络地址的概念和配置。绑定 IP 地址和 MAC 地址，不存在盗用 IP 地址的问题。

（3）管理员可以集中为整个网络指定通用和特定子网的 TCP/IP 参数，并且可以定义使用保留地址的客户端的参数。

（4）提供安全可信的配置。DHCP 避免了在每台计算机上手工输入 IP 地址引起的配置错误，还能防止网络上计算机配置相同 IP 地址导致的 IP 冲突。

（5）客户端在子网间移动时，旧的 IP 地址会自动释放以便再次使用。再次启动客户端时，DHCP 服务器会自动为客户端重新配置 TCP/IP 协议属性信息。

2. DHCP 的工作原理

DHCP 采用客户端/服务器工作模式。DHCP 服务器用于维护 TCP/IP 配置信息，并以租约形式向启用 DHCP 的客户端提供 IP 地址配置。

启用 DHCP 的客户端第一次启动并试图加入网络时，需要执行以下操作。

（1）DHCP 客户端在网络上广播一个 DHCP Discover 消息向 DHCP 服务器请求 IP 地址。

（2）每一台 DHCP 服务器都会收到该请求，并以一个 DHCP Offer 消息应答，该消息中包含租借给客户端的 IP 地址和配置信息。

（3）客户端收到所有 DHCP 服务器发送的 DHCP Offer 消息，只会挑选其中一个 DHCP Offer，并且会向网络发送一个 DHCP Request 广播封包，它将指定接受哪一台服务器提供的 IP 地址。

（4）收到 DHCP Request 消息的 DHCP 服务器，会将 IP 地址分配给客户端，并发送一个 DHCP Ack 消息批准该租约，其他 DHCP 选项信息也包含在这个消息中。

（5）一旦客户端接收到应答，它就用应答中的 DHCP 选项信息配置它的 TCP/IP 属性，然后加入网络。

3. DHCP 服务器的 IP 作用域

DHCP 服务器的 IP 作用域是为一个特定子网中的客户端分配 IP 地址的范围，例如 192.168.50.1～192.168.50.254。

DHCP 服务器使用作用域中定义的 IP 地址来分配给 DHCP 客户端。因此，必须创建作用域才能让 DHCP 服务器分配 IP 地址给 DHCP 客户端。

4. DHCP 配置选项

DHCP 配置选项是指 DHCP 服务器可以分配给 DHCP 客户端，除 IP 地址和子网掩码以外的其他配置参数。常用的 DHCP 配置选项包括默认网关（路由器）和 DNS 服务器的 IP 地址等。

DHCP 服务器支持 3 种配置选项，分别是服务器选项、作用域选项和保留选项。服务器选项的配置被分配给 DHCP 服务器的所有客户端；作用域选项的配置被分配给作用域中的所有客户端；保留选项的配置只分配给设置了 IP 地址保留的特定 DHCP 客户端。服务器选项的作用范围最大，保留选项的作用范围最小。

5. DHCP 中继代理的概念

DHCP 中继代理是一个程序，其可以实现在不同子网和物理网段之间处理和转发 DHCP 信息的功能。

如果 DHCP 客户端与 DHCP 服务器在同一个物理网段，则客户端可以正确地获得动态分配的 IP 地址。如果不在同一个物理网段，则需要 DIICP 中继代理。

6. DHCP 中继代理的工作原理

DHCP 中继代理的工作原理如下。

（1）当 DHCP 客户端启动并进行 DHCP 初始化时，它会在本地网络广播配置请求报文。

（2）如果本地网络存在 DHCP 服务器，则可以直接进行 DHCP 配置，不需要 DHCP 中继代理。

（3）如果本地网络没有 DHCP 服务器，则与本地网络相连的具有 DHCP 中继代理功能的网络设备收到该广播报文后，将进行适当处理并转发给指定的其他网络上的 DHCP 服务器。

（4）DHCP 服务器根据 DHCP 客户端提供的信息进行相应的配置，并通过 DHCP 中继代理将配置信息发送给 DHCP 客户端，完成对 DHCP 客户端的动态配置。

9.3 项目过程

项目过程可分为以下几个任务执行。
(1) 项目环境设置。
(2) 安装 DHCP 服务器。
(3) 创建 IP 作用域。

（4）配置 DHCP 作用域选项。
（5）配置 DHCP 客户端。
（6）配置 DHCP 保留。
（7）配置 DHCP 中继代理。

9.3.1　任务 1　项目环境设置

开启两台虚拟机，一台作为服务器运行 Windows Server 2022 操作系统，一台作为客户端运行 Windows 10 操作系统。服务器设置静态 IP 地址为"192.168.50.10"，客户端的 IP 地址设置为"自动获得"。两台虚拟机的网络适配器均设置为"LAN 区段 1"（单击"LAN 区段"按钮，在弹出的对话框中可执行 LAN 区段的添加、移除等操作），如图 9-1 所示。

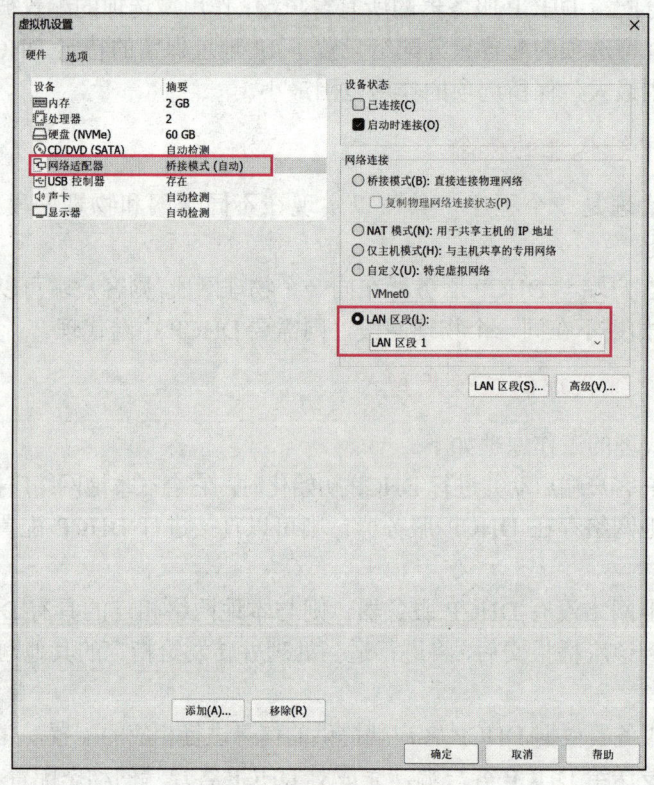

图 9-1　设置网络适配器参数

> **提示**
>
> 两台虚拟机的网络适配器均设置为"LAN 区段 1"，可以和其他虚拟机在物理网络上进行隔离，避免在同一个网络中有多台 DHCP 服务器，导致客户端申请 IP 地址时出现混乱的情况。

9.3.2 任务 2 安装 DHCP 服务器

安装 DHCP 服务器

在 Windows Server 2022 操作系统中安装 DHCP 服务器的具体操作步骤如下。

步骤 1 ▶ 单击"开始"按钮,在打开的"开始"菜单中选择"服务器管理器"选项,打开"服务器管理器"窗口,选择"添加角色和功能"选项,打开"添加角色和功能向导"窗口,单击"下一步"按钮。

步骤 2 ▶ 显示"选择安装类型"界面,保持选择"基于角色或基于功能的安装"单选按钮,单击"下一步"按钮。

步骤 3 ▶ 显示"选择目标服务器"界面,保持默认设置,单击"下一步"按钮。

步骤 4 ▶ 显示"选择服务器角色"界面,勾选"DHCP 服务器"复选框,弹出"添加角色和功能向导"对话框,单击"添加功能"按钮,返回"选择服务器角色"界面,单击"下一步"按钮,如图 9-2 所示。

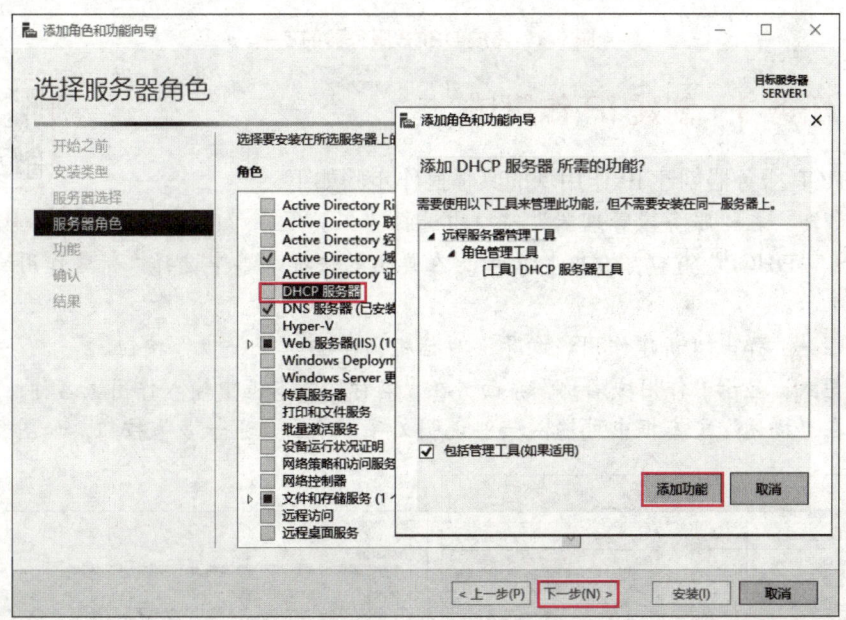

图 9-2 选择"DHCP 服务器"角色

步骤 5 ▶ 在接下来显示的界面中均保持默认设置,直接单击"下一步"按钮,直到显示"确认安装所选内容"界面,单击"安装"按钮,开始安装 DHCP 服务器。

步骤 6 ▶ 显示"安装进度"界面,待 DHCP 服务器安装完成,单击"关闭"按钮,关闭"添加角色和功能向导"窗口,如图 9-3 所示。

网络操作系统：Windows Server 配置与管理

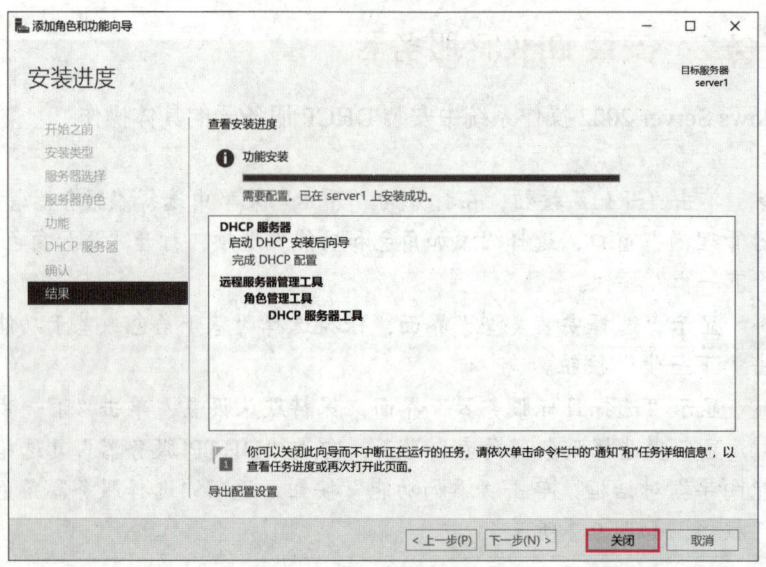

图 9-3 完成 DHCP 服务器的安装

9.3.3 任务 3 创建 IP 作用域

为 DHCP 服务器创建 IP 作用域的具体操作步骤如下。

步骤 1▶ 在"服务器管理器"窗口中选择"工具"→"DHCP"选项，打开"DHCP"窗口，右击"IPv4"，在弹出的快捷菜单中选择"新建作用域"选项，如图 9-4 所示。

步骤 2▶ 弹出"新建作用域向导"对话框，单击"下一步"按钮。

步骤 3▶ 显示"作用域名称"界面，在"名称"文本框中输入作用域名称，此处输入"zyy1"，在"描述"文本框中可输入一些说明文字，单击"下一步"按钮，如图 9-5 所示。

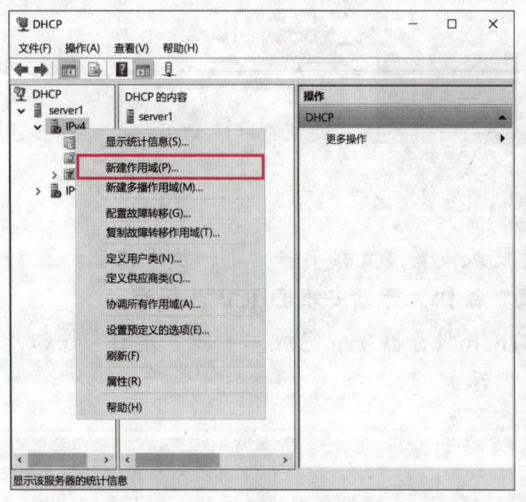

图 9-4 "DHCP"窗口

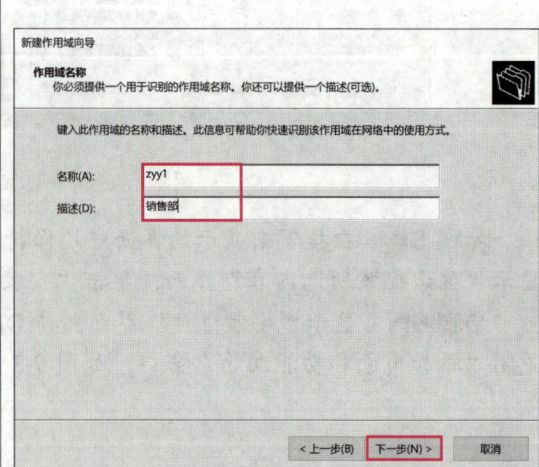

图 9-5 "作用域名称"界面

项目 9 配置 DHCP 服务器

步骤 4▶ 显示"IP 地址范围"界面,设置 IP 作用域的起始和结束 IP 地址,单击"下一步"按钮,如图 9-6 所示。

步骤 5▶ 显示"添加排除和延迟"界面,输入排除客户端使用的 IP 地址,此处将 IP 地址 192.168.50.1~192.168.50.20 排除,留给网络中的其他服务器,并单击"添加"按钮,添加该 IP 地址范围,然后单击"下一步"按钮,如图 9-7 所示。

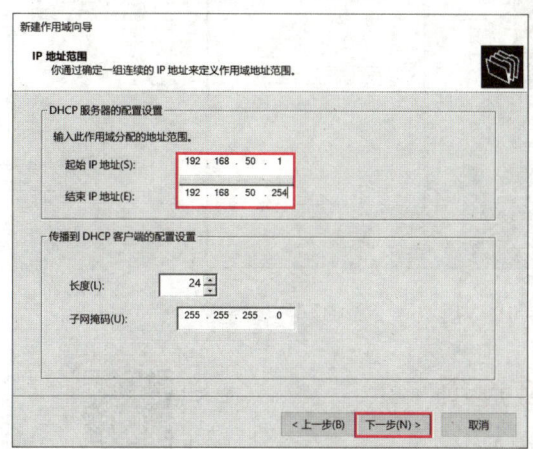

图 9-6 "IP 地址范围"界面

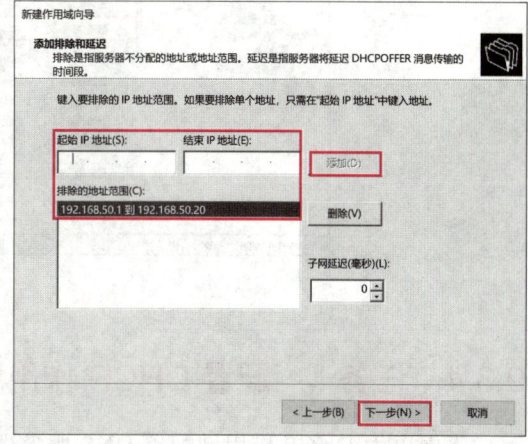

图 9-7 "添加排除和延迟"界面

步骤 6▶ 显示"租用期限"界面,保持默认设置,单击"下一步"按钮。

步骤 7▶ 显示"配置 DHCP 选项"界面,选择"否,我想稍后配置这些选项"单选按钮,单击"下一步"按钮,如图 9-8 所示。

步骤 8▶ 显示"正在完成新建作用域向导"界面,单击"完成"按钮,完成 IP 作用域的创建,如图 9-9 所示。

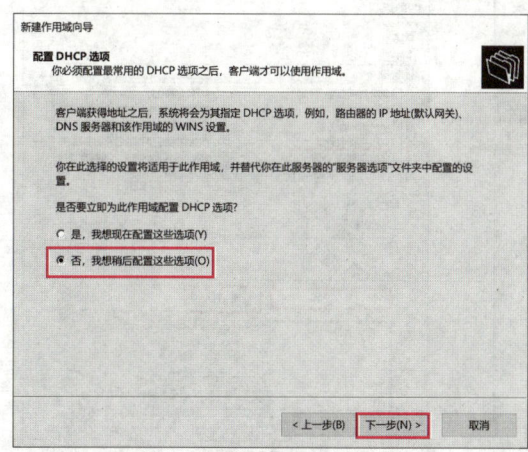

图 9-8 "配置 DHCP 选项"界面

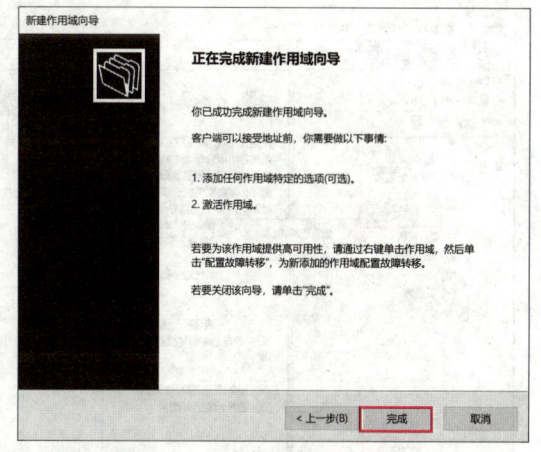

图 9-9 完成 IP 作用域的创建

步骤 9▶ 在"DHCP"窗口中右击"作用域[192.168.50.0]zyy1",在弹出的快捷菜单中选择"激活"选项,激活此 IP 作用域,如图 9-10 所示。

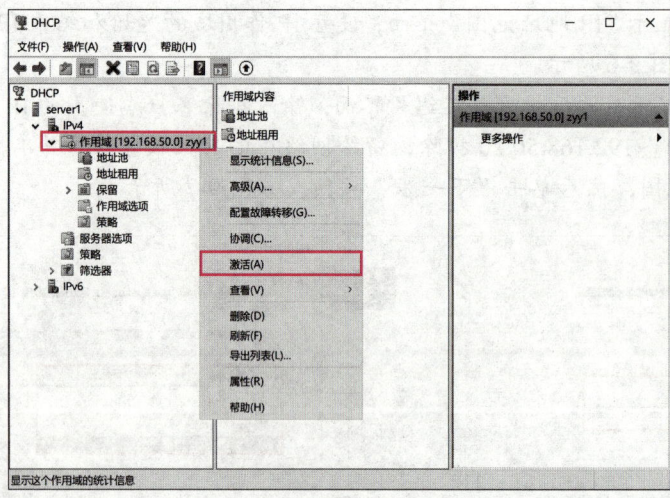

图 9-10 激活 IP 作用域

9.3.4 任务 4 配置 DHCP 作用域选项

下面以为 DHCP 作用域配置 DNS 服务器为例，介绍配置 DHCP 作用域选项的具体操作步骤。

配置 DHCP 作用域选项

步骤 1▶ 在"DHCP"窗口中右击"作用域选项"，在弹出的快捷菜单中选择"配置选项"，如图 9-11 所示。

步骤 2▶ 弹出"作用域选项"对话框，勾选"006 DNS 服务器"复选框，在"IP 地址"编辑框中输入 DNS 服务器的 IP 地址，单击"添加"按钮，添加该 IP 地址，单击"确定"按钮，保存设置，如图 9-12 所示。

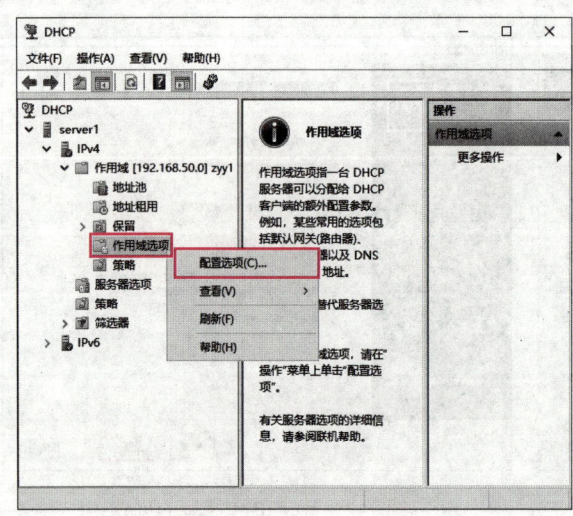

图 9-11 "DHCP"窗口

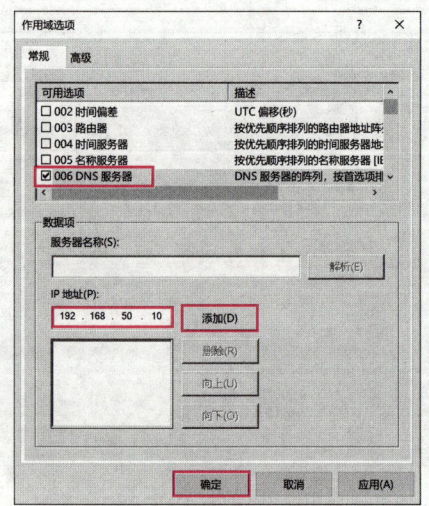

图 9-12 "作用域选项"对话框

项目 9 配置 DHCP 服务器

9.3.5 任务 5 配置 DHCP 客户端

配置 DHCP 客户端

配置 DHCP 客户端的具体操作步骤如下。

步骤 1▶ 确认客户端的 IP 地址已设置为"自动获得 IP 地址"。

步骤 2▶ 在"命令提示符"窗口中执行命令"ipconfig /all"查看客户端的 TCP/IP 信息，可以看到客户端已经自动获得 IP 地址，如图 9-13 所示。

> **提示**
>
> 执行命令"ipconfig /all"后，如果客户端不能正常获得 IP 地址，可以执行命令"ipconfig /release"释放之前的 IP 地址，再执行命令"ipconfig /renew"重新申请 IP 地址，最后执行命令"ipconfig /all"查看 TCP/IP 信息。
>
> 在"网络连接"窗口中右击网络图标，在弹出的快捷菜单中选择"状态"选项，弹出"本地连接状态"对话框，单击"详细信息"按钮，弹出"网络连接详细信息"对话框（见图 9-14），在该对话框中也可查看客户端获取的 TCP/IP 属性信息。

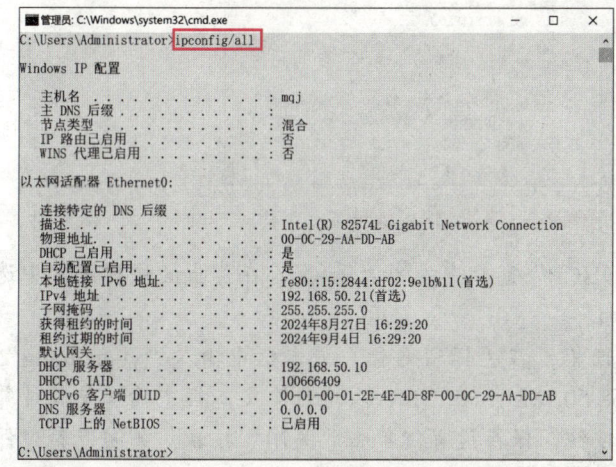

图 9-13 客户端的 TCP/IP 信息

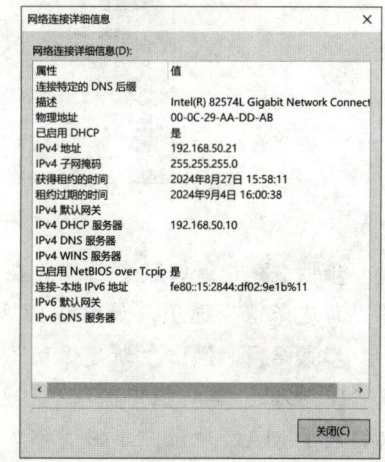

图 9-14 "网络连接详细信息"对话框

步骤 3▶ 客户端申请获得 IP 地址后，返回服务器端，在"DHCP"窗口中选择"地址租用"选项，可以看到客户端的 IP 地址、计算机名称、租用时间等信息，如图 9-15 所示。

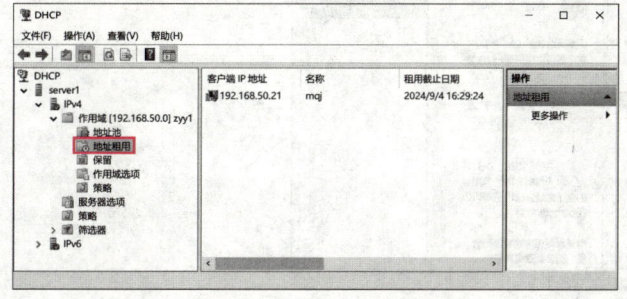

图 9-15 查看客户端的 IP 地址租用信息

181

9.3.6 任务6 配置 DHCP 保留

配置 DHCP 保留可以确保 DHCP 客户端一直使用同一个 IP 地址。DHCP 保留的工作原理是将作用域中的某个 IP 地址与某一个客户端的 MAC 地址绑定，使得拥有这个 MAC 地址的网络适配器每次都能获得同一个 IP 地址。例如，为院长的计算机保留 IP 地址 "192.168.50.188" 的具体操作步骤如下。

配置 DHCP 保留

步骤1▶ 在院长的计算机中打开"命令提示符"窗口，执行命令"ipconfig /all"，查看网卡 MAC 地址，如图 9-16 所示。

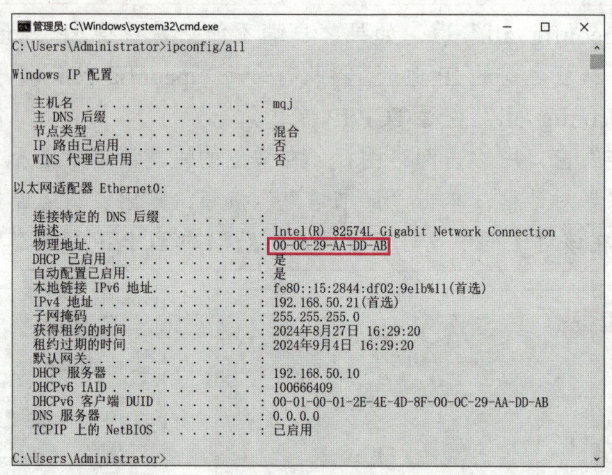

图 9-16 查看客户端的 MAC 地址

步骤2▶ 返回服务器端，在"DHCP"窗口中右击"保留"，在弹出的快捷菜单中选择"新建保留"选项，如图 9-17 所示。

步骤3▶ 弹出"新建保留"对话框，在"保留名称"文本框中输入"yuanzhang"，在"IP 地址"编辑框中输入"192.168.50.188"，在"MAC 地址"文本框中输入院长计算机的网卡 MAC 地址，单击"添加"按钮，保存设置，单击"关闭"按钮，关闭"新建保留"对话框，如图 9-18 所示。

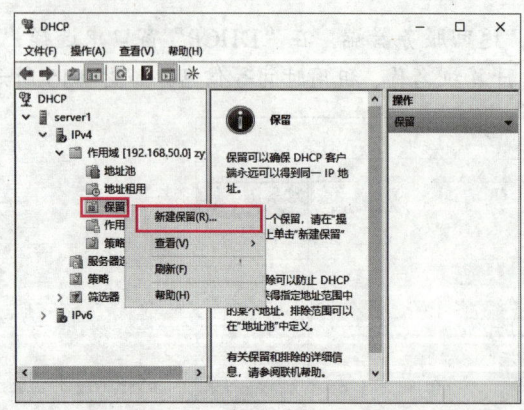

图 9-17 "DHCP"窗口

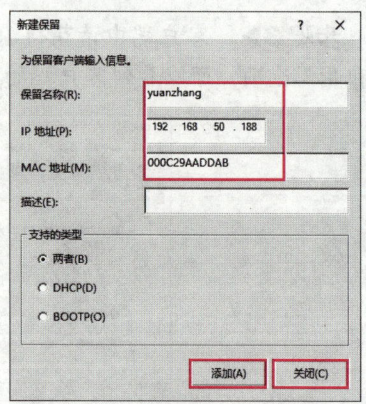

图 9-18 "新建保留"对话框

步骤 4▶ 返回"DHCP"窗口,展开"保留",可以看到创建的 DHCP 保留,如图 9-19 所示。

步骤 5▶ 在院长计算机上进行验证测试,执行"ipconfig /release"命令释放之前的 IP 地址,执行"ipconfig /renew"命令重新申请 IP 地址的结果如图 9-20 所示。

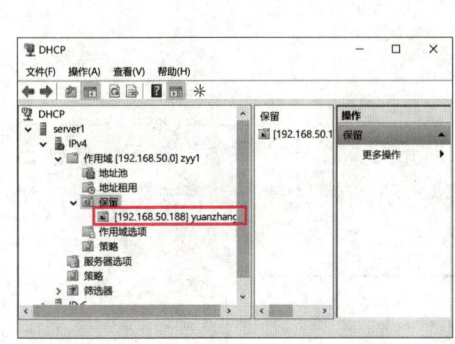

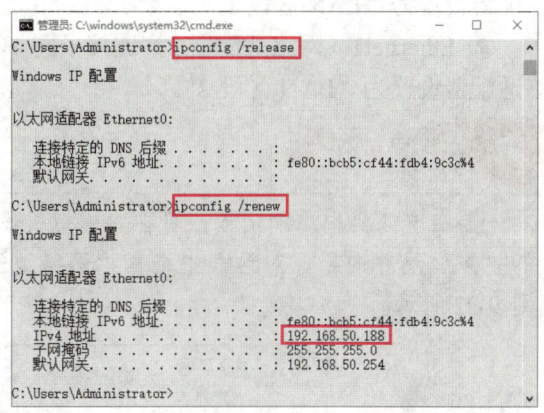

图 9-19　DHCP 保留创建成功　　　　　图 9-20　DHCP 客户端验证测试

9.3.7　任务 7　配置 DHCP 中继代理

本任务需要开启 3 台虚拟机,两台运行 Windows Server 2022 操作系统,一台运行 Windows 10 操作系统,网络拓扑结构如图 9-21 所示。3 台虚拟机的角色如下。

配置 DHCP 中继代理

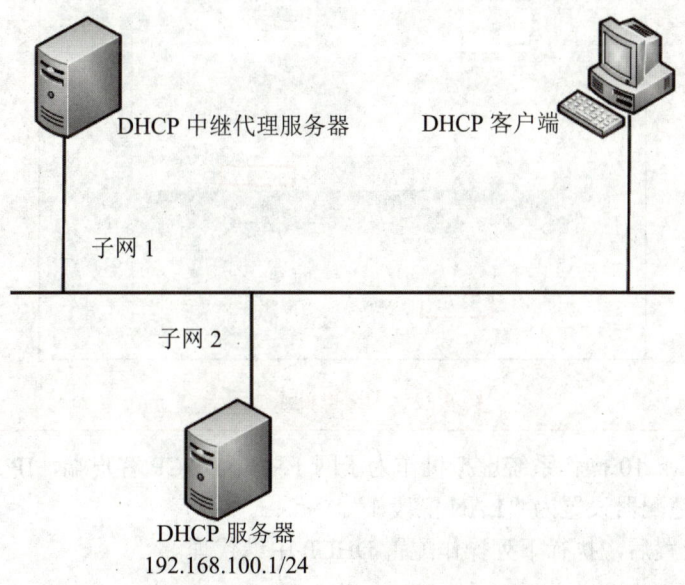

图 9-21　DHCP 中继代理网络拓扑结构

(1)一台 Windows Server 2022 操作系统虚拟机作为 DHCP 服务器,IP 地址设置为

"192.168.100.1/24",默认网关设置为"192.168.100.254",网络适配器设置为"LAN 区段 2"。

(2) 一台 Windows Server 2022 操作系统虚拟机作为 DHCP 中继代理服务器。在 DHCP 中继代理服务器上添加一块网卡,该服务器上的两块网卡的配置如下。

① Ethernet0(网络适配器)连接子网 1,设置 IP 地址为"192.168.50.254/24",网络适配器设置为"LAN 区段 1"。

② Ethernet1(网络适配器 2)连接子网 2,设置 IP 地址为"192.168.100.254/24",网络适配器设置为"LAN 区段 2"。

> **提示**
>
> 要在虚拟机中添加网卡,可在"虚拟机设置"对话框中单击"添加"按钮,在弹出的"添加硬件向导"对话框中选择"网络适配器"选项,然后单击"完成"按钮,如图 9-22 所示。

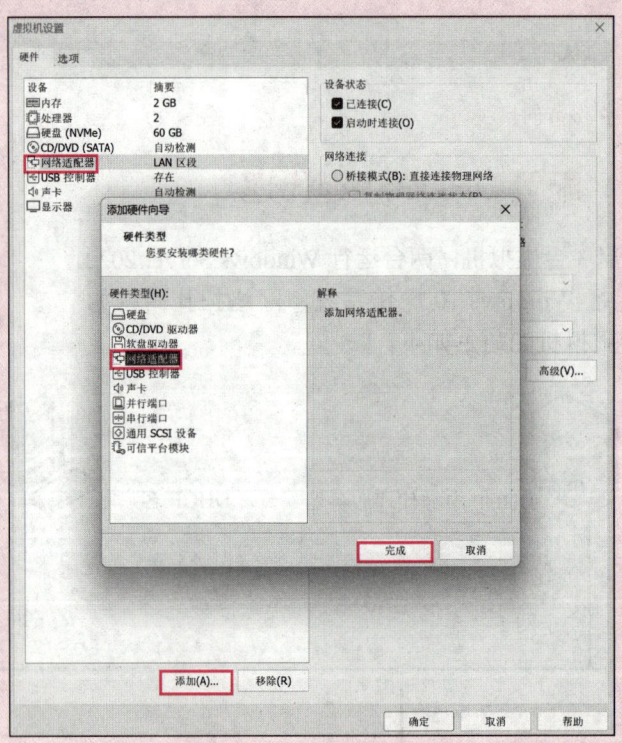

图 9-22 为虚拟机添加网卡

(3) Windows 10 操作系统虚拟机作为子网 1 中的 DHCP 客户端,IP 地址设置为"自动获得",网络适配器设置为"LAN 区段 1"。

完成上述设置后,执行下列操作配置 DHCP 中继代理。

1. 配置 DHCP 作用域

为 DHCP 服务器配置作用域的具体操作步骤如下。

项目 9 配置 DHCP 服务器

步骤 1▶ 在 DHCP 服务器上安装 DHCP 服务，然后打开"DHCP"窗口，创建一个作用域，地址池为"192.168.50.20-192.168.50.200"，用于分配给子网 1 中的 DHCP 客户端，如图 9-23 所示。

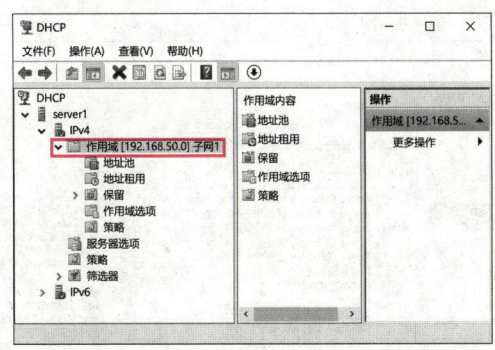

图 9-23 配置 DHCP 作用域"子网 1"

步骤 2▶ 右击子网 1 中的"作用域选项"，在弹出的快捷菜单中选择"配置选项"，打开"作用域选项"对话框，勾选"003 路由器"复选框，设置路由器的 IP 地址为"192.168.50.254"，单击"确定"按钮，保存设置，如图 9-24 所示。

步骤 3▶ 在 DHCP 服务器上再创建一个作用域，地址池为"192.168.100.20-192.168.100.200"，用于分配给子网 2 中的 DHCP 客户端。配置子网 2 路由器的 IP 地址为 192.168.100.254，如图 9-25 所示。

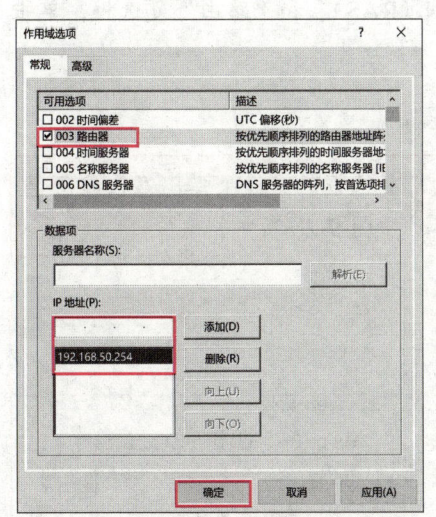

图 9-24 配置子网 1 的路由器 IP 地址　　图 9-25 配置 DHCP 作用域"子网 2"

2. 安装远程访问服务

实现 DHCP 中继代理功能需要"远程访问"服务的支持，以便在不同子网之间中继 DHCP 请求。在 DHCP 中继代理服务器中安装"远程访问"服务的具体操作步骤如下。

步骤 1▶ 在 DHCP 中继代理服务器中打开"服务器管理器"窗口，选择"添加角色和功能"选项，打开"添加角色和功能向导"窗口，保持默认设置，一直单击"下一步"

按钮，直至显示"选择服务器角色"界面。

步骤 2▶ 在"选择服务器角色"界面中勾选"远程访问"复选框，单击"下一步"按钮，如图 9-26 所示。

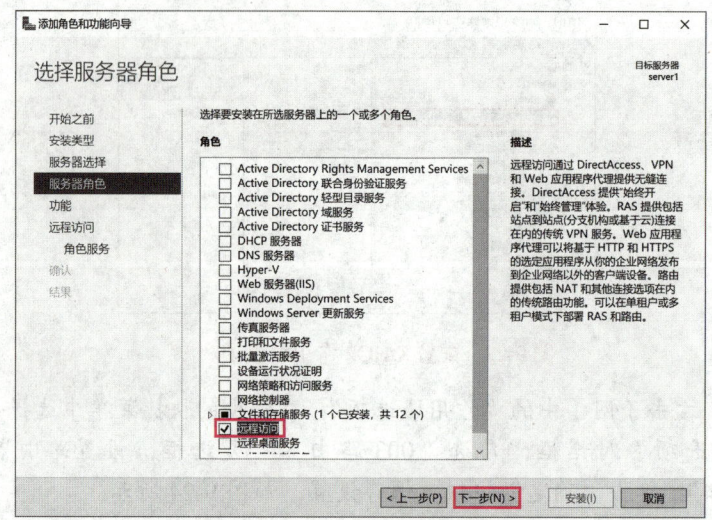

图 9-26 "选择服务器角色"界面

步骤 3▶ 在接下来显示的界面中保持默认设置，一直单击"下一步"按钮，直至显示"选择角色服务"界面，勾选"DirectAccess 和 VPN（RAS）"和"路由"复选框，单击"下一步"按钮，如图 9-27 所示。

> **提 示**
>
> 在勾选"DirectAccess 和 VPN（RAS）"和"路由"复选框时，如果弹出"添加角色和功能向导"对话框，单击"添加功能"按钮即可，如图 9-28 所示。

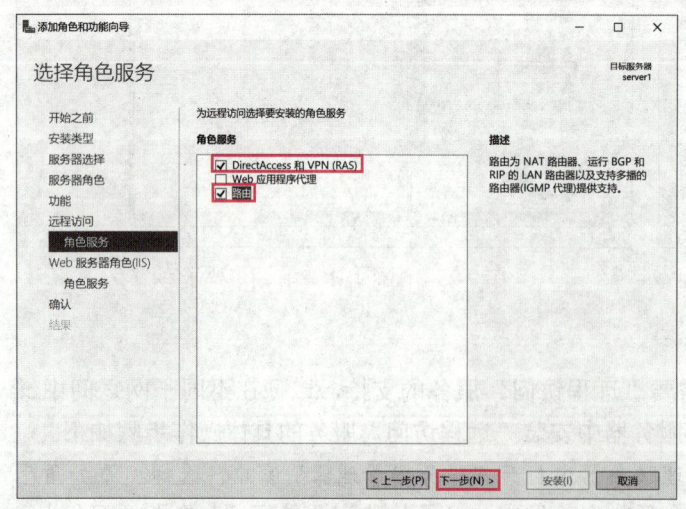

图 9-27 "选择角色服务"界面

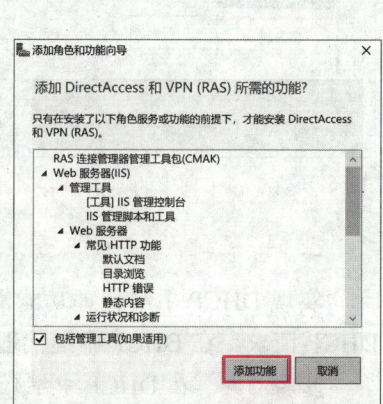

图 9-28 单击"添加功能"按钮

项目9 配置DHCP服务器

步骤 4 在接下来显示的界面中保持默认设置，一直单击"下一步"按钮，直至显示"确认安装所选内容"界面，单击"安装"按钮，开始安装"远程访问"服务。

步骤 5 显示"安装进度"界面，待"远程访问"服务安装完成，单击"关闭"按钮，关闭"添加角色和功能向导"窗口，如图9-29所示。

步骤 6 在"服务器管理器"窗口中选择"工具"→"路由和远程访问"选项，打开"路由和远程访问"窗口，右击服务器名称，在弹出的快捷菜单中选择"配置并启用路由和远程访问"选项，如图9-30所示。

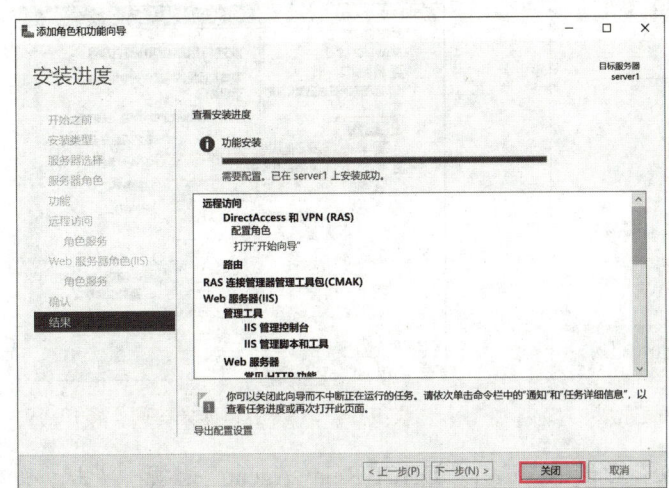
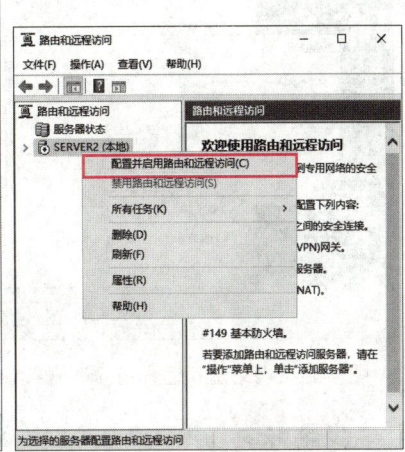

图9-29 "远程访问"服务安装完成　　　图9-30 "路由和远程访问"窗口

步骤 7 弹出"路由和远程访问服务器安装向导"对话框，单击"下一步"按钮。

步骤 8 显示"配置"界面，选择"自定义配置"单选按钮，单击"下一步"按钮，如图9-31所示。

步骤 9 显示"自定义配置"界面，勾选"LAN路由"复选框，单击"下一步"按钮，如图9-32所示。

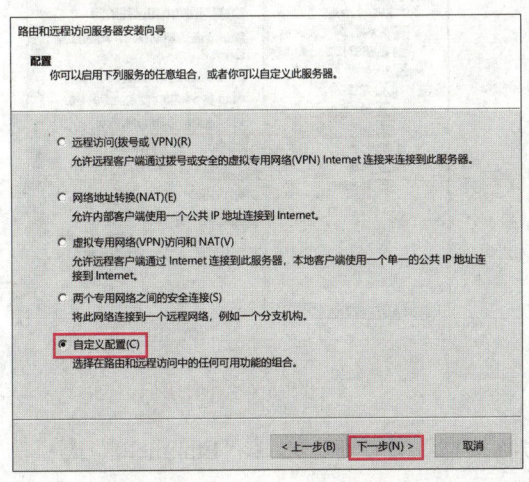
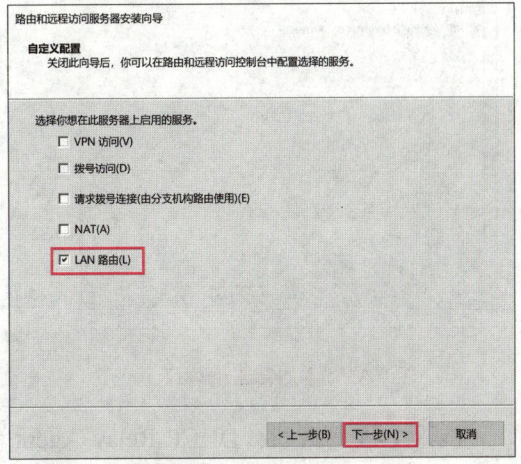

图9-31 "配置"界面　　　图9-32 "自定义配置"界面

187

步骤 10▶ 显示"正在完成路由和远程访问服务器安装向导"界面,单击"完成"按钮,弹出"路由和远程访问"对话框,单击"启动服务"按钮,启动路由服务,如图9-33所示。

步骤 11▶ 在"路由和远程访问"窗口中右击"IPv4"中的"常规",在弹出的快捷菜单中选择"新增路由协议"选项,如图9-34所示。

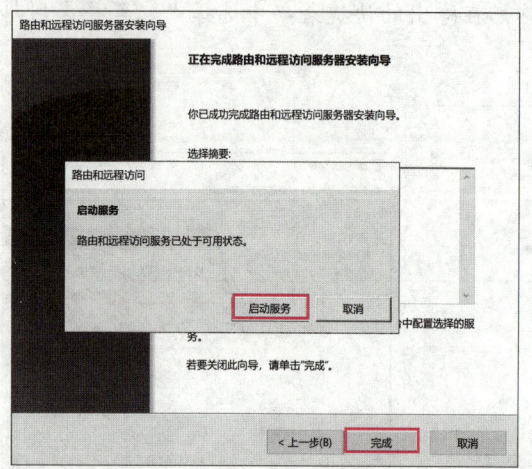

图 9-33 "路由和远程访问"服务安装完成

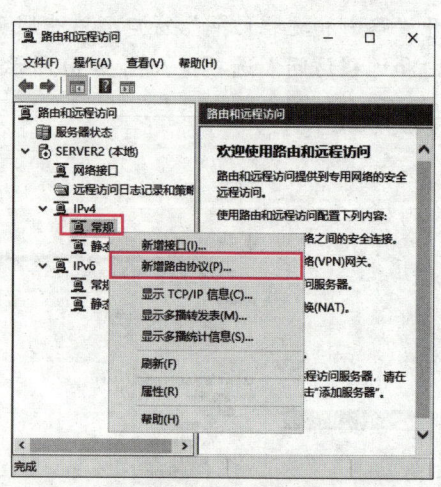

图 9-34 "路由和远程访问"窗口

步骤 12▶ 弹出"新路由协议"对话框,选择"DHCP Relay Agent"选项,单击"确定"按钮,如图9-35所示。

步骤 13▶ 返回"路由和远程访问"窗口,右击"DHCP 中继代理",在弹出的快捷菜单中选择"新增接口"选项,如图9-36所示。

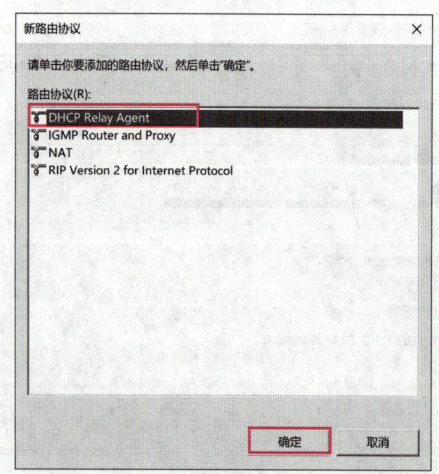

图 9-35 添加新路由协议

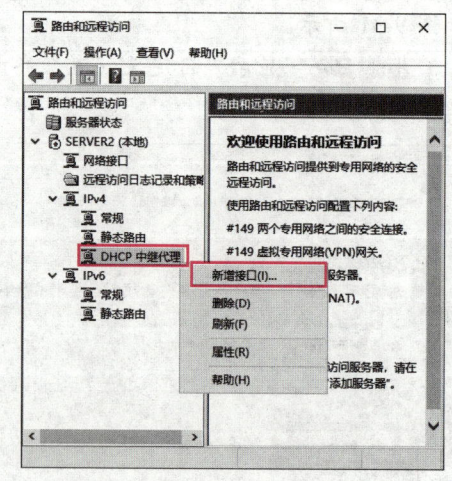

图 9-36 新增接口

步骤 14▶ 弹出"DHCP Relay Agent 的新接口"对话框,选择"Ethernet0"选项,单击"确定"按钮,如图9-37所示。

步骤 15 弹出"DHCP 中继属性-Ethernet0 属性"对话框,此处保持默认设置,单击"确定"按钮即可,如图 9-38 所示。

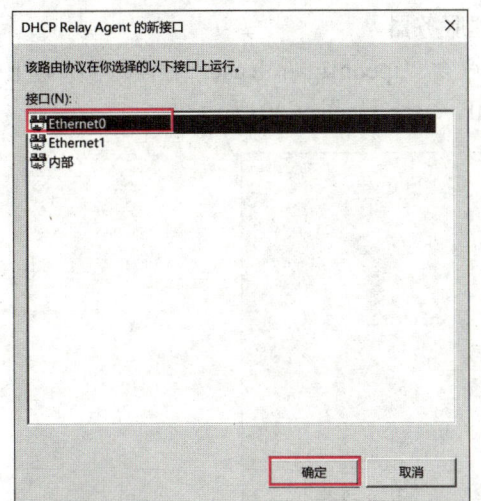 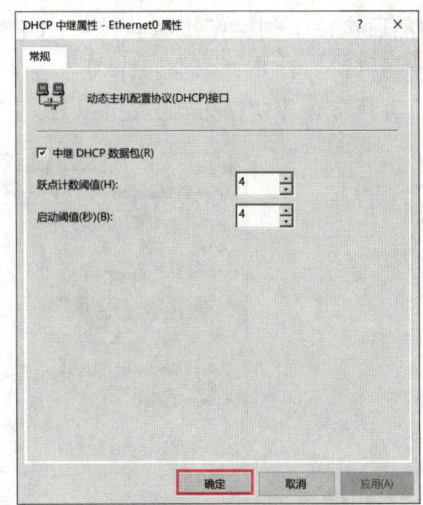

图 9-37 "DHCP Relay Agent 的新接口"对话框   图 9-38 "DHCP 中继属性-Ethernet0 属性"对话框

步骤 16 用添加接口"Ethernet0"的方法添加接口"Ethernet1"。

步骤 17 返回"路由和远程访问"窗口,右击"DHCP 中继代理",在弹出的快捷菜单中选择"属性"选项,弹出"DHCP 中继代理属性"对话框。

步骤 18 在"DHCP 中继代理属性"对话框的"服务器地址"编辑框中输入 DHCP 服务器的 IP 地址"192.168.100.1",单击"添加"按钮,添加该 IP 地址,单击"确定"按钮,保存设置,如图 9-39 所示。

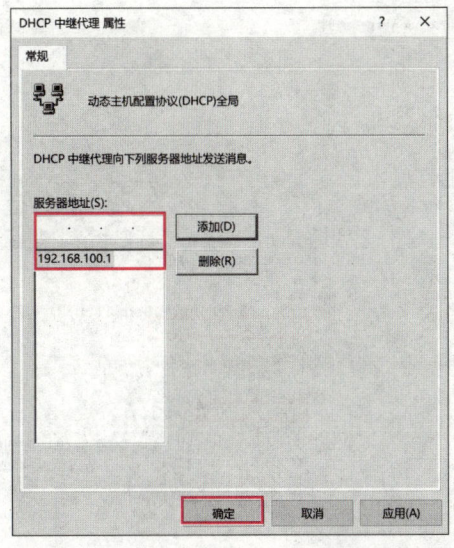

图 9-39 "DHCP 中继代理属性"对话框

3. DHCP 客户端验证

打开 DHCP 客户端,确认网络适配器设置为"LAN 区段 1",IP 地址设置为"自动获得",然后执行下列操作步骤验证 DHCP 中继代理服务器。

步骤 1▶ 打开"命令提示符"窗口,执行命令"ipconfig /release",释放本机的 IP 地址,再执行命令"ipconfig /renew",重新申请 IP 地址,如图 9-40 所示。

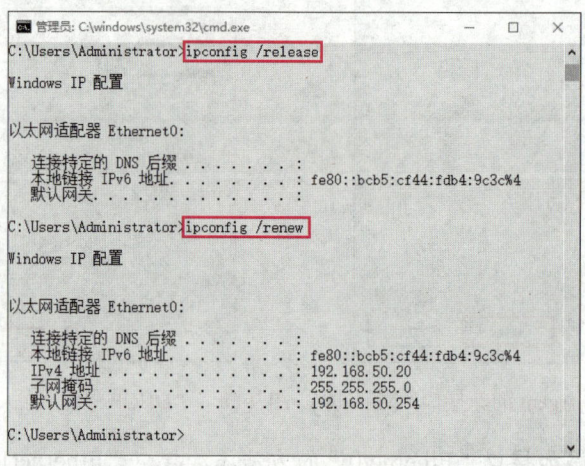

图 9-40 重新申请 IP 地址

步骤 2▶ 执行命令"ipconfig /all",查看 DHCP 客户端获取的 IP 地址,如图 9-41 所示。可以看出,子网 2 中的客户端自动从子网 1 中的 DHCP 服务器通过 DHCP 中继代理程序动态获得了 IP 地址。

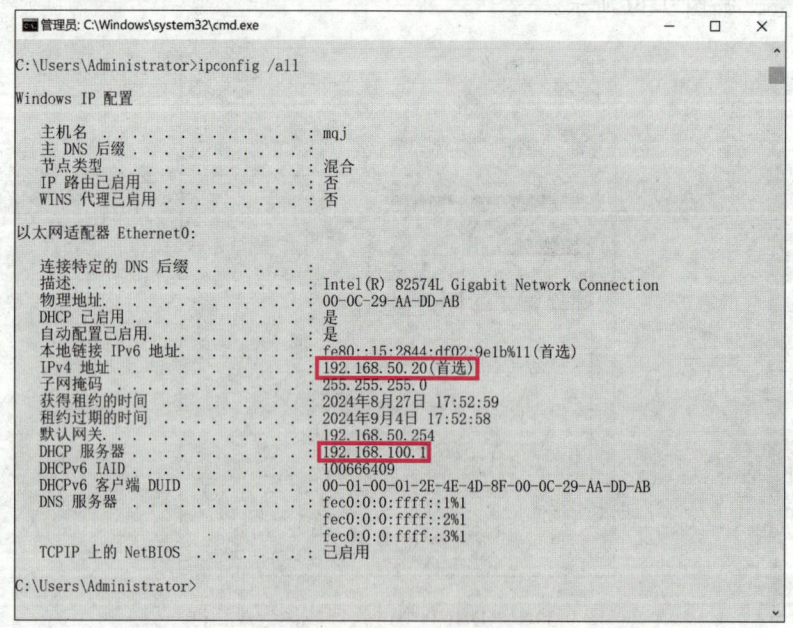

图 9-41 DHCP 客户端通过 DHCP 中继代理获得 IP 地址

项目 9　配置 DHCP 服务器

9.4　举一反三

配置 DHCP 服务器，实现客户端每次申请 IP 地址时，都能获得固定的 IP 地址（如"192.168.200.18"），客户端默认网关设置为"192.168.200.254"。

9.5　拓展阅读——万物互联时代：DHCP 为物联网保驾护航

在当今这个充满创新与变革的时代，人们正生活在一个万物互联的世界里。从智能家居设备到工业自动化系统，从智能交通网络到医疗健康监测，物联网（Internet of things, IoT）的触角已经延伸到人们生活的方方面面。而在这庞大且复杂的物联网体系中，DHCP 正默默发挥着重要作用。

DHCP 就像一位智慧的网络管理员，它能够自动为接入网络的物联网设备分配 IP 地址、子网掩码、默认网关和 DNS 服务器等关键网络配置信息。当一个新的物联网设备（如一台智能冰箱或一个环境监测传感器）首次连接到网络时，DHCP 服务器会迅速响应，为其提供所需的网络参数，使其能够立即与其他设备进行通信。

以智能家居为例，如今越来越多的家庭配备了各种智能设备，如智能摄像头、智能门锁、智能音箱等。这些设备需要稳定且准确的网络连接才能实现远程控制和数据上传。DHCP 确保了这些设备在每次启动或重新连接网络时都能快速获得正确的网络配置，让用户无须手动为每个设备进行复杂的网络配置。

在工业物联网领域，DHCP 的作用更加显著。工厂中的大量生产设备、机器人、监控系统等都需要无缝连接到网络，以实现实时数据采集、远程监控和自动化控制。DHCP 能够高效地管理这些设备的网络接入，确保它们在不断变化的生产环境中始终保持良好的通信状态，提高生产效率和质量，降低运维成本。

然而，随着物联网的不断发展，DHCP 也面临着一些挑战。例如，物联网设备数量的爆炸式增长对 DHCP 服务器的性能和可扩展性提出了更高的要求；同时，物联网设备的多样性和复杂性也使得网络安全问题变得更加严峻，DHCP 需要不断加强安全机制，防止恶意攻击和非法访问。

技术的进步始终推动着 DHCP 的发展和完善。未来，我们可以期待 DHCP 与新兴技术如 5G、边缘计算、人工智能等深度融合，为物联网的发展提供更加强大、智能和安全的网络支持。

9.6　项目检测

1. 选择题

（1）DHCP 服务器分配给客户端的 IP 地址，默认的租用时间是（　　）天。

　　A．1　　　　　　　　　　　　B．4
　　C．6　　　　　　　　　　　　D．8

(2)（　　）命令可以手工释放 DHCP 客户端的 IP 地址。
　　A．ipconfig　　　　　　　　B．ipconfig /all
　　C．ipconfig /release　　　　D．ipconfig /renew
(3) 作用域选项可以配置 DHCP 客户端的（　　）。
　　A．IP 地址　　　　　　　　B．子网掩码
　　C．DNS 服务器地址　　　　D．DHCP 服务器地址

2．填空题

(1) DHCP 的中文全称是_____。
(2) DHCP 服务器支持 3 种配置选项，分别是_____、_____和_____。
(3) DHCP 中继代理是一个_____，其可以实现在不同_____和物理网段之间处理和转发 DHCP 信息的功能。

3．简答题

(1) DHCP 协议的优点有哪些？
(2) DHCP 协议的工作原理是什么？

项目 10

配置 FTP 服务器

文件传输协议（file transfer protocol, FTP）是一个用来在两台计算机之间传送文件的协议。这两台计算机中，一台是 FTP 服务器，用于提供文件存储和访问服务；另一台是 FTP 客户端，用于从 FTP 服务器下载文件，或者将文件上传到 FTP 服务器。本项目介绍在 Windows Server 2022 网络操作系统中配置 FTP 服务器的方法。通过本项目的学习，读者应达到以下目标。

知识目标

- 了解 FTP 的概念。
- 了解 FTP 的主要作用。
- 了解 FTP 的工作模式。

能力目标

- 能设置 FTP 服务器的管理环境。
- 能安装 FTP 服务器。
- 能新建 FTP 站点。
- 能配置客户端匿名访问 FTP 站点。
- 能设置安全的 FTP 站点。
- 能配置端口号不是 21 的 FTP 站点。
- 能配置 FTP 站点用户隔离。

素质目标

- 树立技能成才、技能报国的人生理想。
- 增强积极思考，寻求解决方法的意识。

10.1 项目背景

铁道学院电信系教师办公室为了实现信息共享,需要部署一台 FTP 服务器。通过此服务器可以实现公共文档资料的集中存放和教师实时下载文件,也可以为教师提供教学资料的备份空间。

10.2 相关知识

1. 认识 FTP

FTP 主要完成与远程计算机的文件传输,其采用客户端/服务器模式。FTP 的传输效率比 WWW 高,操作灵活,有 WWW 不可替代的作用。FTP 服务器有匿名和授权两种访问方式。

FTP 要用到两个 TCP 连接,一个是命令链路,用于在 FTP 客户端与服务器之间传递命令;另一个是数据链路,用于上传或下载数据。

2. FTP 的工作模式

FTP 有两种工作模式:PORT(主动)模式和 PASV(被动)模式。

(1) PORT 模式的连接过程:客户端向服务器的 FTP 端口(默认是 21)发送连接请求,服务器接受连接,建立一条命令链路。当需要传送数据时,客户端在命令链路上向服务器发送命令"PORT",服务器收到命令后就会向客户端发送连接请求,建立一条数据链路来传送数据。

(2) PASV 模式的连接过程:客户端向服务器的 FTP 端口发送连接请求,服务器接受连接,建立一条命令链路。当需要传送数据时,服务器在命令链路上向客户端发送命令"PASV"。客户端收到命令后就会向服务器发送连接请求,建立一条数据链路来传送数据。

10.3 项目过程

项目过程可分为以下几个任务执行。
(1) 项目环境设置。
(2) 安装 FTP 服务器。
(3) 新建 FTP 站点。
(4) 客户端匿名访问 FTP 站点。
(5) 设置安全的 FTP 站点。
(6) 配置端口号不是 21 的 FTP 站点。
(7) 配置 FTP 站点用户隔离。

10.3.1 任务 1 项目环境设置

开启两台虚拟机,一台作为服务器运行 Windows Server 2022 操作系统,一台作为客户端运行 Windows 10 操作系统。服务器设置静态 IP 地址"192.168.50.10/24",客户端设置的 IP 地址要与服务器的 IP 地址在同一个网段,如"192.168.50.20/24"。两台虚拟机的网络适配器设置为桥接模式,并且客户端能够 ping 通服务器。

10.3.2 任务 2 安装 FTP 服务器

在 Windows Server 2022 操作系统中安装 FTP 服务的具体操作步骤如下。

安装 FTP 服务器

步骤 1▶ 单击"开始"按钮,在打开的"开始"菜单中选择"服务器管理器"选项,打开"服务器管理器"窗口,选择"添加角色和功能"选项,打开"添加角色和功能向导"窗口,单击"下一步"按钮。

步骤 2▶ 显示"选择安装类型"界面,保持选择"基于角色或基于功能的安装"单选按钮,单击"下一步"按钮。

步骤 3▶ 显示"选择目标服务器"界面,选择"从服务器池中选择服务器"单选按钮,系统自动检测到该服务器的网络连接,单击"下一步"按钮,如图 10-1 所示。

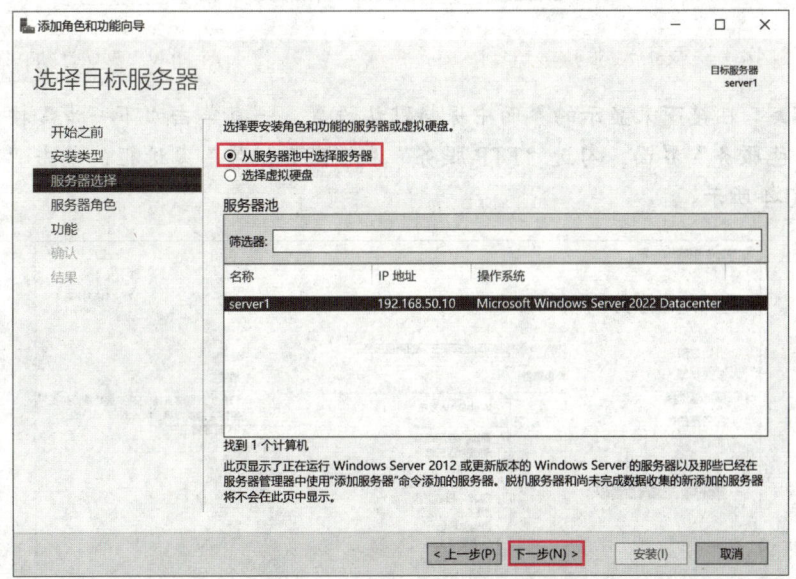

图 10-1 "选择目标服务器"界面

步骤 4▶ 显示"选择服务器角色"界面,勾选"Web 服务器(IIS)"复选框,弹出"添加角色和功能向导"对话框,单击"添加功能"按钮,返回"选择服务器角色"界面,单击"下一步"按钮,如图 10-2 所示。

> **提示**
>
> 如果服务器中已经安装了 Web 服务器（IIS），则在"选择服务器角色"界面中勾选"FTP 服务"和"FTP 扩展"复选框（见图 10-3），然后根据向导提示操作来安装 FTP 服务器。

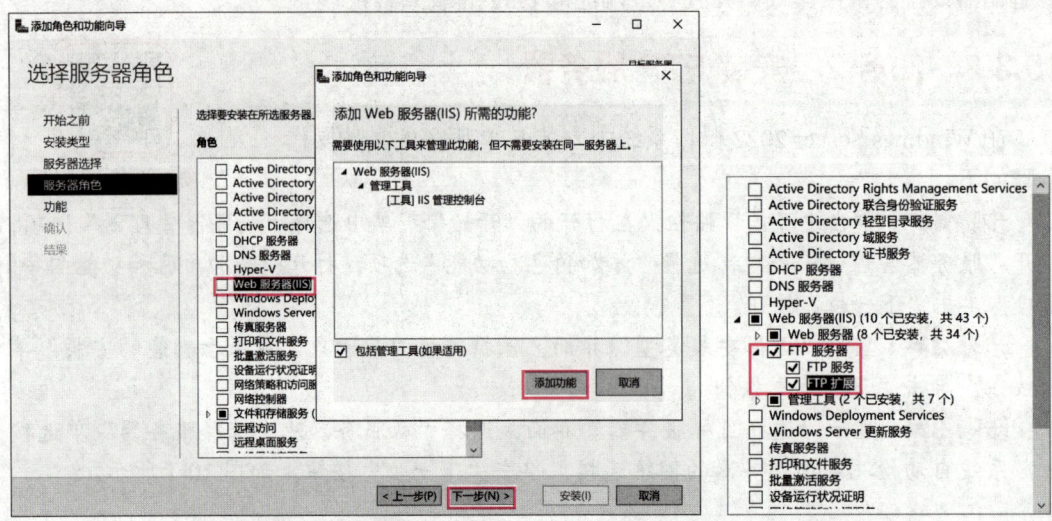

图 10-2　选择"Web 服务器（IIS）"角色　　　　图 10-3　选择"FTP 服务器"角色

步骤 5▶ 在接下来显示的界面中保持默认设置，一直单击"下一步"按钮，直至显示"选择角色服务"界面，勾选"FTP 服务"和"FTP 扩展"复选框，单击"下一步"按钮，如图 10-4 所示。

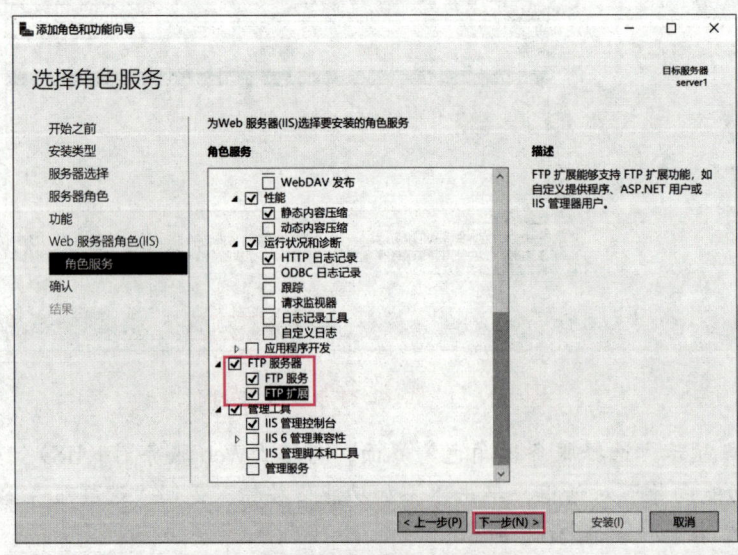

图 10-4　"选择角色服务"界面

项目 10　配置 FTP 服务器

步骤 6▶ 显示"确认安装所选内容"界面，单击"安装"按钮，开始安装 FTP 服务器。

步骤 7▶ 显示"安装进度"界面，待 FTP 服务器安装完成，单击"关闭"按钮，关闭"添加角色和功能向导"窗口，如图 10-5 所示。

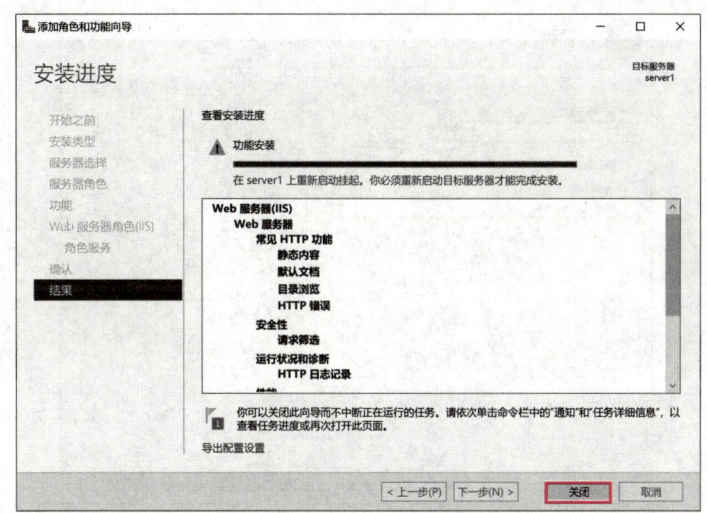

图 10-5　完成 FTP 服务器的安装

10.3.3　任务 3　新建 FTP 站点

新建 FTP 站点

在 FTP 服务器中新建 FTP 站点的具体操作步骤如下。

步骤 1▶ 创建为客户端提供资源的文件夹。本例在 D 盘根目录中创建文件夹"电信系教学资料"，在该文件夹中创建文件夹"系共享资源"。

步骤 2▶ 在"服务器管理器"窗口中选择"工具"→"Internet Information Services（IIS）管理器"选项，打开"Internet Information Services（IIS）管理器"窗口，右击"网站"，在弹出的快捷菜单中选择"添加 FTP 站点"选项，如图 10-6 所示。

图 10-6　"Internet Information Services（IIS）管理器"窗口

步骤3▶ 弹出"添加 FTP 站点"对话框,在"FTP 站点名称"文本框中输入"ftp1",设置"物理路径"为"D:\电信系教学资料",单击"下一步"按钮,如图 10-7 所示。

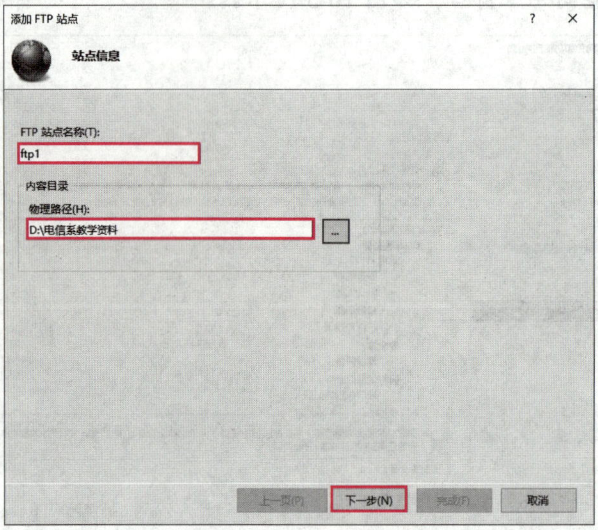

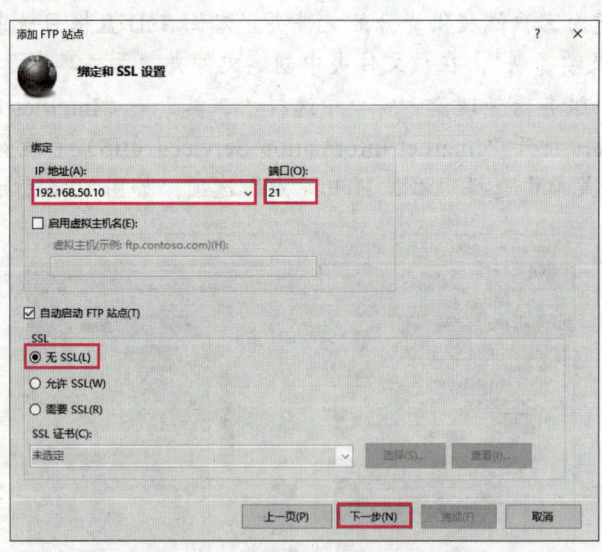

图 10-7　添加 FTP 站点信息

步骤4▶ 显示"绑定和 SSL 设置"界面,绑定 IP 地址设置为"192.168.50.10",端口号保持默认值"21",SSL 选择"无 SSL"单选按钮,单击"下一步"按钮,如图 10-8 所示。

图 10-8　"绑定和 SSL 设置"界面

步骤5▶ 显示"身份验证和授权信息"界面,身份验证勾选"匿名"复选框,在"允许访问"下拉列表框中选择"匿名用户"选项,权限勾选"读取"复选框("读取"权限可以下载文件,"写入"权限可以上传和下载文件),单击"完成"按钮,如图 10-9 所示。

项目 10　配置 FTP 服务器

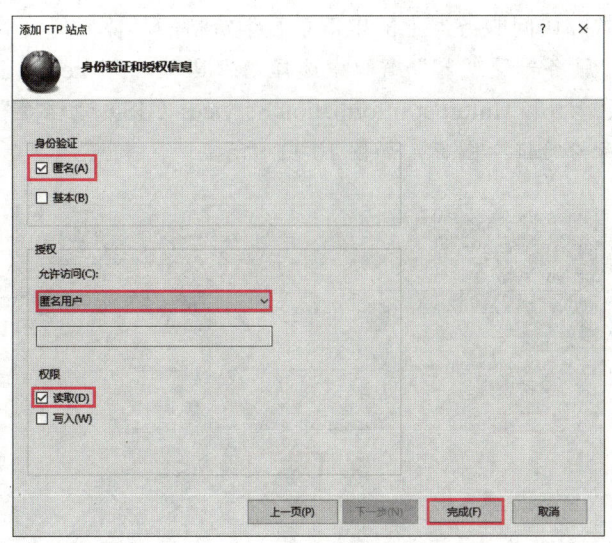

图 10-9　"身份验证和授权信息"界面

10.3.4　任务 4　客户端匿名访问 FTP 站点

在客户端上打开"文件资源管理器"窗口，在地址栏中输入 FTP 站点的 IP 地址"ftp://192.168.50.10"，按"Enter"键，登录到 FTP 站点"D:\电信系教学资料"文件夹下，在客户端看到的是"系共享资源"文件夹，而不是"电信系教学资料"文件夹，如图 10-10 所示。此时，客户端默认是以匿名用户的身份登录的，可以下载资料，因为权限所限不能上传文件。

客户端匿名访问 FTP 站点

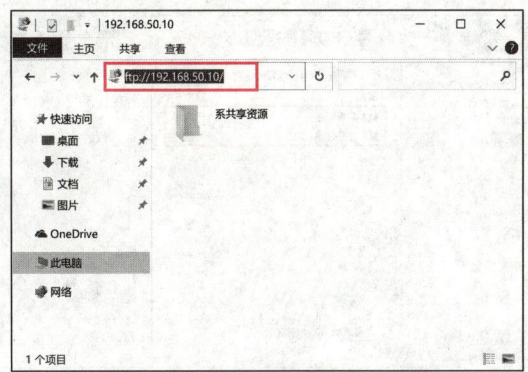

图 10-10　客户端成功打开 FTP 站点

10.3.5　任务 5　设置安全的 FTP 站点

为了安全考虑，可将 FTP 站点身份验证设置为"基本身份验证"。这样，只有使用合法的用户名和密码才能登录 FTP 站点。

设置安全的 FTP 站点

FTP 站点启用"基本身份验证"后，可设置特定用户访问 FTP 站点的指定资源。例如，

199

设置只允许电信系教师访问服务器上的电信系教学资料的具体操作步骤如下。

步骤 1▶ 在"服务器管理器"窗口中选择"工具"→"Internet Information Services（IIS）管理器"选项，打开"Internet Information Services（IIS）管理器"窗口，选择"ftp1"站点，双击"FTP 身份验证"图标，如图 10-11 所示。

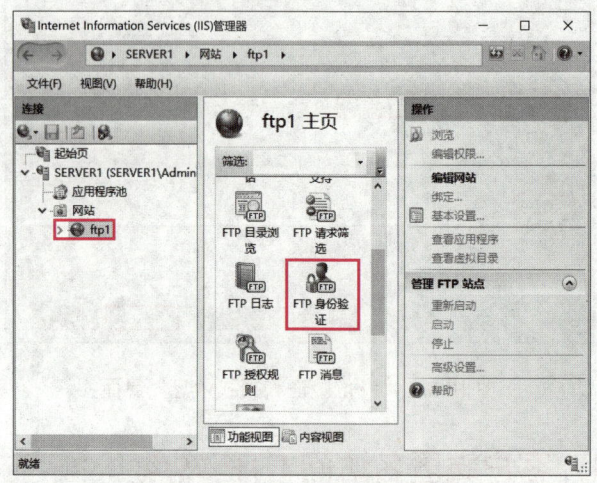

图 10-11 "Internet Information Services（IIS）管理器"窗口

步骤 2▶ 显示"FTP 身份验证"界面，启用"基本身份验证"，禁用"匿名身份验证"，如图 10-12 所示。

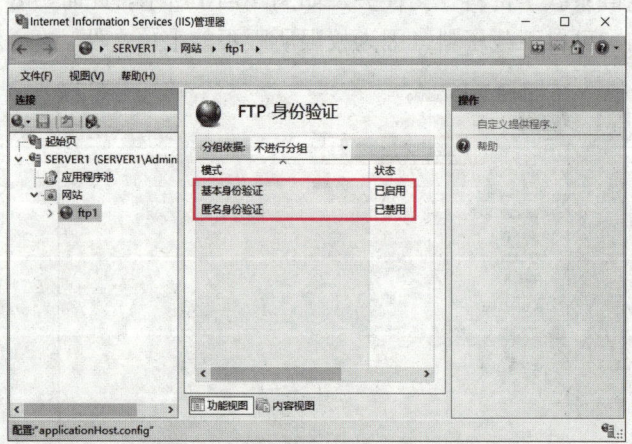

图 10-12 "FTP 身份验证"界面

步骤 3▶ 在"服务器管理器"窗口中选择"工具"→"计算机管理"选项，打开"计算机管理"窗口，创建用户账户"chilaoshi""menglaoshi"，创建组"dxx"，然后在"dxx"组中添加成员"chilaoshi""menglaoshi"，如图 10-13 所示。

项目 10　配置 FTP 服务器

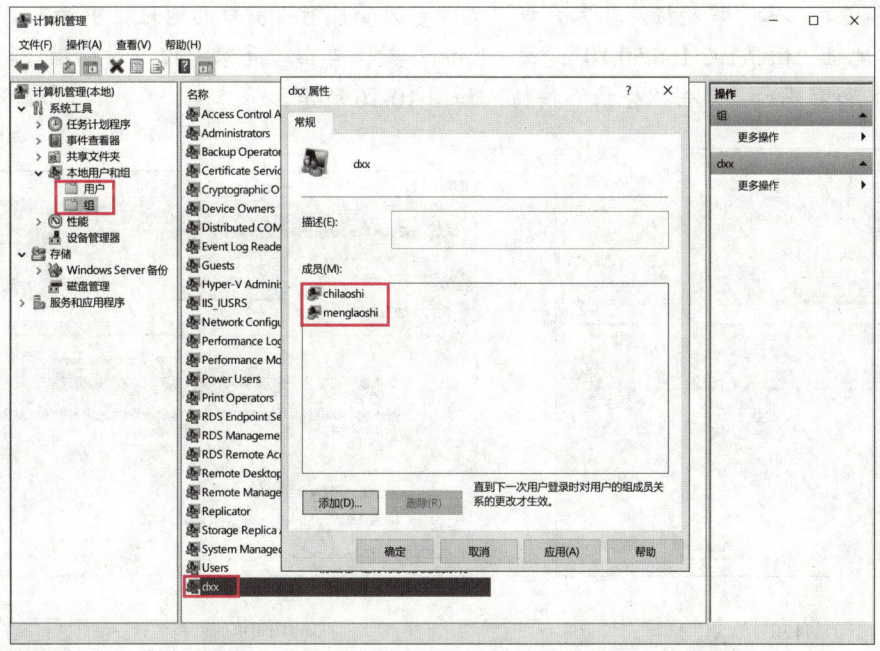

图 10-13　"dxx"组成员

步骤 4▶ 在"Internet Information Services（IIS）管理器"窗口中，选择"ftp1"站点，双击"FTP 授权规则"图标。

步骤 5▶ 显示"FTP 授权规则"界面，在"操作"窗格中选择"添加允许规则"选项，如图 10-14 所示。

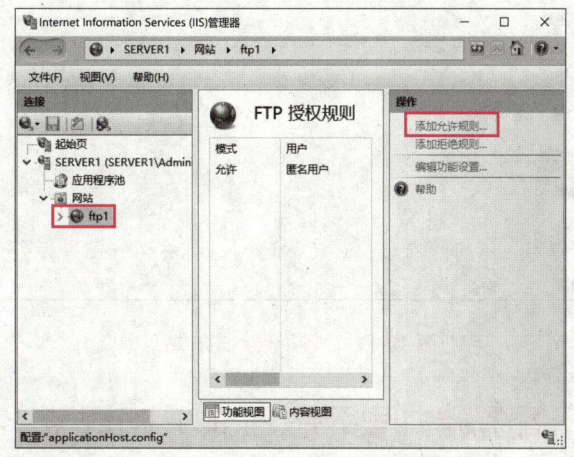

图 10-14　"FTP 授权规则"界面

步骤 6▶ 弹出"添加允许授权规则"对话框，选择"指定的角色或用户组"单选按钮，在其下方文本框中输入"dxx"，权限勾选"读取"和"写入"复选框，单击"确定"按钮，如图 10-15 所示。

201

步骤 7 ▶ 客户端验证。在客户端"文件资源管理器"窗口的地址栏中输入 FTP 服务器的 IP 地址"ftp://192.168.50.10",按"Enter"键,弹出"登录身份"对话框,输入正确的用户名和密码后,单击"登录"按钮,如图 10-16 所示。

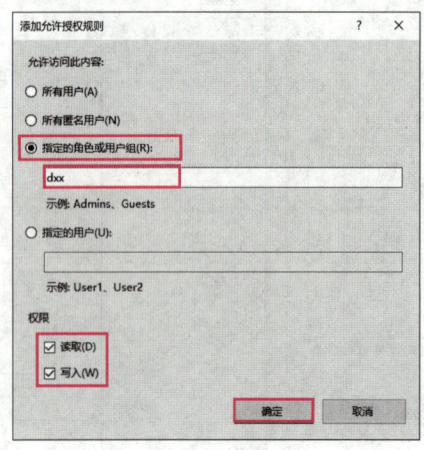

图 10-15 "添加允许授权规则"对话框

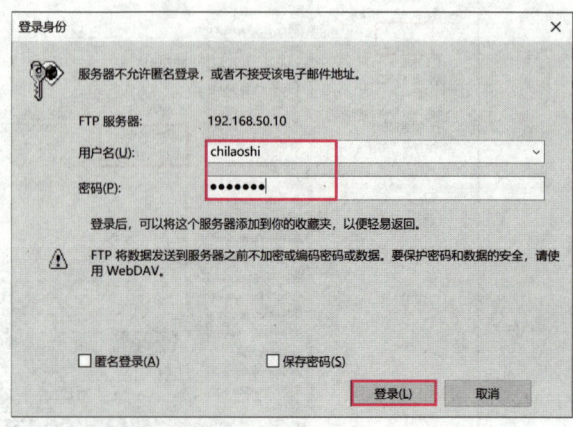

图 10-16 登录 FTP 站点

步骤 8 ▶ 成功登录 FTP 站点,用户可下载或上传资料,如图 10-17 所示。

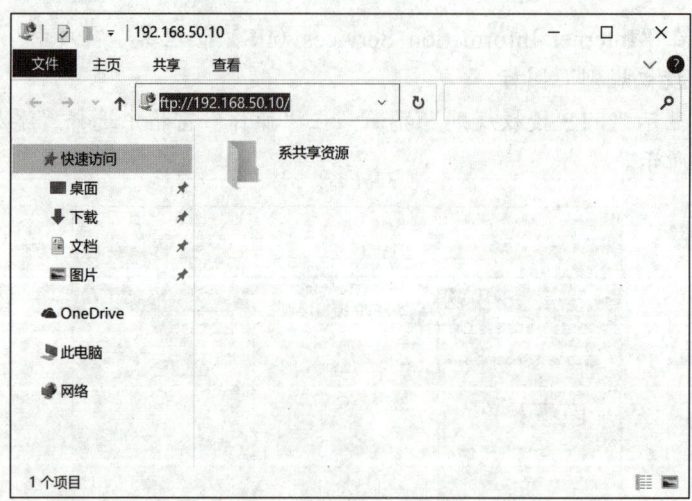

图 10-17 成功登录 FTP 站点

10.3.6 任务 6 配置端口号不是 21 的 FTP 站点

FTP 站点的默认访问端口号是 21,可以将其更改为 221 或 2121 等。例如,将"ftp1"站点的访问端口号改为 2121 的具体操作步骤如下。

步骤 1 ▶ 在"Internet Information Services(IIS)管理器"窗口中,选择"ftp1"站点,在"操作"窗格中选择"绑定"选项,如图 10-18 所示。

配置端口号不是 21 的 FTP 站点

项目 10　配置 FTP 服务器

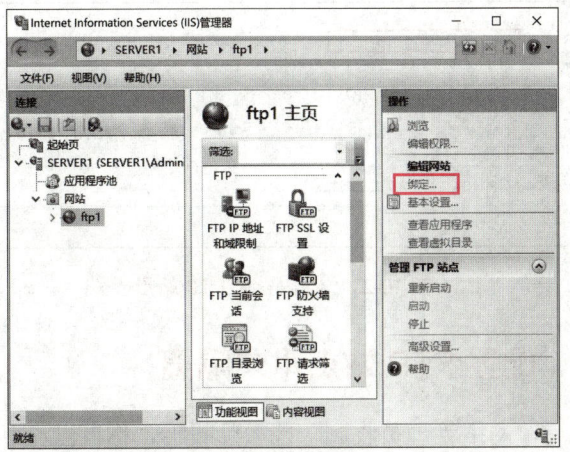

图 10-18　"Internet Information Services（IIS）管理器"窗口

步骤 2▶ 弹出"网站绑定"对话框，选择要重新设置端口号的 FTP 站点，单击"编辑"按钮，如图 10-19 所示。

步骤 3▶ 弹出"编辑网站绑定"对话框，将"端口"设置为"2121"，单击"确定"按钮，保存设置，如图 10-20 所示。

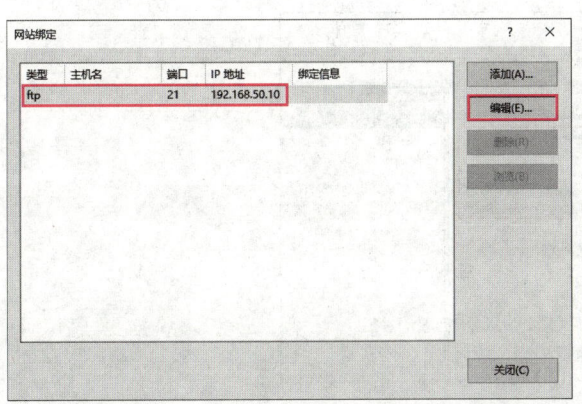 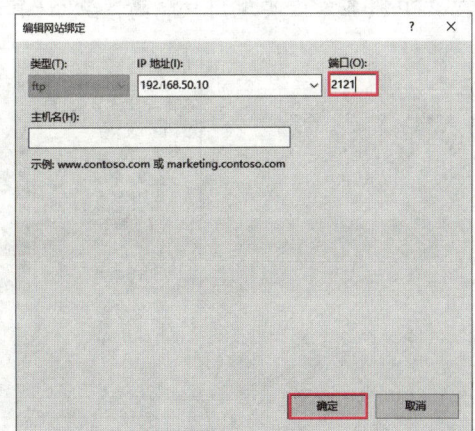

图 10-19　"网站绑定"对话框　　　　　　图 10-20　"编辑网站绑定"对话框

步骤 4▶ 返回"网站绑定"对话框，单击"关闭"按钮，关闭对话框。

步骤 5▶ 打开客户端浏览器，在地址栏中输入"ftp://192.168.50.10:2121/"，按"Enter"键，成功登录 FTP 站点，如图 10-21 所示。

> **提示**
>
> 如果 FTP 站点绑定了非 21 端口，则客户端访问时需要在 FTP 站点的 IP 地址后面加上对应的端口号，格式为"ftp://FTP 服务器的 IP 地址:端口号"。

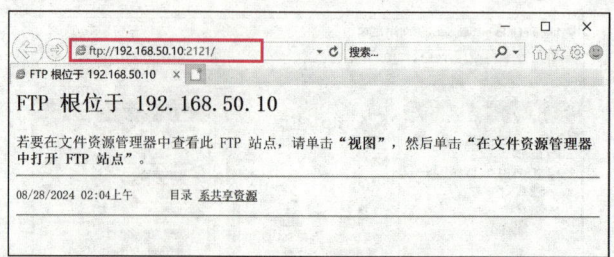

图 10-21　成功登录 FTP 站点

10.3.7　任务 7　配置 FTP 站点用户隔离

配置 FTP 站点用户隔离

FTP 服务器运行后，网络管理员收到一些教师投诉，称自己上传的文件被其他用户误删、修改。那么如何让大家共同使用一台 FTP 服务器而又不会相互影响呢？解决方案就是用户隔离。

在 FTP 服务器上配置用户隔离后，不同的用户登录，会看到不同的文件目录，当前用户不会影响其他用户目录下的文件。

配置 FTP 站点用户隔离的具体操作步骤如下。

步骤 1▶ 创建账户。假如有 3 个用户"chilaoshi""jianglaoshi""menglaoshi"，需要在 FTP 服务器上实现用户隔离，在"计算机管理"窗口中创建这 3 个账户，如图 10-22 所示。

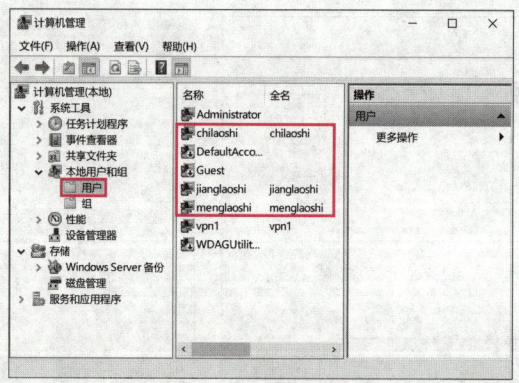

图 10-22　创建的账户信息

步骤 2▶ 规划 FTP 站点目录结构。本例规划 FTP 站点的主目录为"D:\ftpgeli"，在该目录中创建一个名为"LocalUser"的子文件夹，在"LocalUser"文件夹中创建 3 个和用户账户名对应的文件夹，并在各个文件夹中创建一个和用户账户名对应的文本文件，如图 10-23 所示。

> **提示**
>
> FTP 站点主目录下的子文件夹名必须是"LocalUser"，并且在该文件夹中创建的用户文件夹名必须和用户账户使用完全相同的名称，否则将无法使用该用户账户登录 FTP 站点。

项目 10　配置 FTP 服务器

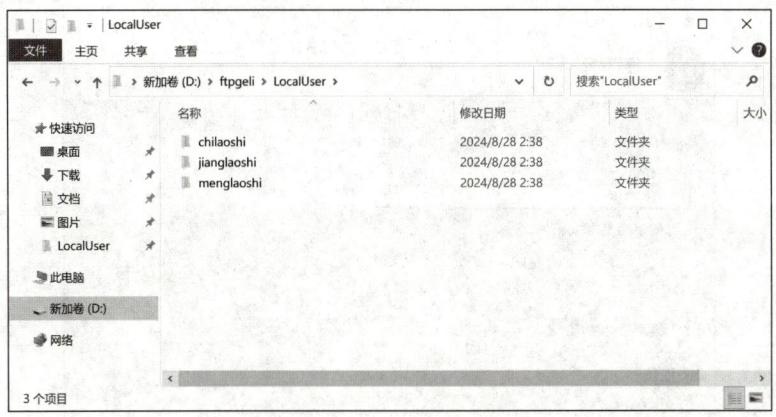

图 10-23　FTP 站点目录结构

步骤 3▶ 创建用户隔离的 FTP 站点。在"Internet Information Services（IIS）管理器"窗口中，右击"网站"，在弹出的快捷菜单中选择"添加 FTP 站点"选项，弹出"添加 FTP 站点"对话框，FTP 站点名称设置为"ftp2"，物理路径设置为"D:\ftpgeli"，单击"下一步"按钮，如图 10-24 所示。

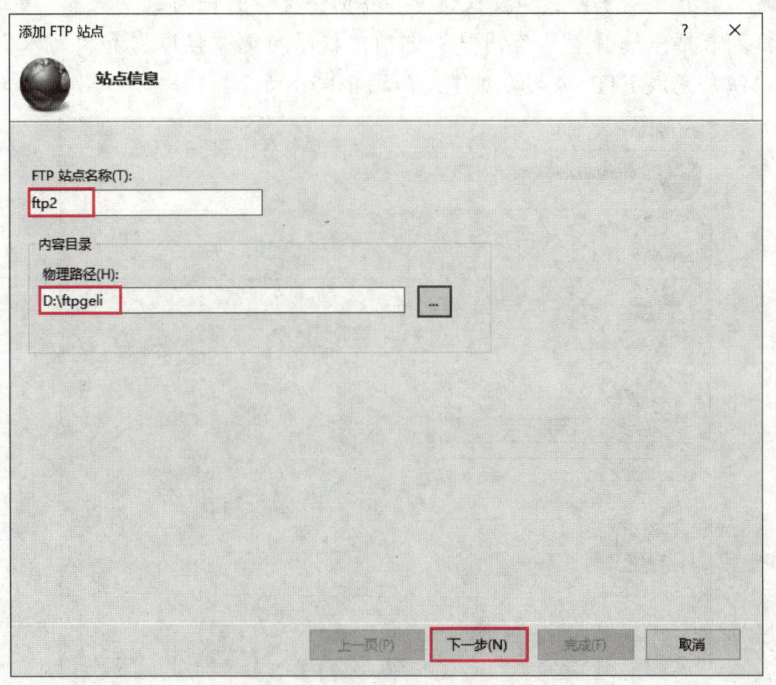

图 10-24　"添加 FTP 站点"对话框

步骤 4▶ 显示"绑定和 SSL 设置"界面，绑定 IP 地址设置为"192.168.50.10"，SSL 选择"无 SSL"单选按钮，单击"下一步"按钮，如图 10-25 所示。

205

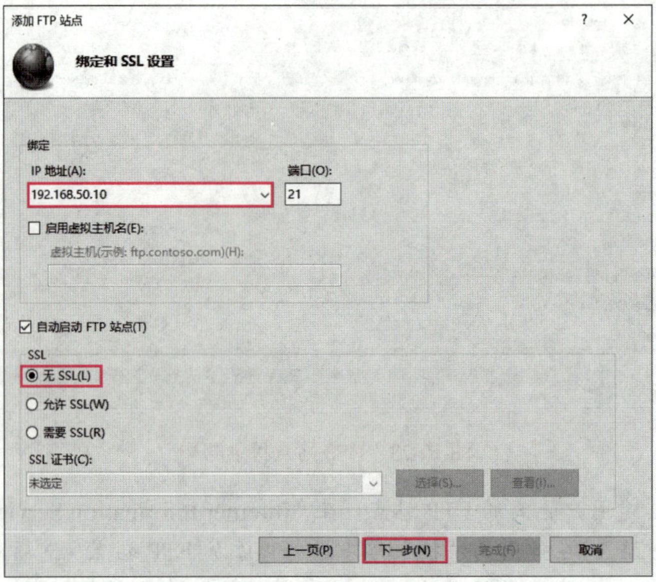

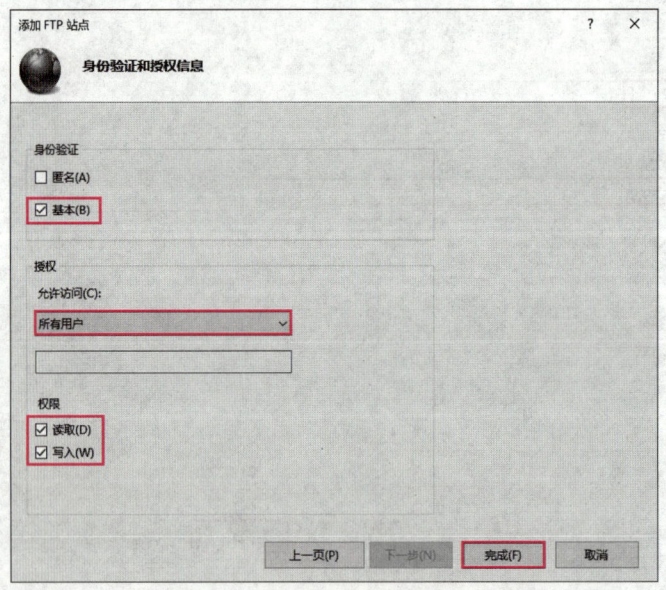

图 10-25 "绑定和 SSL 设置"界面

步骤 5▶ 显示"身份验证和授权信息"界面,身份验证勾选"基本"复选框,在"允许访问"下拉列表框中选择"所有用户"选项,权限勾选"读取"和"写入"复选框,单击"完成"按钮,完成 FTP 站点的创建,如图 10-26 所示。

图 10-26 "身份验证和授权信息"界面

> **提 示**
>
> 如果 ftp1 站点和 ftp2 站点使用的 IP 地址和端口号相同,则必须停止 ftp1 站点后,才能启动 ftp2 站点。

步骤 6▶ 在"Internet Information Services（IIS）管理器"窗口中，选择"ftp2"站点，双击"FTP 用户隔离"图标，打开"FTP 用户隔离"界面，选择"用户名物理目录（启用全局虚拟目录）"单选按钮，单击"应用"按钮，保存设置，如图 10-27 所示。

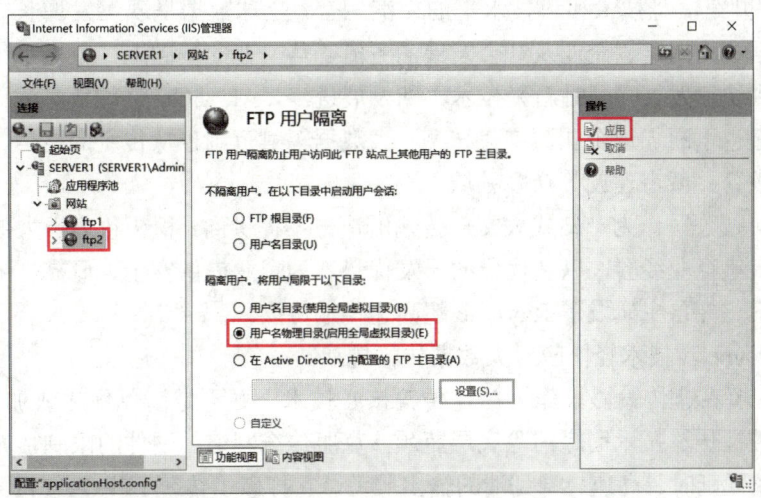

图 10-27 设置 FTP 用户隔离

步骤 7▶ 客户端访问用户隔离的 FTP 站点。在客户端分别使用"jianglaoshi""chilaoshi""menglaoshi"3 个用户登录，登录成功后分别登录到和自己用户名对应的文件夹下，实现了用户隔离。如图 10-28 和图 10-29 所示为用户"jianglaoshi""chilaoshi"登录成功后显示的界面。

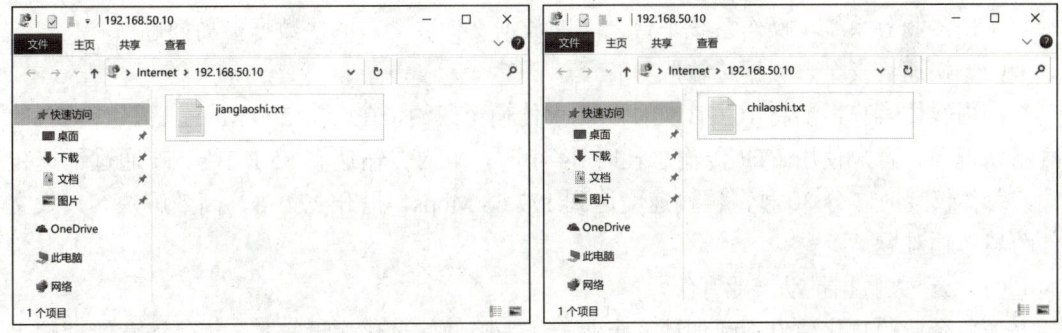

图 10-28 用户"jianglaoshi"登录后显示的界面　　图 10-29 用户"chilaoshi"登录后显示的界面

10.4 举一反三

（1）为本班级搭建一台 FTP 服务器，用于班级同学的资料下载。要求 FTP 服务器可以匿名访问，匿名用户只有读取权限，无法写入文件。

（2）为本班级搭建一台 FTP 服务器，用于班级同学的资料备份。要求 FTP 服务器禁用匿名访问，且实现用户隔离，用户拥有读取和写入权限。

10.5 拓展阅读——镭速传输，大数据传输加速先行者

随着 21 世纪信息技术和科技水平的交汇融合，全球数据呈现爆发增长、海量聚集的特点。大数据成为国家、企业及社会发展的主流趋势。在此基础上，数据采集、传输、存储及分析得到快速发展，同时新兴技术不断发展进步，AI、5G、区块链、云计算、数据中台的快速崛起也不断加速企业数字化转型。大数据辐射范围也从传统的电信、金融逐步扩展到医疗、教育、城市建设等众多领域。

国内某科技公司作为一站式大文件传输解决方案提供商，积极致力于大数据产业快速发展，依托多年行业经验，以及优异的研发优势，为企业提供安全、可靠、高效的大数据传输解决方案，并自主研发了 Raysync 超高速传输协议。

（1）Raysync 新技术轻松应对大数据传输挑战。

Raysync 超高速传输协议作为镭速传输核心技术，并不是简单优化或加速数据传输，而是利用突破性传输技术彻底消除底层瓶颈，克服传统网络、硬件的限制，充分利用网络带宽，实现超低延时、高速、端到端的输出服务。它打破了传统 FTP、HTTP 的传输缺陷，传输速率提升近百倍，带宽利用率达 96%以上，提供高度安全保护，能够轻松满足 TB 级别大文件和海量小文件安全、可控、稳定的数据传输需求。

同时，针对企业的数据交互，提供跨平台、全方面支持，实现企业内、企业间的传输标准化。镭速智能数据压缩、间歇传输技术也能够有效减轻网络负荷，优异的断点续传、数据校验技术确保数据传输稳定可靠，智能管理系统实现数据交互、同步、备份等企业业务需求，高集成性能够实现快速集成到企业现有 OA、ERP 等系统，有效降低企业研发成本，实现各业务系统与操作系统平台之间的数据文件联动，解决数据孤岛问题。

（2）快速、安全、数据传输服务。

国内媒体客户需要将 10 GB 文件从北京传输至纽约，在带宽 200 Mbps、丢包率 5%的网络情况下，客户使用 FTP 传输总耗时 34 小时，平均传输速率 85 KiB/s。若通过镭速传输，总体仅耗时 7 分 30 秒，传输速度达到 177.68 Mbps，提升 272 倍，高效解决客户大文件跨境传输难题。

（3）云+大数据推动产业升级。

随着企业信息化建设不断加速，企业云作为降低信息化建设成本、优化运营管理的手段，逐步成为信息化建设的主趋势。镭速传输与企业云服务紧密结合，以传输+云服务解决方案的服务模式，针对企业公有云、数据私有云、混合云等众多云模式提供数据传输保障，协助企业轻松实现数据云备份、数据同步、迁移等多种业务需求。

10.6 项目检测

1. 选择题

（1）在文件传输服务中，客户端和服务器之间利用（ ）连接。
　　A．TCP　　　　B．FTP　　　　C．POP3　　　　D．SMTP

（2）关于 FTP，下列描述中错误的是（ ）。
　　A．FTP 使用多个端口号
　　B．FTP 可以上传文件，也可以下载文件
　　C．FTP 报文通过 UDP 报文传送
　　D．FTP 是应用层协议

2. 填空题

（1）FTP 服务的中文名称是_____。
（2）FTP 服务有_____和_____两种工作模式。

3. 简答题

（1）FTP 的主要作用是什么？
（2）部署 FTP 服务器时如何保证各用户之间的信息安全？

项目 11

配置 VPN 服务器

无论是出差在外,还是在家办公,公司员工都可以通过 Internet 连接公司的内部网络。不过,Internet 传输具有很高的开放性,因此安全性较低。此时,可利用 VPN 技术与公司内部网络进行安全连接。本项目介绍在 Windows Server 2022 网络操作系统中配置 VPN 服务器的方法。通过本项目的学习,读者应达到以下目标。

知识目标

- 了解 VPN 的概念及特点。
- 了解 VPN 的部署场合。

能力目标

- 能设置 VPN 服务器的管理环境。
- 能安装 VPN 服务器。
- 能配置并启用路由和远程访问服务。
- 能在 VPN 服务器上创建具有远程访问权限的用户。
- 能在客户端上建立 VPN 连接并登录。

素质目标

- 增强追求卓越、拼搏创新的意识。
- 领略工匠风采,弘扬攻坚克难、精益求精的工匠精神。

11.1 项目背景

铁道学院的教师去外地出差，在当地连上 Internet 后，想访问铁道学院内网的服务器资源。为了使出差的教职员工能够安全地访问铁道学院内网的服务器资源，需要在学院部署一台 VPN 服务器。

11.2 相关知识

1. VPN 概述

虚拟专用网络（virtual private network, VPN）是一种在公用网络上建立专用网络的技术。VPN 之所以称为虚拟网，是因为整个 VPN 网络的任意两个节点之间的连接并没有传统专网所需要的端到端的物理链路，而是架构在公用网络服务商所提供的网络平台上，如 Internet，ATM（异步传输模式），Frame Relay（帧中继）等之上的逻辑网络，用户数据在逻辑链路中传输，如图 11-1 所示。

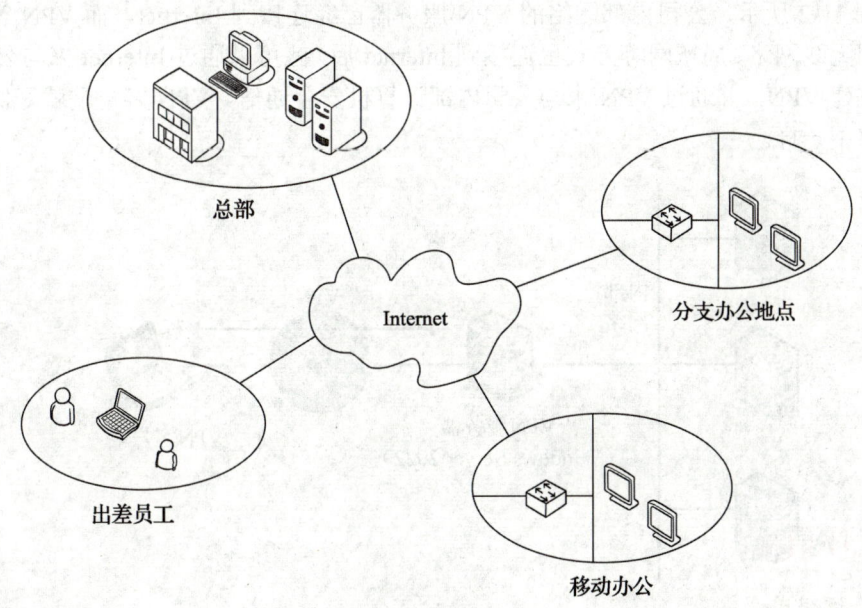

图 11-1 VPN 应用

VPN 具有以下特点。

（1）使用 VPN 可降低成本。通过公用网来建立 VPN，可以节省大量的通信费用，不必投入大量的人力和物力去安装和维护 WAN（广域网）设备和远程访问设备。

（2）传输数据安全可靠。虚拟专用网产品均采用加密及身份验证等安全技术，保证连接用户的可靠性及传输数据的安全和保密性。

（3）连接方便灵活。用户如果想与合作伙伴联网，如果没有虚拟专用网，双方的信息技术部门就必须协商如何在双方之间建立租用线路或帧中继线路，有了虚拟专用网之后，只需要双方配置安全连接信息即可。

（4）支持最常用的网络协议。VPN 支持最常用的网络协议，如以太网、TCP/IP 和 IPX 等网络上的用户均可使用 VPN。不仅如此，VPN 也支持任何支持远程访问的网络协议，这意味着可以远程运行依赖于特殊网络协议的程序。

（5）完全控制。虚拟专用网使用户完全掌握自己网络控制权的同时，又可以利用 ISP 的设施和服务。用户只利用 ISP 提供的网络资源，对于其他的安全设置、网络管理变化可由自己掌控。

（6）管理方便灵活。架构 VPN 只需要较少的网络设备及物理线路，使网络的管理变得较为轻松；不论是分公司还是远程访问用户，均只需要通过一个公用网络端口或 Internet 的路径即可进入企业网络，公用网络承担了网络管理的重要工作，关键任务可获得所必须的带宽。

2. VPN 的部署场合

通常来说，部署 VPN 的场合有以下两种。

（1）远程访问 VPN（remote access VPN connection）。

如图 11-2 所示，公司内部网络的 VPN 服务器已经连接到 Internet，而 VPN 客户端在外地利用无线网络、局域网等方式也连接到 Internet 后，就可以通过 Internet 来与公司 VPN 服务器创建 VPN，并通过 VPN 来与公司内部计算机安全通信。VPN 客户端就好像在公司内部网络中一样。

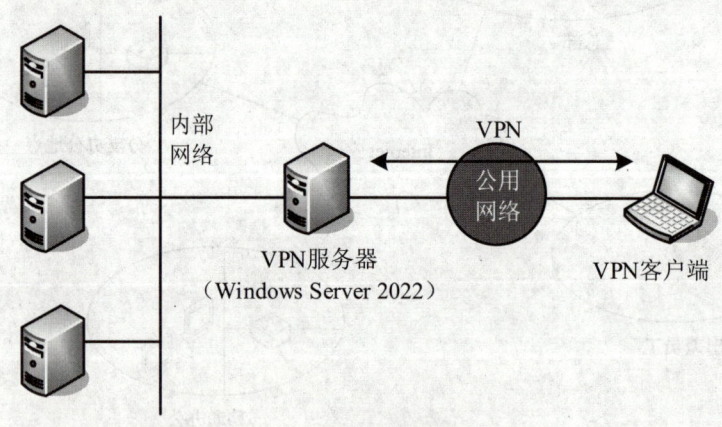

图 11-2　远程访问 VPN

（2）站点对站点 VPN 连接（site-to-site VPN connection）。

如图 11-3 所示，站点对站点 VPN 连接又称路由器对路由器 VPN 连接（router-to-router VPN connection），图中两个局域网的 VPN 服务器都连接到 Internet，并且通过 Internet 创建 VPN，它让两个网络内的计算机相互之间可以通过 VPN 来安全通信，两地的计算机就好像是处在同一个网络中。

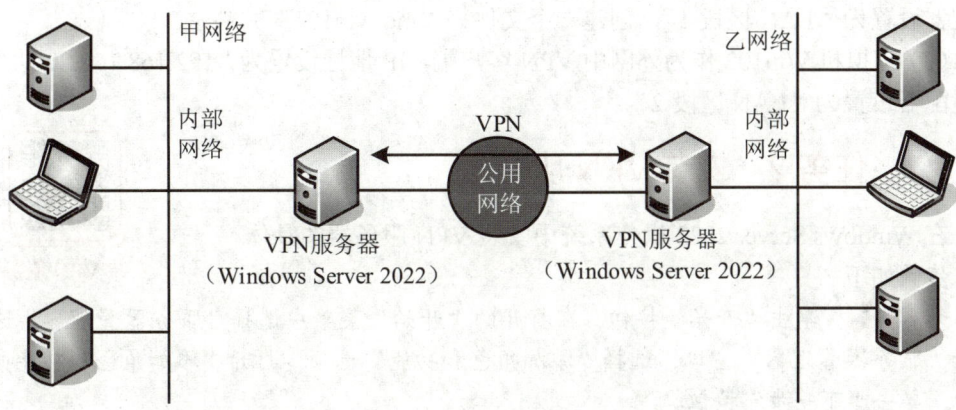

图 11-3 站点对站点 VPN 连接

11.3 项目过程

项目过程可分为以下几个任务执行。
（1）设置项目环境。
（2）安装 VPN 服务器。
（3）配置并启用路由和远程访问服务。
（4）创建具有远程访问权限的用户。
（5）在客户端上建立 VPN 连接并登录。

11.3.1 任务 1 项目环境设置

开启 3 台虚拟机，一台运行 Windows Server 2022 操作系统；其余两台运行 Windows 10 操作系统，一台命名为"Win101"，另一台命名为"Win102"。

3 台虚拟机在本项目中的角色如下。

（1）运行 Windows Server 2022 操作系统的虚拟机作为 VPN 服务器。在 VPN 服务器上添加一块网卡，两块网卡的配置如下。

> **提示**
>
> 本项目并未真正连接到 Internet，而是用两个网段进行模拟，LAN 区段 1 模拟内网，LAN 区段 2 模拟外网。

① Ethernet0（网络适配器）：连接内网，设置 IP 地址为"192.168.50.10/24"，网络适配器设置为"LAN 区段 1"。

② Ethernet1（网络适配器 2）：连接外网，设置 IP 地址为"192.168.150.10/24"，网络适配器设置为"LAN 区段 2"。

（2）虚拟机 Win101 作为内网中某台计算机，IP 地址设置为"192.168.50.20/24"，网络适配器设置为"LAN 区段 1",创建一个文件夹"mqjwin101"并共享。

(3) 虚拟机 Win102 作为外网中 VPN 客户端,IP 地址设置为"192.168.150.20/24",网络适配器设置为"LAN 区段 2"。

11.3.2 任务 2　安装 VPN 服务器

在 Windows Server 2022 操作系统中安装 VPN 服务器的具体操作步骤如下。

安装 VPN 服务器

步骤 1▶　单击"开始"按钮,在打开的"开始"菜单中选择"服务器管理器"选项,打开"服务器管理器"窗口,选择"添加角色和功能"选项,打开"添加角色和功能向导"窗口,单击"下一步"按钮。

步骤 2▶　显示"选择安装类型"界面,保持选择"基于角色或基于功能的安装"单选按钮,单击"下一步"按钮。

步骤 3▶　显示"选择目标服务器"界面,选择"从服务器池中选择服务器"单选按钮,安装程序自动检测到服务器的网络连接,确认 VPN 服务器上两个网卡的 IP 地址无误后(如果 IP 地址异常,则关闭"添加角色和功能向导"和"服务器管理器"窗口,然后从步骤 1 开始重新操作),单击"下一步"按钮,如图 11-4 所示。

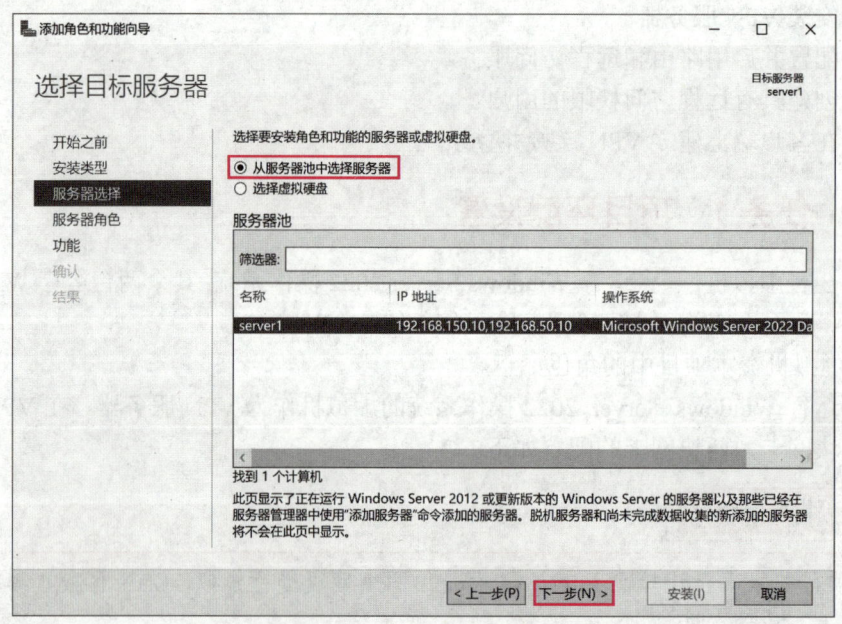

图 11-4　"选择目标服务器"界面

步骤 4▶　显示"选择服务器角色"界面,勾选"远程访问"复选框,单击"下一步"按钮,如图 11-5 所示。

步骤 5▶　显示"选择功能"界面,保持默认设置,单击"下一步"按钮。

步骤 6▶　显示"远程访问"界面,查看远程访问简介,单击"下一步"按钮。

项目 11 配置 VPN 服务器

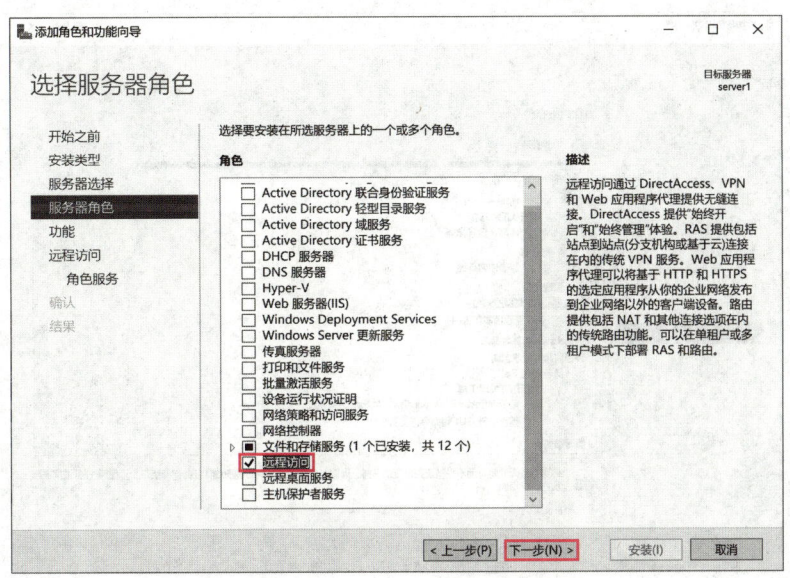

图 11-5 "选择服务器角色"界面

步骤 7 显示"选择角色服务"界面，勾选"DirectAccess 和 VPN（RAS）"复选框，弹出"添加角色和功能向导"对话框，单击"添加功能"按钮，返回"选择角色服务"界面，单击"下一步"按钮，如图 11-6 所示。

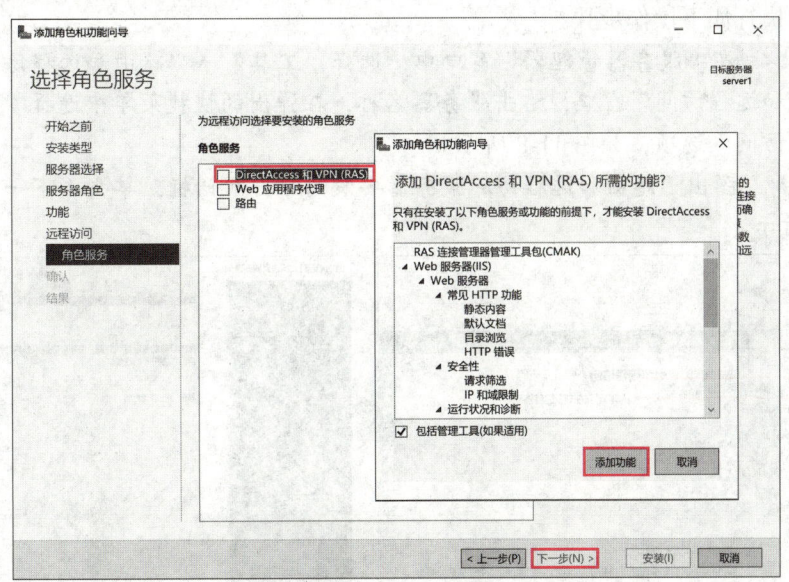

图 11-6 选择角色服务"DirectAccess 和 VPN（RAS）所需的功能"

步骤 8 显示"确认安装所选内容"界面，单击"安装"按钮开始安装 VPN 服务器。
步骤 9 显示"安装进度"界面，待 VPN 服务器安装完成，单击"关闭"按钮，关闭"添加角色和功能向导"窗口，如图 11-7 所示。

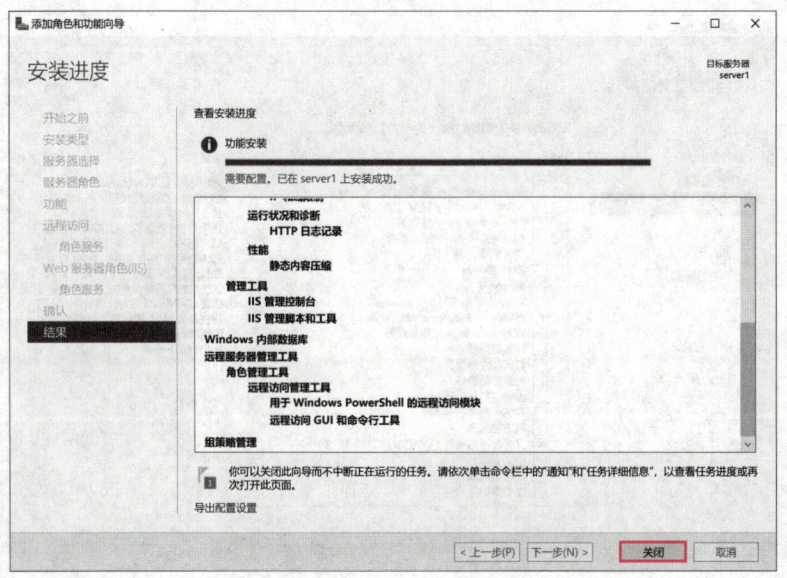

图 11-7 VPN 服务器安装成功

11.3.3 任务 3 配置并启用路由和远程访问服务

配置并启用路由和远程访问服务

默认情况下，VPN 服务器没有启用路由和远程访问服务，要启用该服务，可执行如下操作步骤。

步骤 1▶ 在"服务器管理器"窗口中，选择"工具"→"路由和远程访问"选项，打开"路由和远程访问"窗口，右击服务器名称，在弹出的快捷菜单中选择"配置并启用路由和远程访问"选项，如图 11-8 所示。

步骤 2▶ 弹出"路由和远程访问服务器安装向导"对话框，单击"下一步"按钮，如图 11-9 所示。

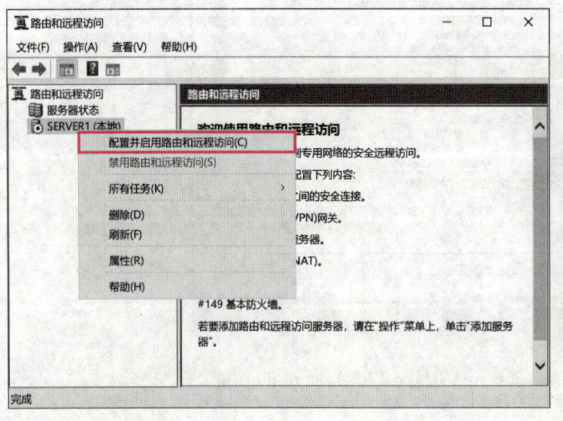
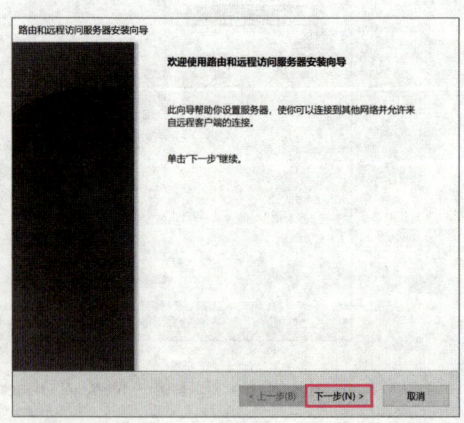

图 11-8 "路由和远程访问"窗口　　　图 11-9 "路由和远程访问服务器安装向导"对话框

步骤 3▶ 显示"配置"界面，选择"远程访问（拨号或 VPN）"单选按钮，单击"下一步"按钮，如图 11-10 所示。

项目 11 配置 VPN 服务器

步骤 4▶ 显示"远程访问"界面，勾选"VPN"复选框，单击"下一步"按钮，如图 11-11 所示。

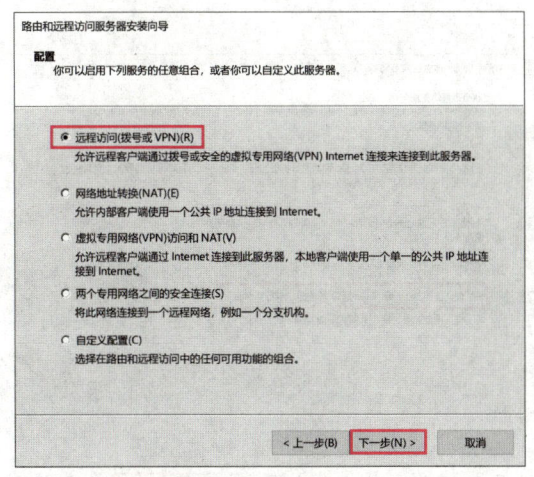

图 11-10 "配置"界面

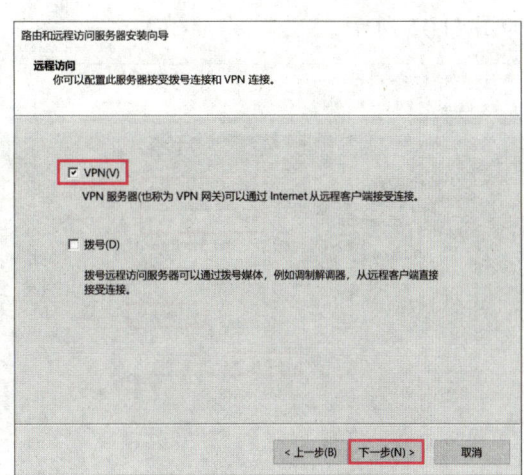

图 11-11 "远程访问"界面

步骤 5▶ 显示"VPN 连接"界面，网络接口选择"Ethernet1"，单击"下一步"按钮，如图 11-12 所示。

步骤 6▶ 显示"IP 地址分配"界面，选择"来自一个指定的地址范围"单选按钮（如果企业内部网络中有 DHCP 服务器可以自动给 VPN 客户端分配 IP 地址，可选择"自动"单选按钮），单击"下一步"按钮，如图 11-13 所示。

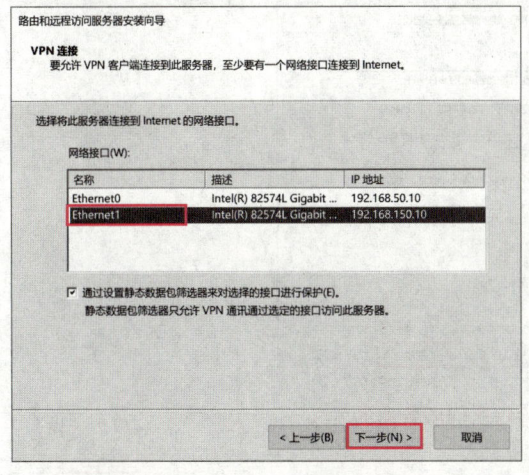

图 11-12 "VPN 连接"界面

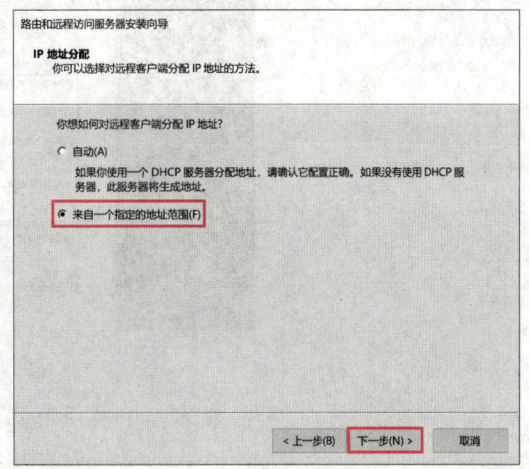

图 11-13 "IP 地址分配"界面

步骤 7▶ 显示"地址范围分配"界面，单击"新建"按钮，弹出"新建 IPv4 地址范围"对话框，设置给 VPN 客户端分配的 IP 地址范围，单击"确定"按钮，返回"地址范围分配"界面，单击"下一步"按钮，如图 11-14 所示。

步骤 8▶ 显示"管理多个远程访问服务器"界面，如果由本地服务器验证，选择"否，使用路由和远程访问来对连接请求进行身份验证"单选按钮；如果由 RADIUS 服务

217

器验证,则选择"是,设置此服务器与 RADIUS 服务器一起工作"单选按钮,此处选择"否,使用路由和远程访问来对连接请求进行身份验证"单选按钮,单击"下一步"按钮,如图 11-15 所示。

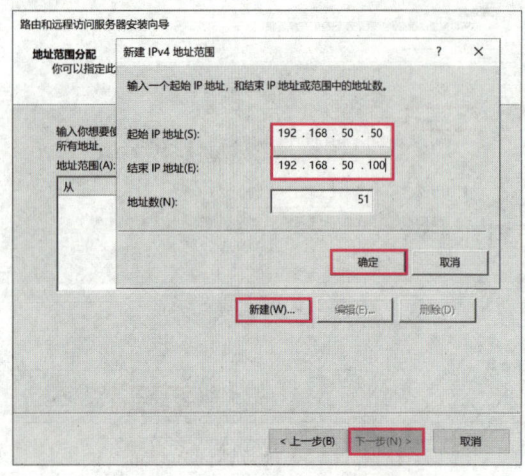
图 11-14　IP 地址范围分配

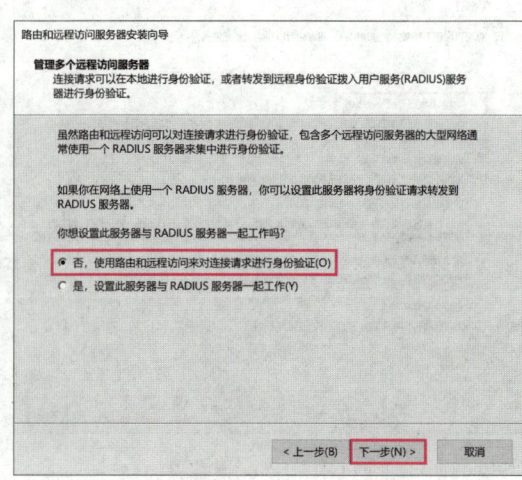
图 11-15　"管理多个远程访问服务器"界面

步骤 9▶ 显示"正在完成路由和远程访问服务器安装向导"界面,单击"完成"按钮,完成路由和远程访问服务器的安装,如图 11-16 所示。

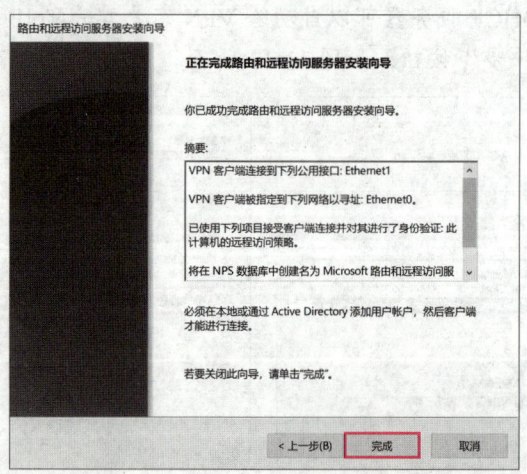
图 11-16　完成路由和远程访问服务器的安装

11.3.4　任务 4　创建具有远程访问权限的用户

客户端远程访问 VPN 服务器时,必须验证用户的身份(用户名和密码)。客户端身份验证通过后,就可以访问 VPN 服务器中指定的资源。创建具有远程访问权限的用户的具体操作步骤如下。

创建具有远程访问权限的用户

步骤 1▶ 在 VPN 服务器的"服务器管理器"窗口中,选择"工具"→"计算机管理"

选项，打开"计算机管理"窗口，新建用户"vpn1"，如图 11-17 所示。

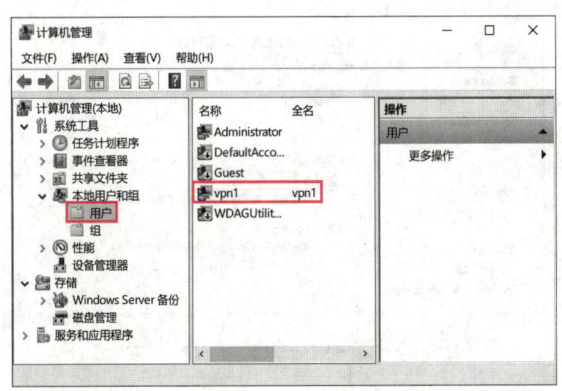

图 11-17 "计算机管理"窗口

步骤 2▶ 右击"vpn1"用户，在弹出的快捷菜单中选择"属性"选项，弹出"vpn1 属性"对话框，切换到"拨入"选项卡，网络访问权限选择"允许访问"单选按钮，单击"确定"按钮，保存设置，如图 11-18 所示。

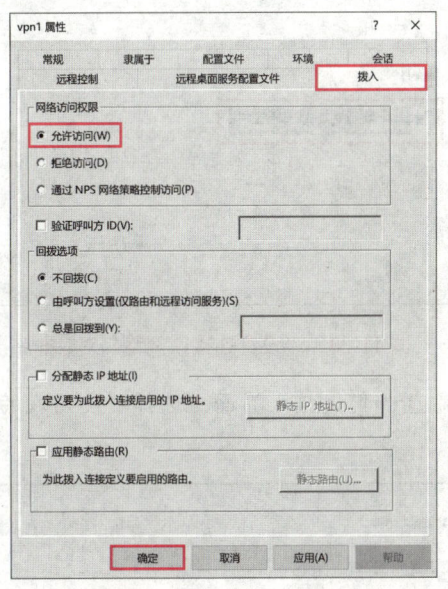

图 11-18 用户"vpn1"网络访问权限设置

11.3.5 任务 5 在客户端上建立 VPN 连接并登录

在 VPN 客户端上建立 VPN 连接并登录的具体操作步骤如下。

步骤 1▶ 在客户端 Win102 中，右击桌面上的"网络"图标，在弹出的快捷菜单中选择"属性"选项，打开"网络和共享中心"窗口，选择"设置新的连接或网络"选项，如图 11-19 所示。

在客户端上建立 VPN 连接并登录

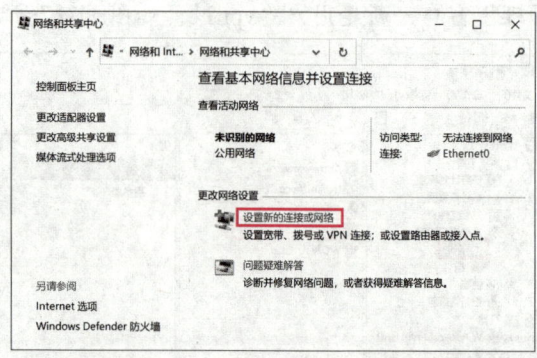

图 11-19 "网络和共享中心"窗口

步骤 2▶ 弹出"设置连接或网络"对话框,选择"连接到工作区"选项,单击"下一页"按钮,如图 11-20 所示。

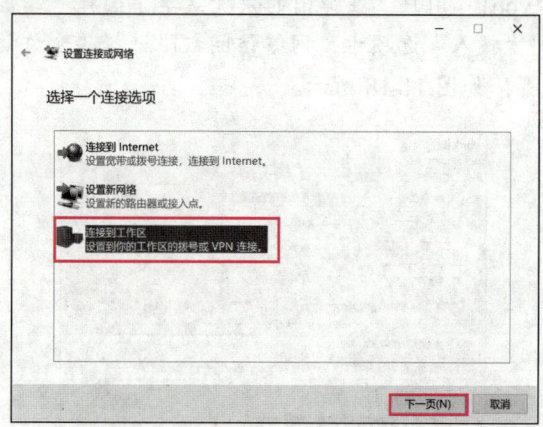

图 11-20 "设置连接或网络"对话框

步骤 3▶ 显示"你希望如何连接"界面,选择"使用我的 Internet 连接(VPN)"选项,如图 11-21 所示。

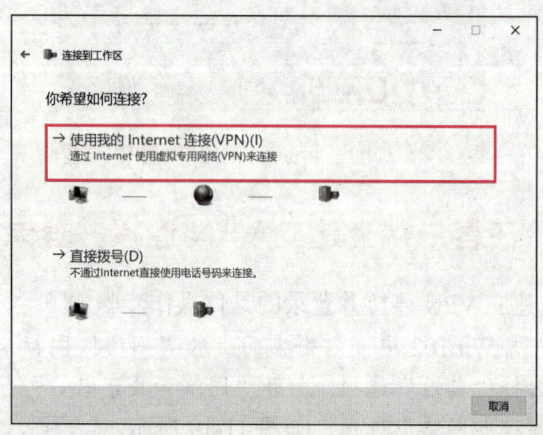

图 11-21 "你希望如何连接"界面

项目 11　配置 VPN 服务器

步骤 4▶ 显示"你想在继续之前设置 Internet 连接吗"界面,选择"我将稍后设置 Internet 连接"选项,如图 11-22 所示。

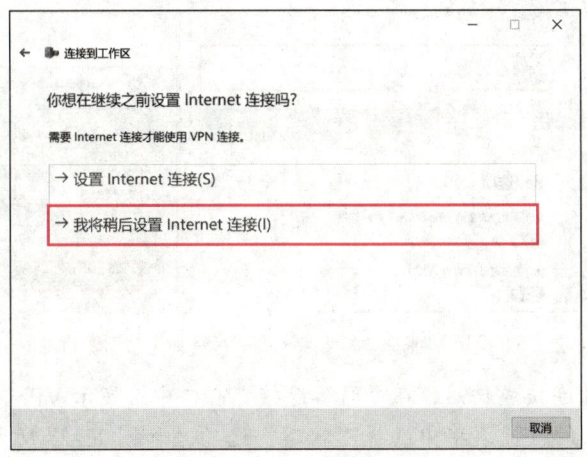

图 11-22　"你想在继续之前设置 Internet 连接吗"界面

步骤 5▶ 显示"键入要连接的 Internet 地址"界面,在"Internet 地址"文本框中输入 VPN 服务器外网接口的 IP 地址"192.168.150.10",单击"创建"按钮,完成 VPN 连接的创建,如图 11-23 所示。

步骤 6▶ 在"网络和共享中心"窗口中,选择"更改适配器设置"选项,打开"网络连接"窗口,双击"VPN 连接"图标,如图 11-24 所示。

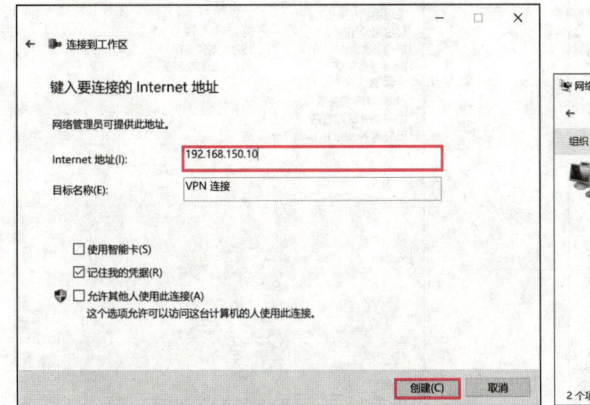 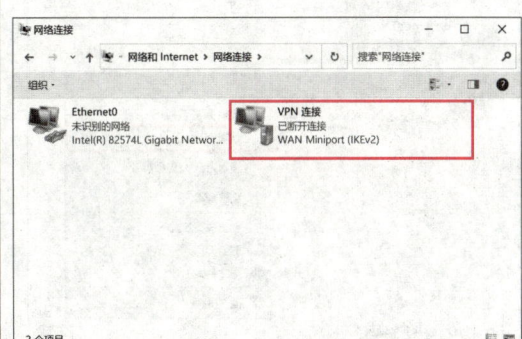

图 11-23　设置要连接的 Internet 地址　　　　图 11-24　"网络连接"窗口

步骤 7▶ 打开"设置"窗口,选择"VPN 连接无 Internet"选项,单击"连接"按钮,如图 11-25 所示。

步骤 8▶ 弹出用户登录对话框,输入具有远程访问权限的用户名和密码,单击"确定"按钮,如图 11-26 所示。

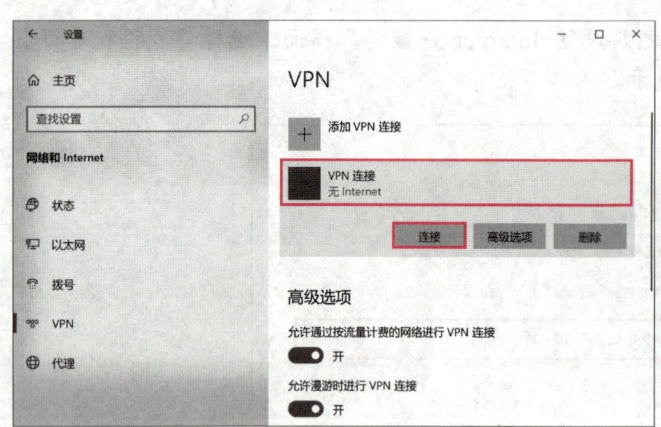

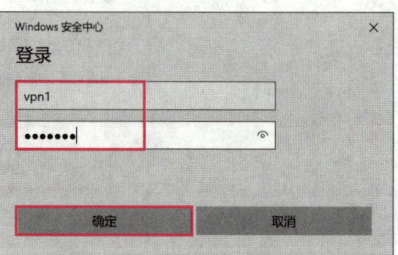

图 11-25 "设置"窗口　　　　　　　　　图 11-26 远程用户身份验证

步骤 9▶ VPN 连接成功后，在"网络连接"窗口中，显示 VPN 已连接，右击"VPN 连接"图标，在弹出的快捷菜单中选择"状态"选项，如图 11-27 所示。

步骤 10▶ 弹出"VPN 连接状态"对话框，单击"详细信息"按钮，弹出"网络连接详细信息"对话框。

步骤 11▶ 在"网络连接详细信息"对话框中，查看 VPN 连接详情，其中客户端"IPv4 地址"是外网的远程客户端映射为内网的 IP 地址"192.168.50.51"，如图 11-28 所示。

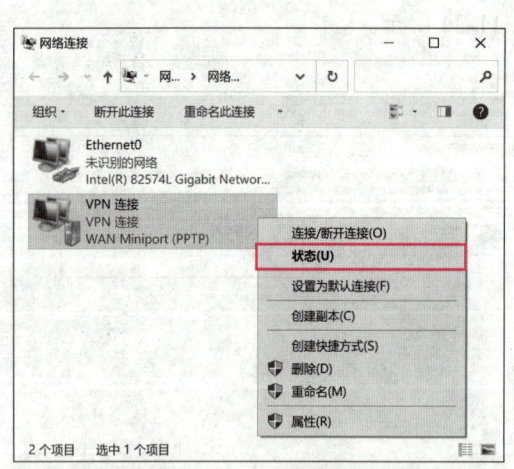

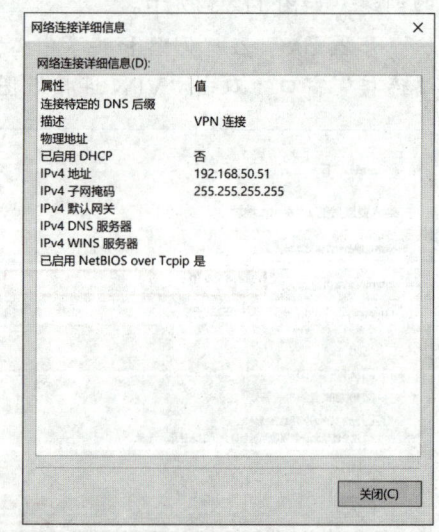

图 11-27 "网络连接"窗口　　　　　　　图 11-28 "网络连接详细信息"对话框

步骤 12▶ 在客户端上打开"命令提示符"窗口，ping 内网 VPN 服务器和 Win101 计算机的 IP 地址，可以 ping 通，如图 11-29 所示。

> **提示**
>
> 此时 VPN 客户端再去 ping VPN 服务器外网接口地址不能 ping 通，在 VPN 配置之前可以 ping 通。

项目 11　配置 VPN 服务器

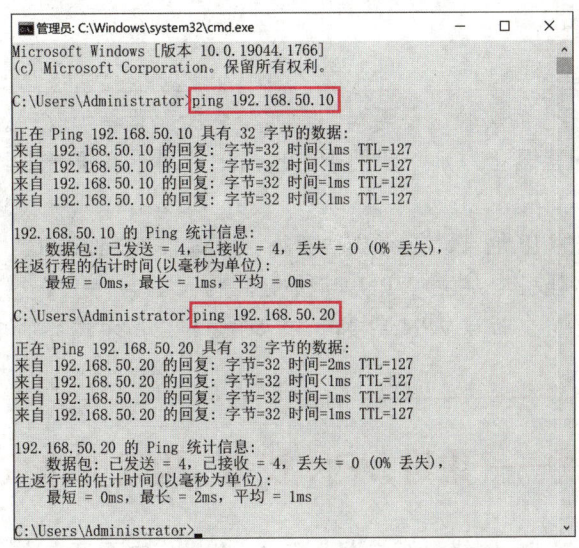

图 11-29　ping 内网 VPN 服务器和 Win101 计算机的 IP 地址

步骤 13▶ 在客户端上打开"文件资源管理器"窗口，在地址栏中输入"\\192.168.50.20"，按"Enter"键，可以正常访问内网计算机 win101 的共享文件夹，如图 11-30 所示。

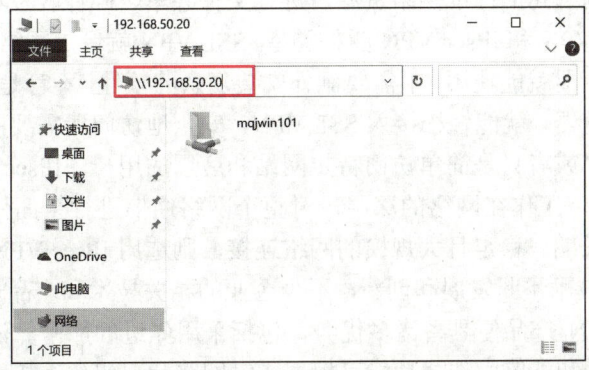

图 11-30　客户端访问内网资源

11.4　举一反三

在前面的实验中，我们使用了 3 台虚拟机，实验过程中并没有真正连接到 Internet，只是用两个网段进行模拟，LAN1 模拟内网，LAN2 模拟外网。

为了更接近于实际应用，现使用一台物理机、两台虚拟机来完成这个实验，并在实验中真正连接到外网。

可以将物理机作为远程客户端，一台运行 Windows Server 2022 操作系统的虚拟机作为 VPN 服务器，一台运行 Windows 10 操作系统的虚拟机作为内网的一台计算机。因为物理机连接到外网会更方便，而且在一台物理机上运行两台虚拟机要比运行 3 台虚拟机速度快。

> **提示**
>
> 要完成举一反三中的实验,需要对前面实验中的配置稍加改动。
> (1)在 VPN 服务器上添加一块网卡 Ethernet1,用于真正连接到外网,将网络适配器 2 设置为桥接模式。
> (2)将物理机的 IP 地址设置为自动获得,使其接入 Internet。
> (3)由于在物理机中建立 VPN 连接前,物理机与 VPN 服务器都已经连接到 Internet,因此在物理机上新建 VPN 连接时,在如图 11-22 所示的界面中选择"设置 Internet 连接"选项。

11.5 拓展阅读——走进 VPN 技术:构建网络安全的重要力量

在当今数字化的时代,网络已经成为人们生活和工作中不可或缺的一部分。而 VPN 技术作为保障网络安全和实现远程访问的手段,正发挥着日益重要的作用。

VPN 通过在公共网络上建立专用通道,对传输的数据进行加密,可以有效地防止数据在传输过程中被窃取或篡改。对于远程办公的人员来说,VPN 让他们能够如同身处公司内部一样,安全地访问公司的内部网络资源,进行文件共享、邮件收发和业务处理。

VPN 分为 SSL VPN 和 IPsec VPN 两种类型,SSL VPN 就像是网络世界里的便捷通道,它通常通过网页浏览器就能使用,不需要额外安装复杂的软件,不管是用计算机还是手机,只要能上网打开浏览器,就能轻松接入 SSL VPN,安全地访问所需要的资源。它适合那些偶尔需要远程办公,或者只是简单访问特定网站和应用的用户。IPsec VPN 则更像是一位严谨的"安保专家",工作在网络的深层,对整个网络通信进行全面保护。如果企业有多个分支机构,需要长期、稳定且大规模的网络连接,则选用 IPsec VPN 更为合适。

在国内,VPN 技术不断发展和创新,不少企业的相关技术和产品表现出色。例如,某科技公司推出的 VPN 产品便具备诸多优势,包括采用先进的加密算法,极大地增强了数据的保密性;提供的智能路由选择功能可根据实时网络状况优化连接路径,保障传输速度和稳定性;等等。

成功案例比比皆是。某大型金融机构利用 VPN 技术,实现了全国各地分支机构与总部之间的安全数据传输。这不仅保障了客户的金融信息安全,还确保了业务的连续性和高效性。一家跨国电商企业通过部署 VPN 服务,使得分布在全球的员工能够实时访问企业的库存管理系统和客户数据库,大幅提升了运营效率和客户服务质量。

然而,我们必须认识到,网络安全是总体国家安全观的重要组成部分。在使用 VPN 技术时,必须遵循国家法律法规和相关政策。合法合规地使用 VPN 服务,是维护国家安全、社会公共利益和公民合法权益的必然要求。未经电信主管部门批准,私自使用非法的 VPN 服务,可能会导致国家安全信息泄露、网络秩序混乱等严重后果。

展望未来,VPN 技术呈现出令人期待的发展趋势。随着云计算技术的广泛应用,VPN 将与之深度融合,为企业提供更加灵活的网络架构。同时,随着物联网的快速发展,大量的物联网设备需要安全的连接和通信，VPN 将为物联网提供可靠的加密和认证机制，保障设备之间的数据传输安全。

总之，VPN 技术在不断演进和发展，为我们的数字生活提供了坚实的保障和更多的可能性。但在使用过程中，我们要始终坚持总体国家安全观，确保技术的应用合法合规，为维护国家安全和社会稳定贡献力量。

11.6 项目检测

1. 填空题

（1）VPN 的中文名称是_____。
（2）VPN 是一种在_____上建立_____的技术。

2. 简答题

（1）VPN 是什么？
（2）VPN 的部署场合主要有哪两种？

3. 操作题

部署 VPN 服务器并通过远程客户端访问。

项目 12

配置数字证书服务器

在网络通信中,通常利用数字证书为传输的数据进行加密,这样即使数据被人截获,也无法获得数据内容,从而保护用户信息的安全。本项目介绍在 Windows Server 2022 网络操作系统中配置数字证书服务器的方法。通过本项目的学习,读者应达到以下目标。

知识目标

- 了解数字证书的概念。
- 了解数字证书的工作原理。
- 了解数字证书的存放方式。
- 了解 HTTPS 协议工作过程。

能力目标

- 能设置数字证书服务器的管理环境。
- 能安装与配置数字证书服务器。
- 能为 Web 服务器申请数字证书。
- 能颁发数字证书。
- 能下载数字证书并导入 Web 网站。
- 能为 Web 网站绑定数字证书并启用 SSL。
- 能在客户端上申请数字证书。

素质目标

- 提高逻辑严谨、思维缜密的问题分析能力。
- 提高信息安全意识,勇于承担维护信息安全的责任。

项目 12　配置数字证书服务器

12.1　项目背景

铁道学院学生处将学生的成绩信息部署到了一个专用的 Web 服务器上,为了保证数据传输的安全性,网络管理部门需要部署数字证书服务器来保护学生处的专用 Web 服务器,并给学生颁发数字证书来鉴别学生身份。

12.2　相关知识

1. 认识数字证书

数字证书（digital certificate）是一个经证书授权中心数字签名的包含公开密钥拥有者信息及公开密钥的文件。最简单的数字证书包含一个公开密钥、名称及数字证书授权中心的数字签名。数字证书只在特定的时间段内有效。用户需要向数字证书颁发机构（certificate authority, CA）申请数字证书。

目前,在网络上传输信息普遍使用 X.590 V3 格式的数字证书。在数字信息传输前,传输双方互相交换数字证书,验证彼此身份,然后,发送方利用数字证书中的加密密钥和签名密钥对要传输的数字信息进行加密和签名。这样可保证只有合法的用户才能接收该信息,同时保证了传输信息的机密性、真实性、完整性和不可否认性,从而保证网上信息的安全传输。

2. 数字证书工作原理

数字证书是一种广泛应用于网络安全领域的加密技术,它基于公钥体制,利用一对相互匹配的密钥——公钥和私钥,来实现信息的加密、解密、签名和验证。数字签名就是只有信息的发送者才能产生的、别人无法伪造的一段数字串,这段数字串是对信息发送者所发送信息真实性的一个有效证明。

下面,通过小张和朋友之间通信联系来说明公钥、私钥、数字签名、数字证书之间的相互关系和工作原理。

小张有两个好朋友,分别是小任和小苏。

（1）小张有两把钥匙,一把是公钥,另一把是私钥,他把公钥送给他的两个好朋友小任、小苏每人一把。

（2）小苏要给小张写一封保密的信。她写完后用小张的公钥加密,就可以达到保密的效果。小张收到信后,用私钥解密,就看到了信件内容。只要小张的私钥不泄露,这封信就是安全的,即使落在别人手里,也无法解密。

（3）小张给小苏回信,决定采用"数字签名"。他写完后先用 Hash( )函数,生成信件的摘要,然后用私钥对这个摘要加密,生成"数字签名",并将"数字签名"附在信件下面,一起发给小苏。

（4）小苏收到信后，取下数字签名，用小张的公钥解密，得到信件的摘要。由此可以证明，这封信确实是小张发出的。小苏再对信件本身使用 Hash( )函数，将得到的结果与刚刚解密得到的摘要进行对比。如果两者一致，就证明这封信未被修改过。

（5）期间，小任想欺骗小苏，他偷偷使用了小苏的计算机，用自己的公钥换走了小张的公钥。此时，小苏实际拥有的是小任的公钥，但是还以为这是小张的公钥。因此，小任冒充小张，用自己的私钥做成"数字签名"，写信给小苏，让小苏用假的小张公钥进行解密。

（6）接到小任的信后，小苏感觉不对劲，发现自己无法确定公钥是否真的属于小张。她想到了一个办法，要求小张去找证书中心（数字证书颁发机构），为公钥做认证。证书中心用自己的私钥，对小张的公钥和一些相关信息一起加密，生成数字证书。

（7）小张拿到数字证书以后，再给小苏写信，只要在签名的同时，再附上数字证书即可。

（8）小苏收到信后，用 CA 的公钥解开数字证书，就可以拿到小张的公钥，然后就能证明"数字签名"是否真的是小张签的。

3．数字证书的存放方式

数字证书可存放在计算机的硬盘、U 盘、IC 卡或 CPU 卡中。

（1）用户数字证书存放在计算机硬盘中时，使用方便，但数字证书所在计算机必须受到安全保护，否则一旦被攻击，数字证书就有可能被盗用。

（2）IC 卡中存放数字证书是一种使用较为广泛的方式。因为 IC 卡的成本较低，本身不易损坏，但是用 IC 卡加密时，用户的密钥会出卡，造成安全隐患。

（3）使用 CPU 卡存放数字证书时，用户的数字证书被加密存放在 CPU 卡中，无法盗用。在用 CPU 卡加密过程中，密钥可不出卡，安全级别较高，但相对来说，成本较高。

4．HTTPS 协议工作过程

超文本传输安全协议（hypertext transfer protocol secure，HTTPS）在 HTTP 的基础上加入了 SSL/TLS 加密层，用于在计算机网络上安全传输数据。HTTPS 的工作过程如下。

（1）客户端（浏览器）向服务器发出加密请求。

（2）服务器用自己的私钥加密网页后，连同本身的数字证书，一起发送给客户端。

（3）客户端验证服务器的数字证书。在客户端的"证书管理器"中存储有一个"受信任的根证书颁发机构"列表。客户端会根据这张列表，查看解开数字证书的公钥是否属于列表中的某个受信任根证书颁发机构所颁发的证书链。

（4）如果数字证书中记载的网址，与正在浏览的网址不一致，则说明这张证书可能被冒用，浏览器会发出警告，如图 12-1 所示。

项目 12　配置数字证书服务器

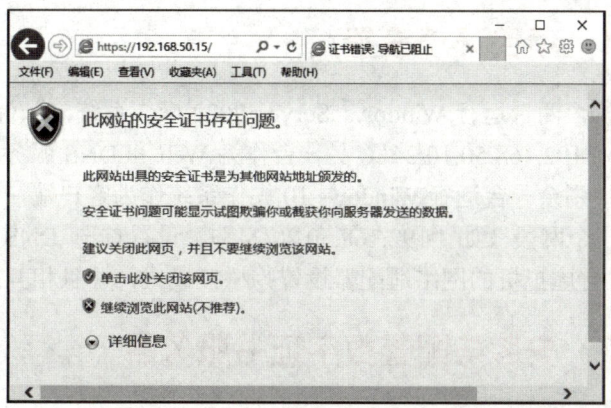

图 12-1　警告信息 1

（5）如果这张数字证书不是由受信任的机构颁发的，浏览器会发出另一种警告，如图 12-2 所示。

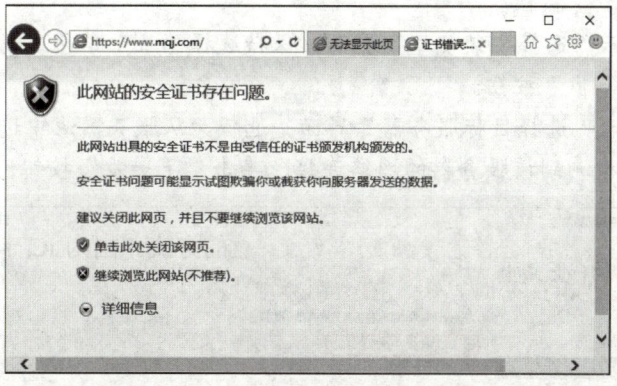

图 12-2　警告信息 2

（6）如果数字证书是可靠的，客户端就可以使用数字证书中的服务器公钥，对信息进行加密，然后与服务器交换加密信息。

12.3　项目过程

项目过程可分为以下几个任务执行。
（1）项目环境设置。
（2）安装与配置数字证书服务器。
（3）为 Web 服务器申请数字证书。
（4）颁发数字证书。
（5）下载数字证书并导入 Web 网站。
（6）为 Web 网站绑定数字证书并启用 SSL。
（7）客户端申请数字证书。

12.3.1　任务 1　项目环境设置

开启 3 台虚拟机，两台运行 Windows Server 2022 操作系统，一台作为数字证书服务器，设置 IP 地址为 "192.168.50.10/24"，另一台作为 Web 和 DNS 服务器，设置 IP 地址为 "192.168.50.15/24"；剩余一台运行 Windows 10 操作系统作为客户端，设置 IP 地址与服务器的 IP 地址在同一个网段（如 "192.168.50.20/24"），设置首选 DNS 服务器 IP 地址为 "192.168.50.15"。3 台虚拟机的网络适配器设置为桥接模式，并且相互之间能够 ping 通。

12.3.2　任务 2　安装与配置数字证书服务器

在 Windows Server 2022 操作系统中安装数字证书服务器的具体操作步骤如下。

步骤 1▶　单击"开始"按钮，在打开的"开始"菜单中选择"服务器管理器"选项，打开"服务器管理器"窗口，选择"添加角色和功能"选项，打开"添加角色和功能向导"窗口，单击"下一步"按钮。

步骤 2▶　显示"选择安装类型"界面，保持选择"基于角色或基于功能的安装"单选按钮，单击"下一步"按钮。

步骤 3▶　显示"选择目标服务器"界面，选择"从服务器池中选择服务器"单选按钮，安装程序自动检测到该服务器的网络连接，单击"下一步"按钮，如图 12-3 所示。

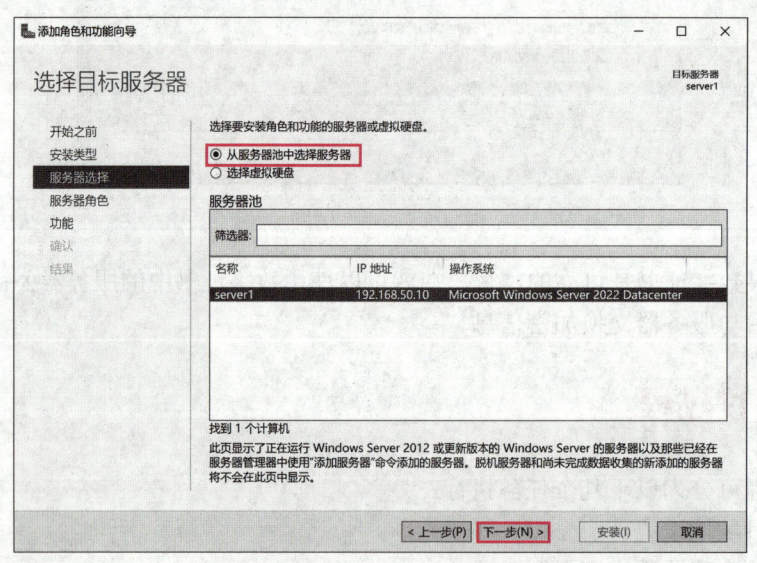

图 12-3　"选择目标服务器"界面

步骤 4▶　显示"选择服务器角色"界面，勾选"Active Directory 证书服务"复选框，弹出"添加角色和功能向导"对话框，单击"添加功能"按钮，返回"选择服务器角色"界面，单击"下一步"按钮，如图 12-4 所示。

项目 12 配置数字证书服务器

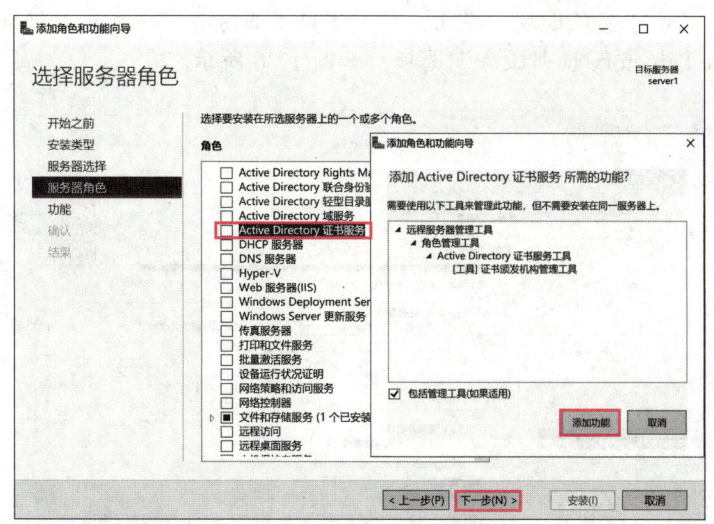

图 12-4 选择服务器角色 "Active Directory 证书服务"

步骤 5▶ 显示"选择功能"界面，保持默认设置，单击"下一步"按钮。

步骤 6▶ 显示"Active Directory 证书服务"界面，单击"下一步"按钮。

步骤 7▶ 显示"选择角色服务"界面，勾选"证书颁发机构"和"证书颁发机构 Web 注册"复选框，弹出"添加角色和功能向导"对话框，单击"添加功能"按钮，返回"选择角色服务"界面，单击"下一步"按钮，如图 12-5 所示。

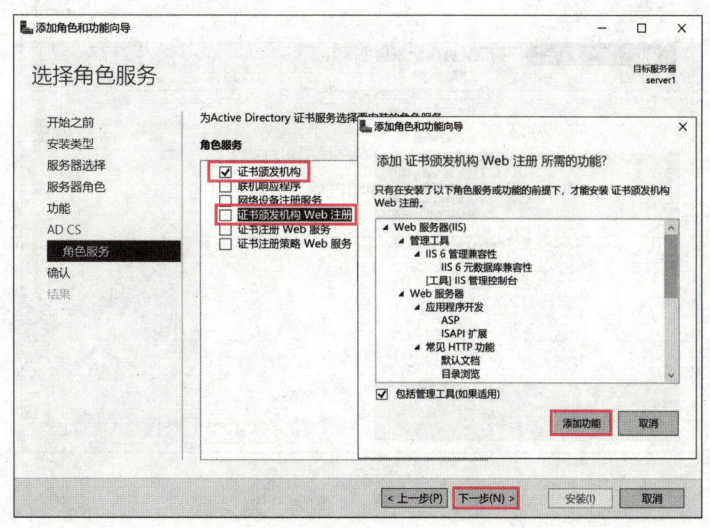

图 12-5 选择角色服务 "证书颁发机构" 和 "证书颁发机构 Web 注册"

步骤 8▶ 在接下来显示的界面中保持默认设置，直接单击"下一步"按钮，直至显示"确认安装所选内容"界面，单击"安装"按钮，开始安装数字证书服务器。

步骤 9▶ 显示"安装进度"界面,待数字证书服务器安装完成,选择"配置目标服务器上的 Active Directory 证书服务"选项,如图 12-6 所示。

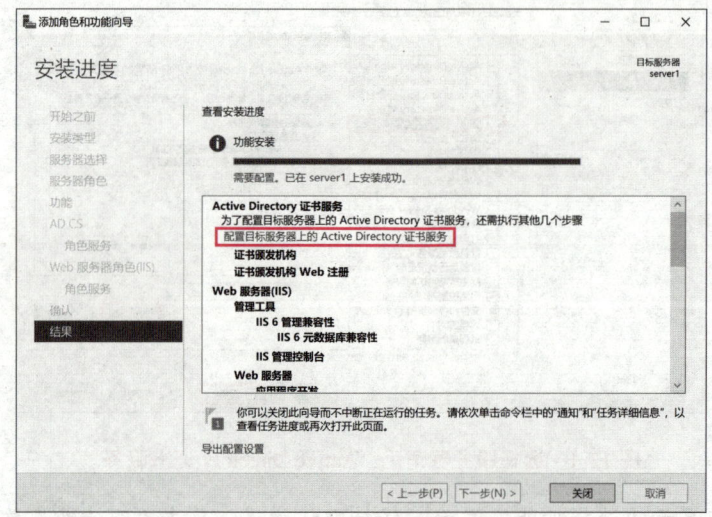

图 12-6　数字证书服务器安装完成

步骤 10▶ 弹出"AD CS 配置"对话框,单击"下一步"按钮,如图 12-7 所示。

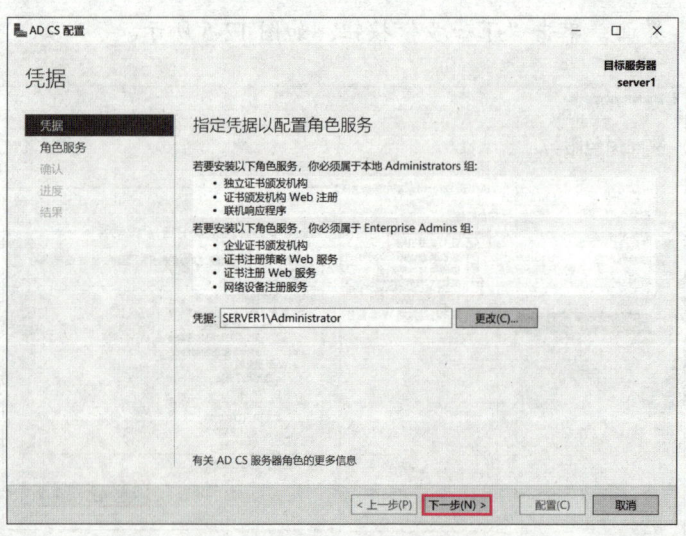

图 12-7　"AD CS 配置"对话框

步骤 11▶ 显示"角色服务"界面,勾选"证书颁发机构"和"证书颁发机构 Web 注册"复选框,单击"下一步"按钮,如图 12-8 所示。

项目 12　配置数字证书服务器

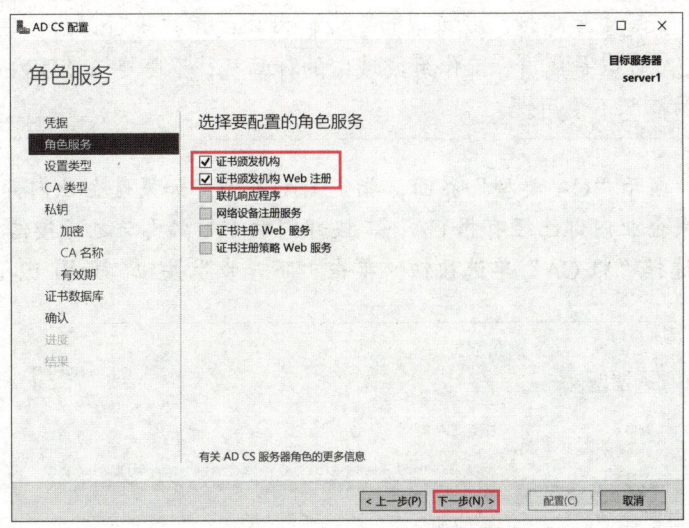

图 12-8　"角色服务"界面

步骤 12▶ 显示"设置类型"界面,指定 CA 的设置类型,选择"企业 CA"需要在企业内部署 Active Directory 活动目录环境,如果只在工作组环境下使用则选择"独立 CA"即可,此处选择"独立 CA"单选按钮,单击"下一步"按钮,如图 12-9 所示。

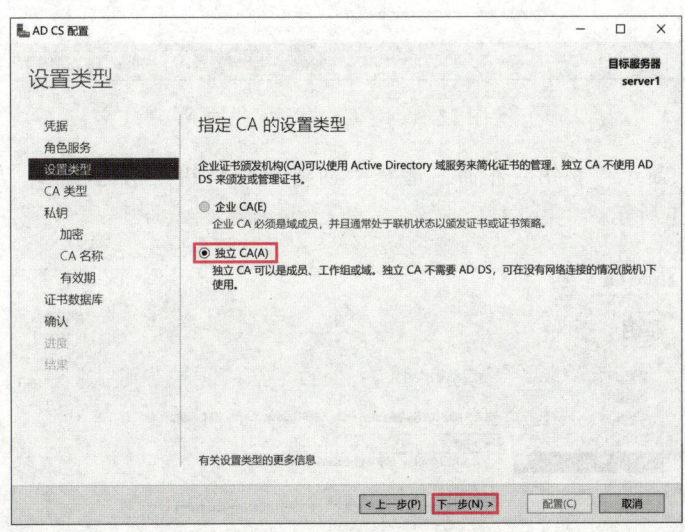

图 12-9　"设置类型"界面

> 提示
>
> 企业 CA:要求域环境,并且通常是域成员。企业 CA 负责为域中的用户和计算机颁发证书,证书自动颁发,不需要管理员操作。

233

> 独立 CA：不要求域环境，既可以为企业内网中的用户也可以为互联网上的用户颁发证书。独立 CA 可以是成员、工作组或域中的计算机，不需要 AD DS 的支持，可以在没有网络连接的情况下使用。

步骤 13▶ 显示"CA 类型"界面，指定 CA 类型，如果是企业内部第一台 CA，则选择根 CA；如果企业内部已经有根 CA，二级部门的 CA 需要与之连接信任关系，则选择从属 CA，此处选择"根 CA"单选按钮，单击"下一步"按钮，如图 12-10 所示。

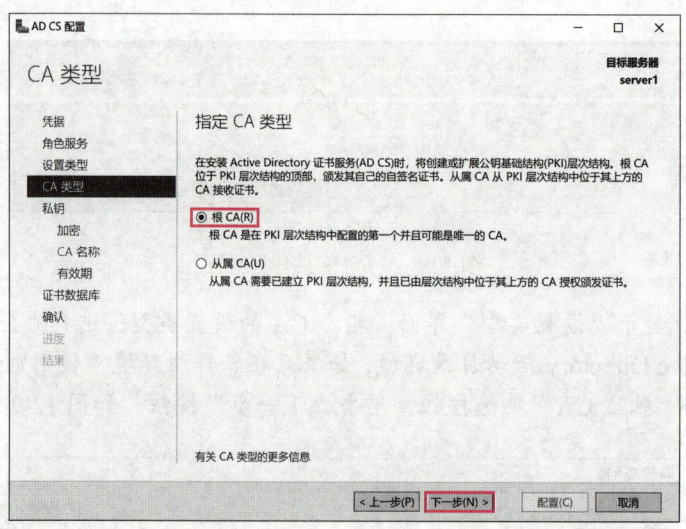

图 12-10 "CA 类型"界面

步骤 14▶ 显示"私钥"界面，选择"创建新的私钥"单选按钮，单击"下一步"按钮，如图 12-11 所示。

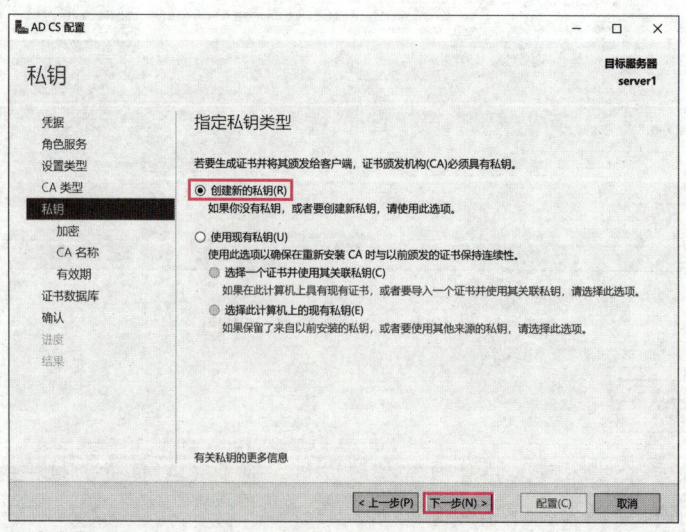

图 12-11 "私钥"界面

项目12　配置数字证书服务器

步骤 15▶ 显示"CA 的加密"界面，Microsoft 证书服务的默认加密程序为"RSA#Microsoft Software Key Storage Provider"，默认哈希算法为"SHA256"，密钥长度为"2048"，用户可根据需要做相应的选择，此处保持默认设置，单击"下一步"按钮，如图12-12所示。

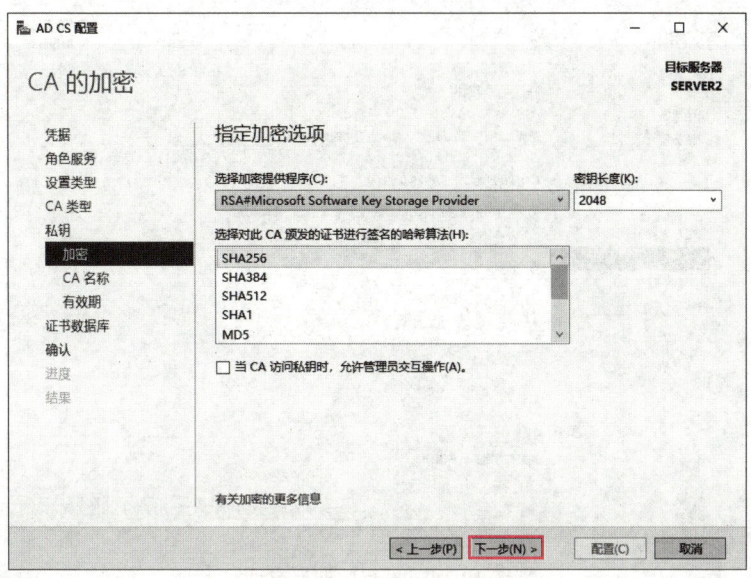

图 12-12　"CA 的加密"界面

步骤 16▶ 显示"CA 名称"界面，可在"此 CA 的公用名称"文本框中输入 CA 的公用名称，其他信息（如邮件、单位、部门等）可在"可分辨名称后缀"文本框中添加，此处保持默认值，单击"下一步"按钮，如图12-13所示。

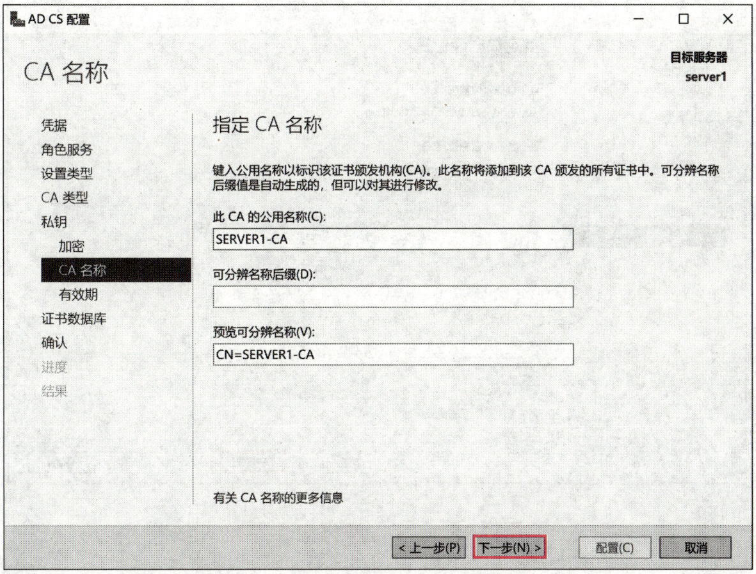

图 12-13　"CA 名称"界面

步骤 17 ▶ 显示"有效期"界面,指定 CA 证书的有效期,此处保持默认值"5 年",单击"下一步"按钮,如图 12-14 所示。

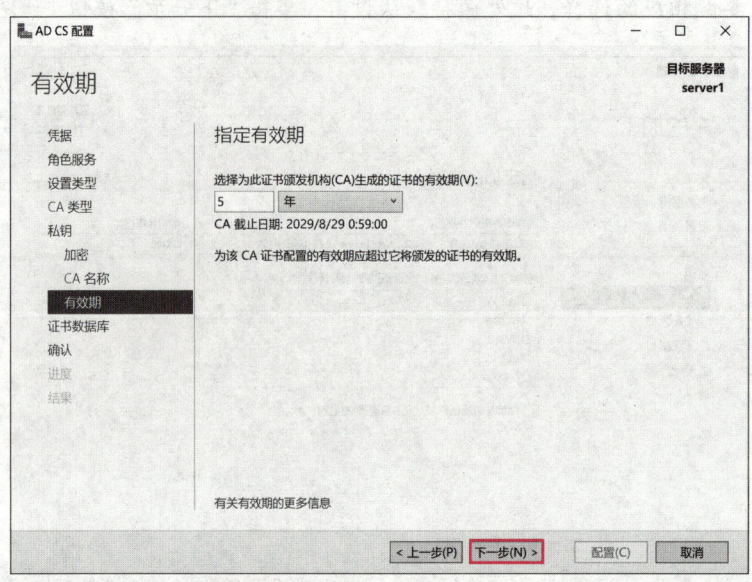

图 12-14 "有效期"界面

步骤 18 ▶ 显示"CA 数据库"界面,指定 CA 证书数据库的存放位置,此处保持默认设置,单击"下一步"按钮,如图 12-15 所示。

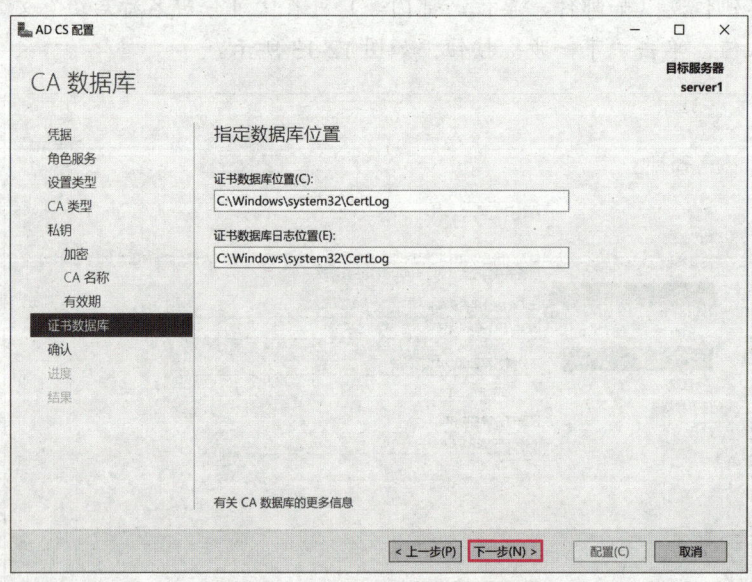

图 12-15 "CA 数据库"界面

步骤 19 ▶ 显示"确认"界面,确认前面所设置的数字证书参数无误后,单击"配置"按钮,开始配置数字证书服务器,如图 12-16 所示。

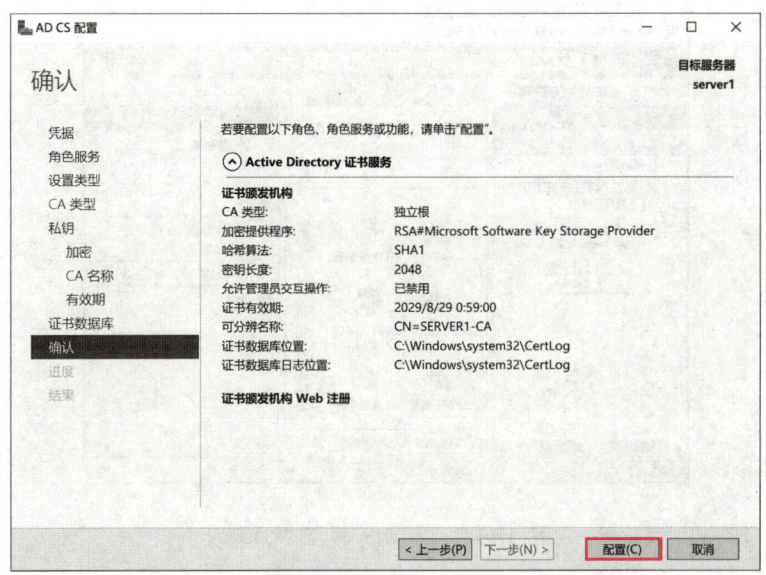

图 12-16 "确认"界面

步骤 20▶ 待数字证书服务器配置完成,单击"关闭"按钮,关闭"AD CS 配置"对话框,如图 12-17 所示。

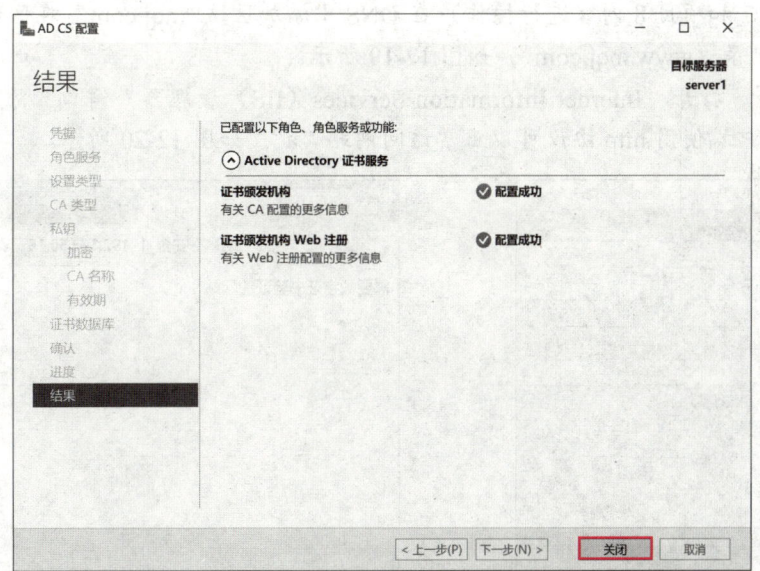

图 12-17 数字证书服务器配置完成

步骤 21▶ 打开"Internet Information Services(IIS)管理器"窗口,在默认站点下显示"CertSrv"虚拟目录,如图 12-18 所示。可以在浏览器中输入网址"http://证书服务器 IP 地址/certsrv"进行数字证书的申请。

图 12-18 "CertSrv"虚拟目录

12.3.3 任务 3 为 Web 服务器申请数字证书

为 Web 服务器申请数字证书的具体操作步骤如下。

步骤 1▶ 在 Web 服务器上，安装 DNS 服务和 Web 服务 为Web服务器申请数字证书
（请参照项目 7 和项目 8 内容进行操作）；在 DNS 中添加区域"mqj.com"，在区域"mqj.com"中添加主机记录"www.mqj.com"，如图 12-19 所示。

步骤 2▶ 打开"Internet Information Services（IIS）管理器"窗口，添加 Web 网站"a"，确保客户端使用 http 协议可以正常访问网站"a"，如图 12-20 所示。

图 12-19 新建主机记录"www.mqj.com"

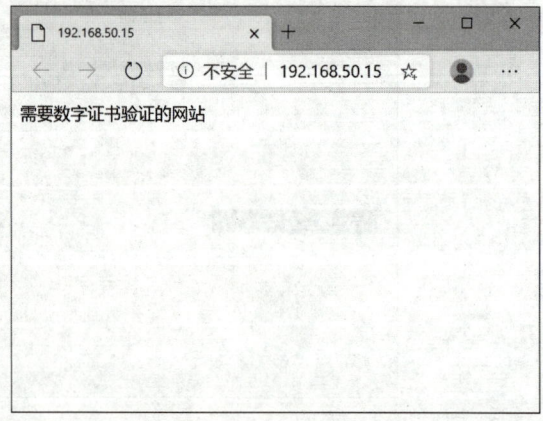

图 12-20 网站 a 访问正常

步骤 3▶ 在"Internet Information Services（IIS）管理器"窗口中，选择服务器名称，双击"服务器证书"图标，如图 12-21 所示。

项目 12　配置数字证书服务器

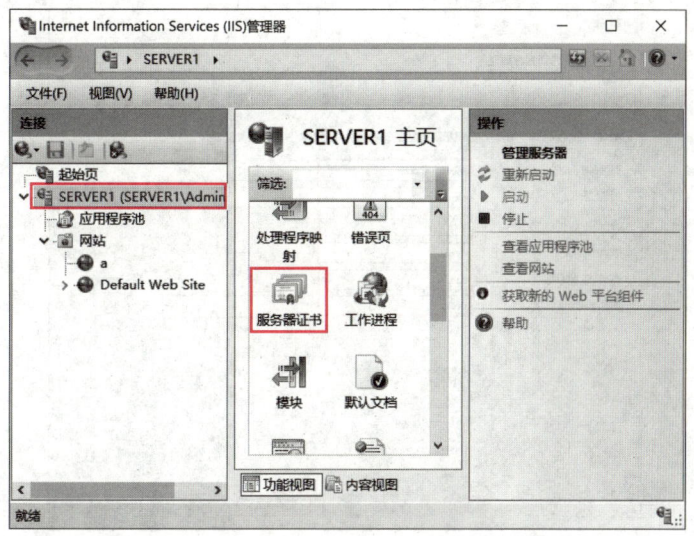

图 12-21　"Internet Information Services（IIS）管理器"窗口

步骤 4▶ 显示"服务器证书"界面，在"操作"窗格中选择"创建证书申请"选项，如图 12-22 所示。

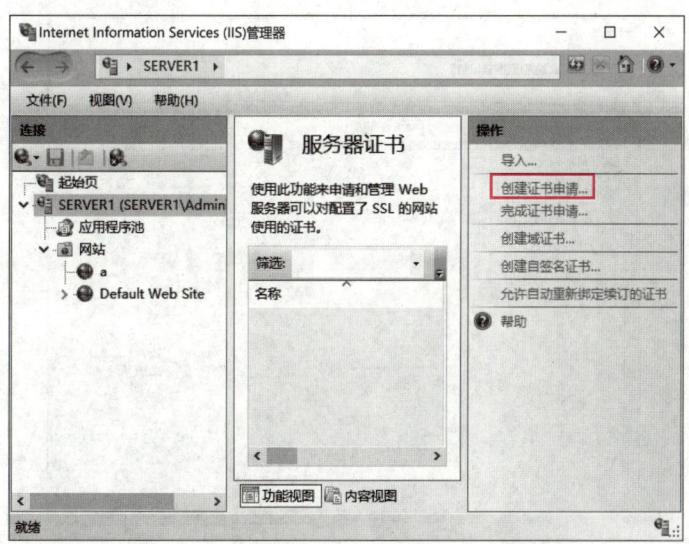

图 12-22　"服务器证书"界面

步骤 5▶ 弹出"申请证书"对话框，填写数字证书的详细信息，包括通用名称、组织、组织单位等，单击"下一步"按钮，如图 12-23 所示。

> **提　示**
>
> 通用名称必须与需要保护的 Web 网站的 DNS 域名一致，即 www.mqj.com。

239

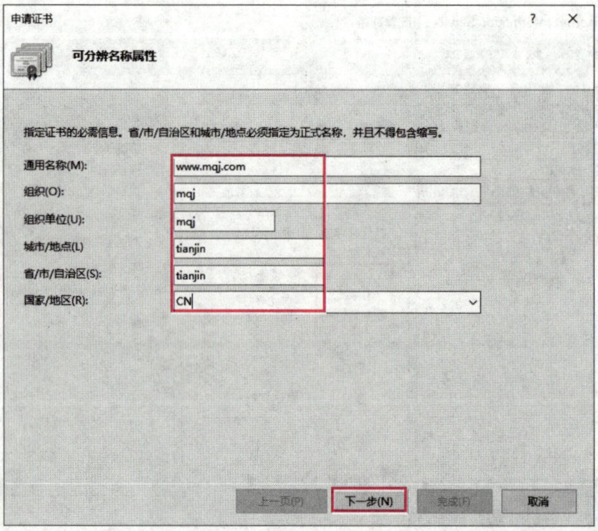

网络操作系统：Windows Server 配置与管理

图 12-23　数字证书信息

步骤6▶ 显示"加密服务提供程序属性"界面，保持默认设置，单击"下一步"按钮，如图 12-24 所示。

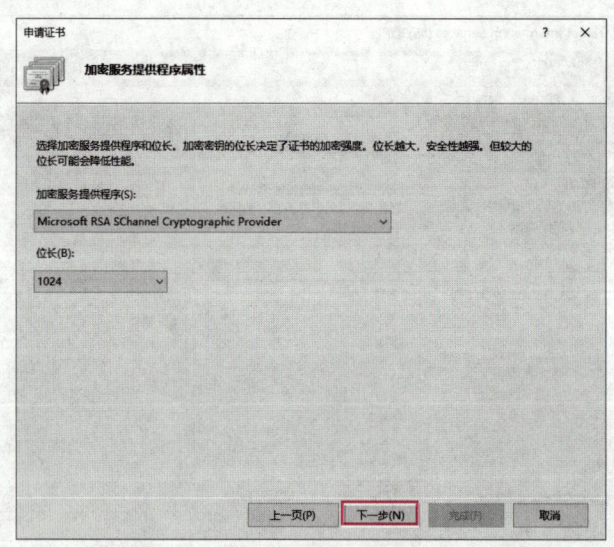

图 12-24　"加密服务提供程序属性"界面

步骤7▶ 显示"文件名"界面，单击 按钮，弹出"指定另存为文件名"对话框，选择数字证书存放路径并输入文件名（此处将文件"aa.txt"保存于桌面上），单击"打开"按钮，返回"文件名"界面，单击"完成"按钮，如图 12-25 所示。

项目 12　配置数字证书服务器

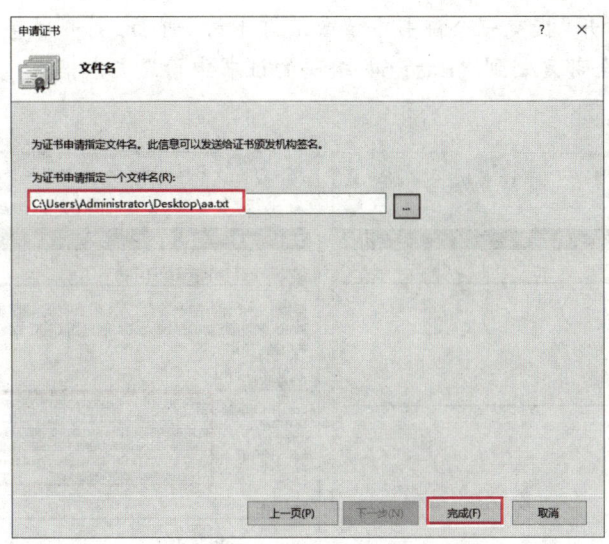

图 12-25　"文件名"界面

步骤 8 ▶ 打开浏览器，在地址栏中输入"http://192.168.50.10/certsrv"，按"Enter"键，打开"Microsoft Active Directory 证书服务"页面，单击"申请证书"超链接，如图 12-26 所示。

> **提示**
>
> 在打开网址"http://192.168.50.10/certsrv"时，如果浏览器弹出如图 12-27 所示的"Internet Explorer"对话框，则单击"添加"按钮，将网站"http://192.168.50.10"添加到受信任的站点中。

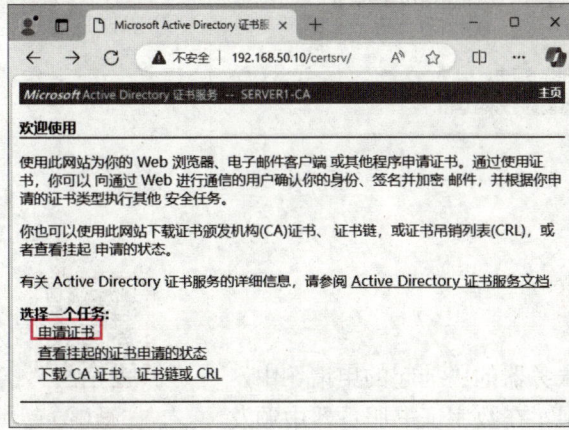

图 12-26　"Microsoft Active Directory 证书服务"页面

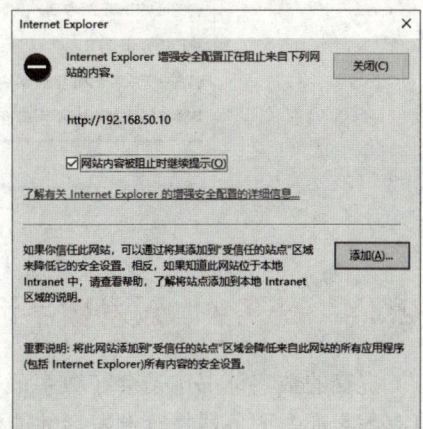

图 12-27　"Internet Explorer"对话框

步骤 9 ▶ 打开"申请一个证书"页面，单击"高级证书申请"超链接，如图 12-28 所示。

241

步骤10▶ 打开"提交一个证书申请或续订申请"页面,打开保存在桌面上的"aa.txt"文件,将文件内容全部复制到"Base-64 编码的证书申请"文本框中,单击"提交"按钮,如图 12-29 所示。

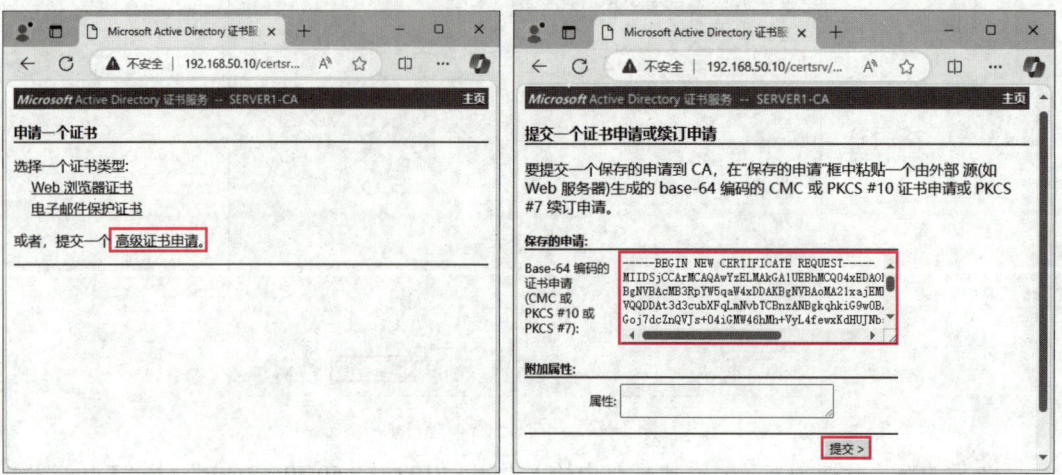

图 12-28 "申请一个证书"页面　　　　图 12-29 "提交一个证书申请或续订申请"页面

步骤11▶ 数字证书申请提交后,网站会提示数字证书申请处于"挂起"状态,如图 12-30 所示。

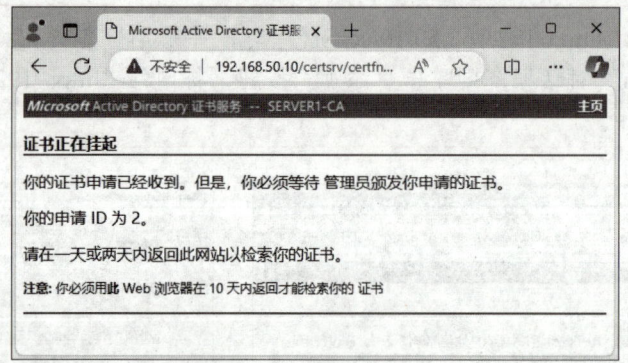

图 12-30 完成数字证书申请

12.3.4　任务 4　颁发数字证书

提交的数字证书申请会在数字证书服务器的"挂起的申请"中,只有数字证书服务器执行颁发后才能使用。在数字证书服务器中颁发数字证书的具体操作步骤如下。

颁发数字证书

步骤1▶ 在数字证书服务器端,打开"服务器管理器"窗口,选择"工具"→"证书颁发机构"选项,打开"certsrv-[证书颁发机构(本地)]"窗口,单击"挂起的申请",在右侧窗格中可看到提交的数字证书申请,如图 12-31 所示。

项目 12　配置数字证书服务器

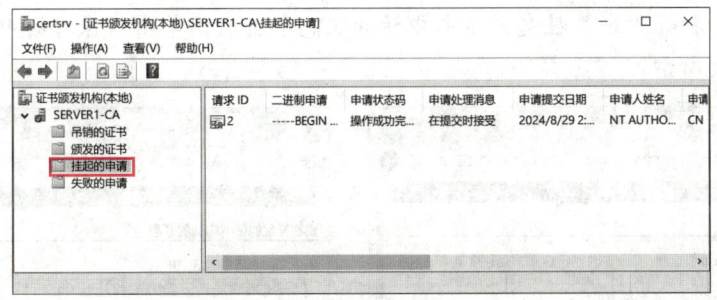

图 12-31　查看挂起的数字证书申请

步骤 2▶　右击数字证书申请，在弹出的快捷菜单中选择"所有任务"→"颁发"选项，颁发数字证书，如图 12-32 所示。

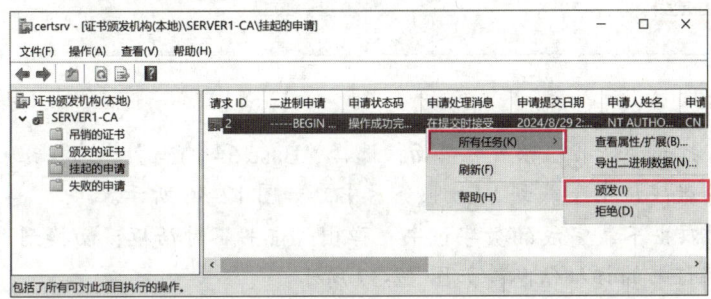

图 12-32　颁发数字证书

步骤 3▶　单击"颁发的证书"，在右侧窗格中可看到刚颁发的数字证书，如图 12-33 所示。

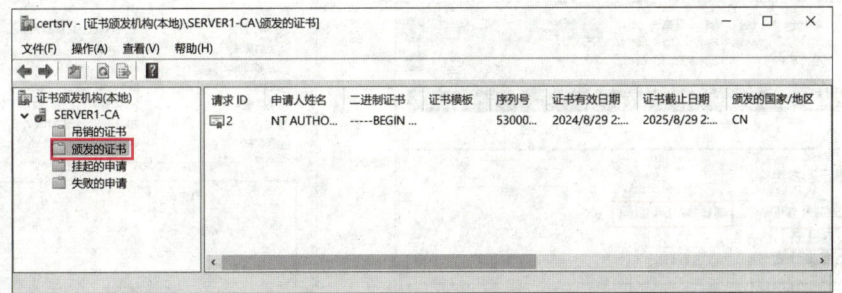

图 12-33　颁发的数字证书

12.3.5　任务 5　下载数字证书并导入 Web 网站

Web 网站申请的数字证书获得颁发后，还需要将数字证书下载并导入 Web 网站，具体操作步骤如下。

下载数字证书
并导入 Web 网站

步骤 1▶　在 Web 服务器上打开浏览器，在地址栏中输入"http://192.168.50.10/certsrv"，按"Enter"键，打开"Microsoft Active Directory 证书服务"页面，单击"查看挂起的证书申请的状态"超链接，如图 12-34 所示。

243

步骤 2▶ 打开"查看挂起的证书申请的状态"页面,单击"保存的申请证书"超链接,如图 12-35 所示。

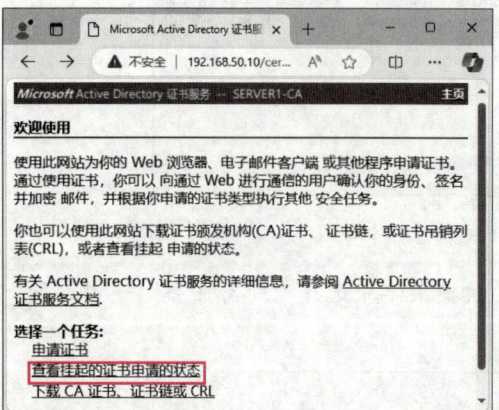
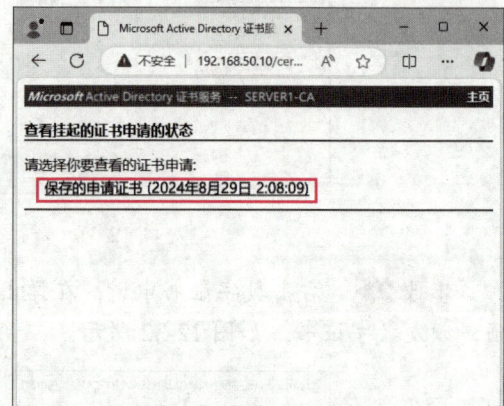

图 12-34 "Microsoft Active Directory 证书服务"页面　　图 12-35 "查看挂起的证书申请的状态"页面

步骤 3▶ 打开"证书已颁发"页面,选择"Base 64 编码"单选按钮,单击"下载证书"超链接,将数字证书下载到 Web 服务器中,如图 12-36 所示。

步骤 4▶ 双击下载完成的数字证书,弹出"证书"对话框,切换到"详细信息"选项卡,查看数字证书的详细信息,如图 12-37 所示。

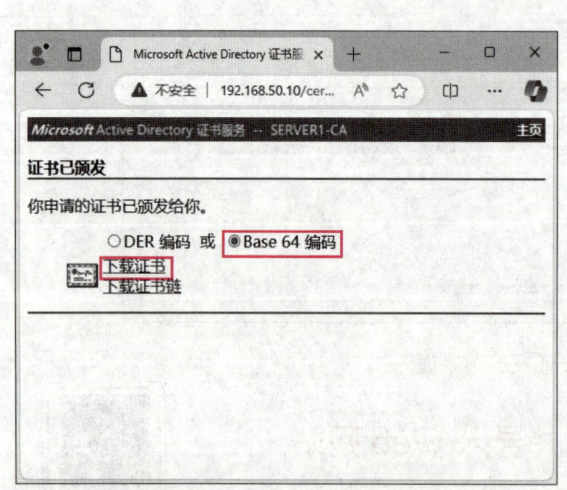
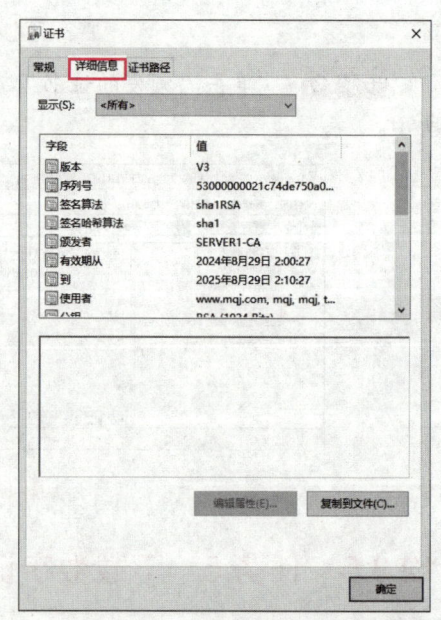

图 12-36　下载数字证书　　　　　　　　图 12-37　数字证书的详细信息

步骤 5▶ 在"Internet Information Services(IIS)管理器"窗口中打开"服务器证书"界面,选择"完成证书申请"选项,如图 12-38 所示。

项目 12　配置数字证书服务器

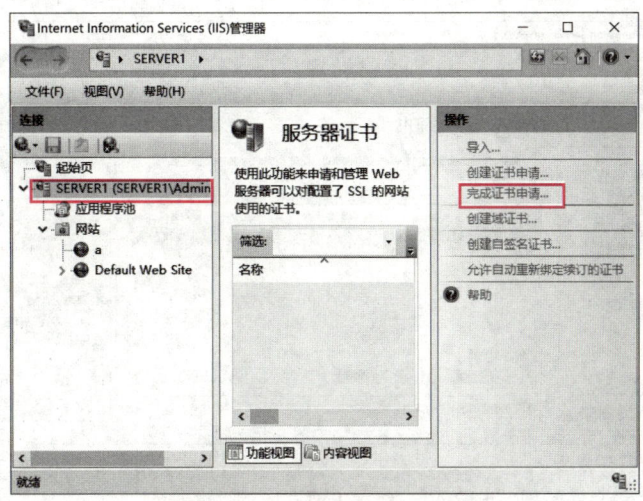

图 12-38　"服务器证书"界面

步骤 6▶　弹出"完成证书申请"对话框,在"包含证书颁发机构响应的文件名"文本框中输入下载的数字证书路径,在"好记名称"文本框中输入易记的名称,如"formqj",在"为新证书选择证书存储"下拉列表框中选择"个人"选项,单击"确定"按钮,如图 12-39 所示。

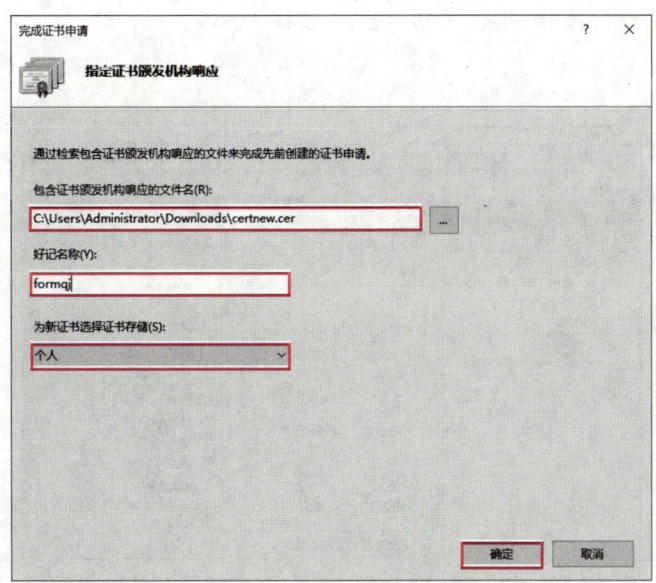

图 12-39　"完成证书申请"对话框

步骤 7▶　返回"Internet Information Services(IIS)管理器"窗口,在"服务器证书"界面中显示刚刚申请完成的数字证书,如图 12-40 所示。

245

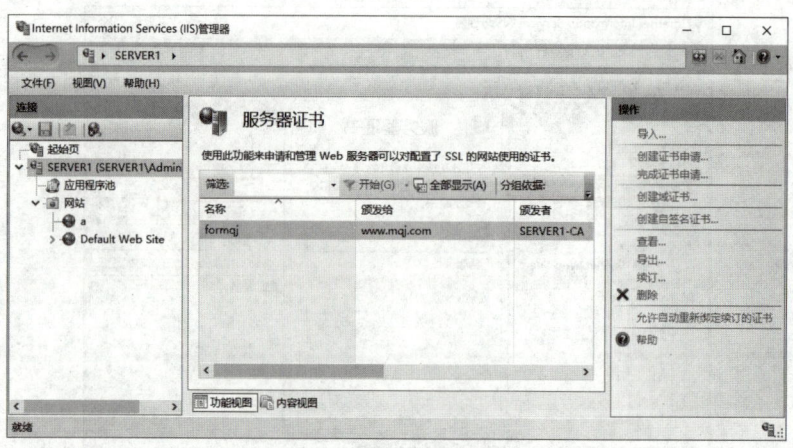

图 12-40　查看申请完成的数字证书

12.3.6　任务 6　为 Web 网站绑定数字证书并启用 SSL

下面以为 Web 网站 "a" 绑定数字证书 "formqj" 为例，介绍为 Web 网站绑定数字证书并启用 SSL 的具体操作步骤。

步骤 1▶ 在 Web 服务器上打开 "Internet Information Services（IIS）管理器" 窗口，选择 Web 网站 "a"，选择 "绑定" 选项，如图 12-41 所示。

为 Web 网站绑定数字证书并启用 SSL

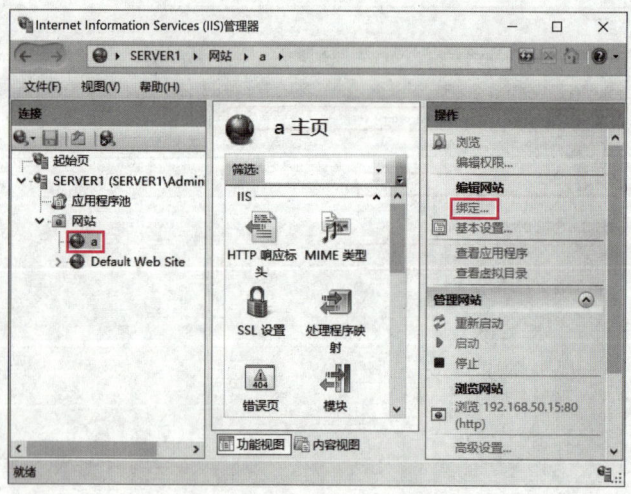

图 12-41　"Internet Information Services（IIS）管理器" 窗口

步骤 2▶ 弹出 "网站绑定" 对话框，单击 "添加" 按钮，如图 12-42 所示。

步骤 3▶ 弹出 "添加网站绑定" 对话框，在 "类型" 下拉列表框中选择 "https" 选项，在 "端口" 文本框中输入 "443"，在 "主机名" 文本框中输入 "www.mqj.com"，在 "SSL 证书" 下拉列表框中选择 "formqj" 选项，单击 "确定" 按钮，如图 12-43 所示。

项目 12 配置数字证书服务器

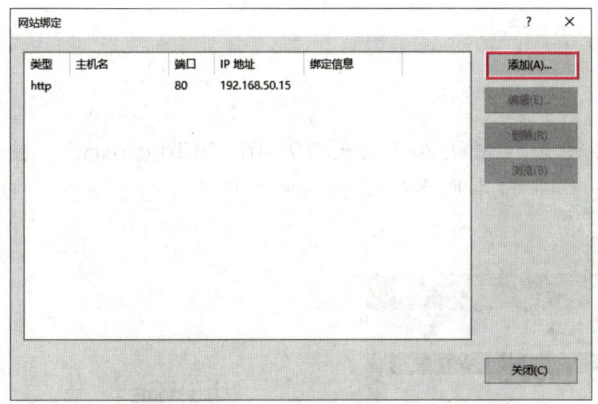

图 12-42 "网站绑定"对话框

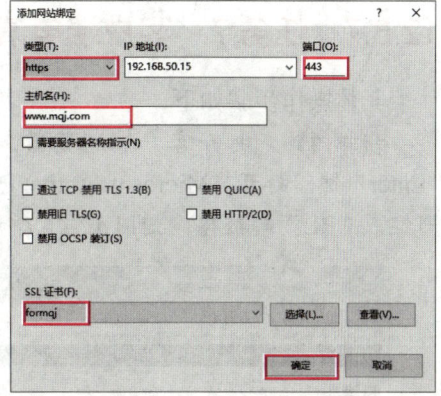

图 12-43 "添加网站绑定"对话框

步骤 4▶ 返回"网站绑定"对话框,显示新添加的网站绑定信息,选择"http"选项,单击"删除"按钮,弹出"确定要删除选定的绑定吗?"提示框,单击"是"按钮,删除"http"网站绑定信息,如图 12-44 所示。

步骤 5▶ 单击"关闭"按钮,关闭"网站绑定"对话框。

步骤 6▶ 在"Internet Information Services(IIS)管理器"窗口中,选择 Web 网站"a",双击"SSL 设置"图标,打开"SSL 设置"界面,勾选"要求 SSL"复选框,客户证书选择"接受"单选按钮,单击"应用"按钮,保存设置,如图 12-45 所示。配置完成后,只能使用 HTTPS 访问 Web 网站"a",Web 服务器使用数字证书来证明自己的合法身份。

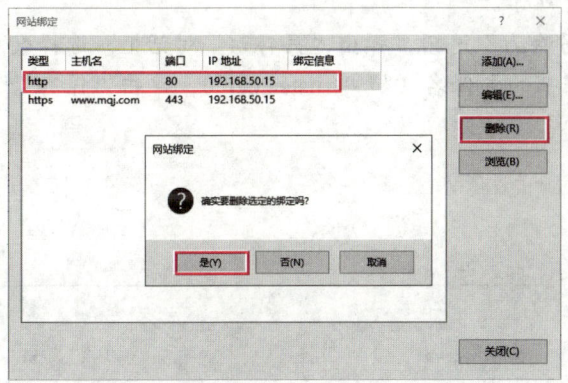

图 12-44 查看网站绑定信息

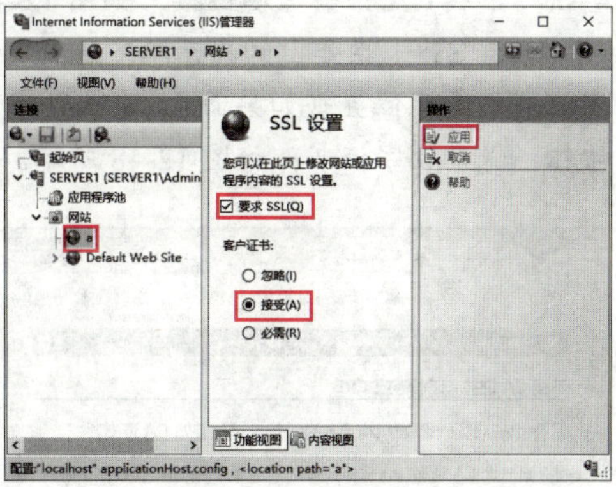

图 12-45 Web 网站 SSL 设置

> **提示**
>
> Web 服务器数字证书申请完成后,还要将客户端访问 Web 网站的方式由 HTTP 升级为 HTTPS。方法就是开启 SSL 连接,将服务器证书和安全的 Web 网站关联起来。

12.3.7　任务 7　客户端申请数字证书

具体操作步骤如下。

步骤 1　打开客户端浏览器，在地址栏中输入"http://192.168.50.10/certsrv"，按"Enter"键，打开"Microsoft Active Directory 证书服务"页面，单击"下载 CA 证书、证书链或 CRL"超链接，如图 12-46 所示。

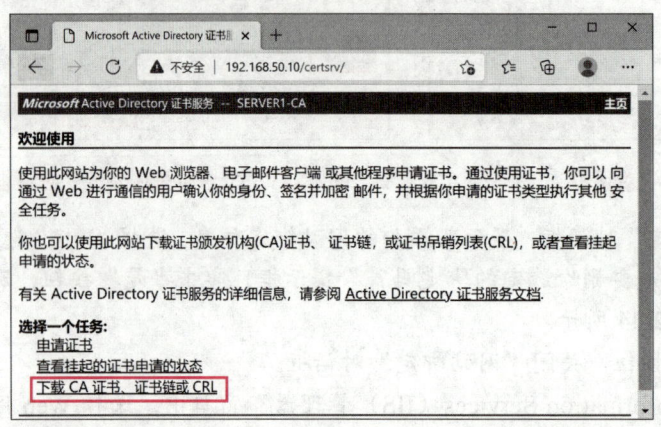

客户端申请数字证书

图 12-46　"Microsoft Active Directory 证书服务"页面

步骤 2　打开"下载 CA 证书、证书链或 CRL"页面，选择"Base 64"单选按钮，单击"下载 CA 证书"超链接，如图 12-47 所示。

步骤 3　在弹出的提示框中选择"另存为"选项，弹出"另存为"对话框，选择数字证书的保存位置（如桌面），输入数字证书的文件名（如"trustca.cer"），单击"保存"按钮，保存数字证书，如图 12-48 所示。

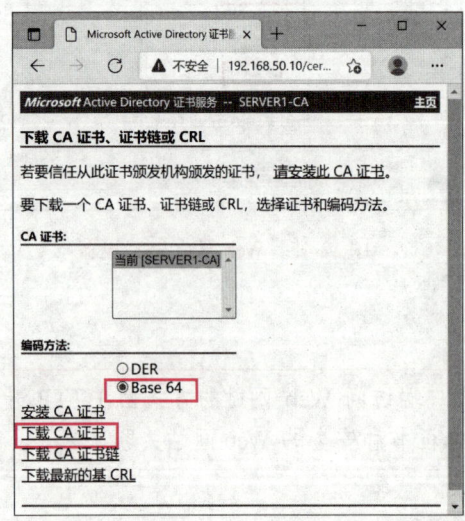

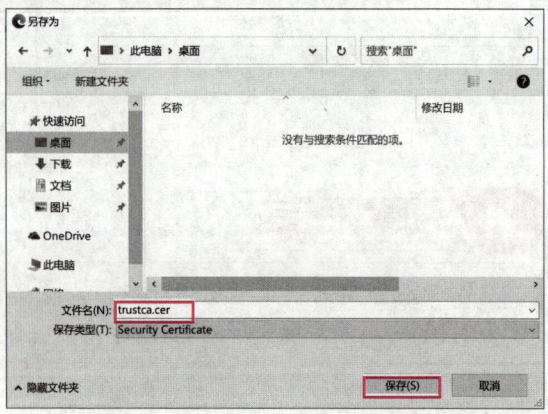

图 12-47　"下载 CA 证书、证书链或 CRL"页面　　图 12-48　"另存为"对话框

项目 12 配置数字证书服务器

步骤 4▶ 双击桌面上的数字证书文件"trustca.cer",弹出"打开文件-安全警告"对话框,单击"打开"按钮,如图 12-49 所示。

步骤 5▶ 弹出"证书"对话框,单击"安装证书"按钮,如图 12-50 所示。

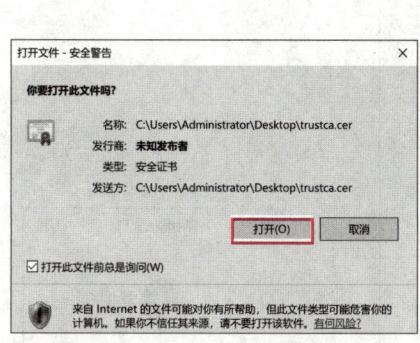

图 12-49 "打开文件-安全警告"对话框

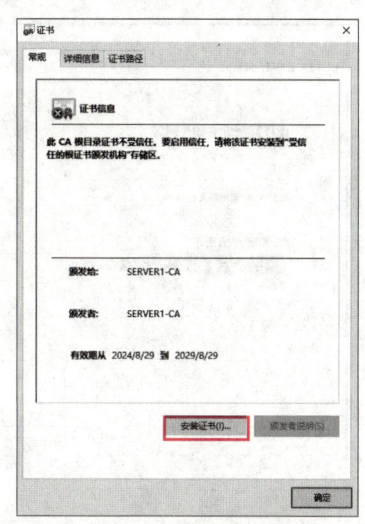

图 12-50 "证书"对话框

步骤 6▶ 弹出"证书导入向导"对话框,选择"本地计算机"单选按钮,单击"下一页"按钮,如图 12-51 所示。

步骤 7▶ 显示"证书存储"界面(见图 12-52),选择"将所有的证书都放入下列存储"单选按钮,单击"浏览"按钮,在弹出的"选择证书存储"对话框中选择"受信任的根证书颁发机构"选项,单击"确定"按钮,返回"证书存储"界面,单击"下一页"按钮。

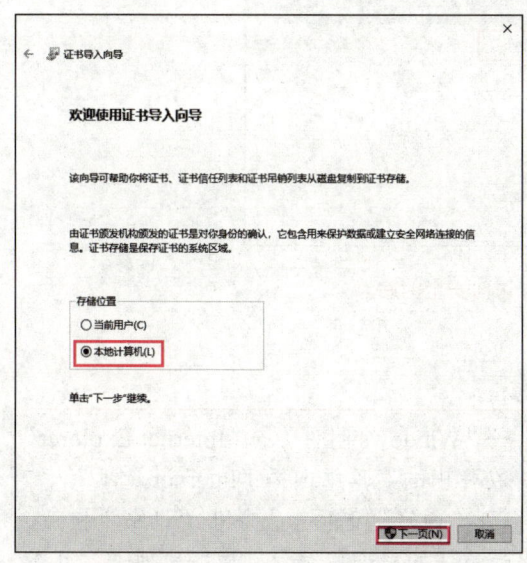

图 12-51 "证书导入向导"对话框   图 12-52 "证书存储"界面

步骤 8▶ 显示"正在完成证书导入向导"界面,单击"完成"按钮,完成数字证书的导入，如图 12-53 所示。

步骤9▶ 弹出提示框，提示数字证书导入成功，单击"确定"按钮即可，如图 12-54 所示。

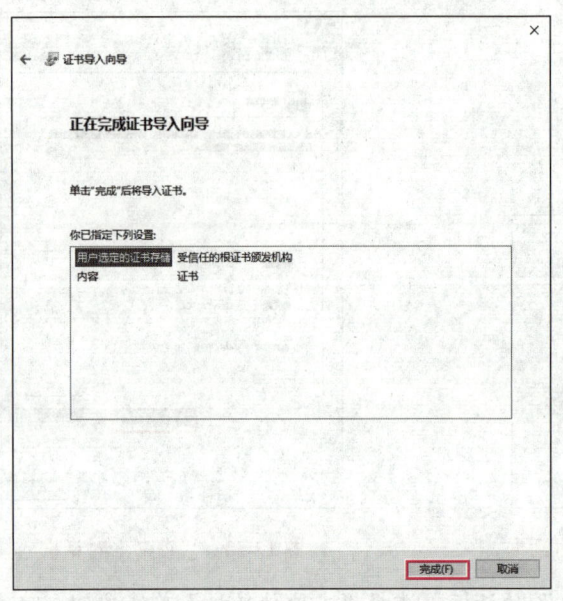

图 12-53　完成数字证书的导入　　　　　　　　图 12-54　提示框

步骤10▶ 在客户端浏览器的地址栏中，输入"https://www.mqj.com"，按"Enter"键，访问安全的 Web 网站，如图 12-55 所示。

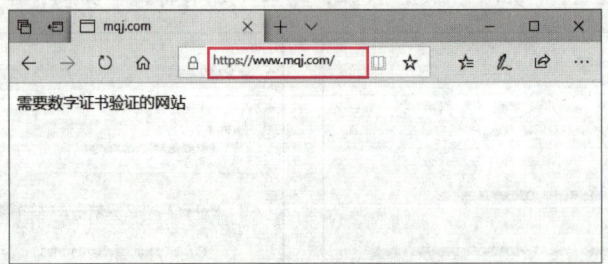

图 12-55　使用 https 访问安全的站点

> **提示**
>
> 在 Windows 10 操作系统中，选择"开始"→"Windows 附件"→"Internet Explorer"选项，打开 IE 浏览器，单击"设置"按钮✿，在弹出的菜单中选择"Internet 选项"，弹出"Internet 选项"对话框（见图 12-56），切换到"内容"选项卡，单击"证书"按钮，弹出"证书"对话框（见图 12-57），切换到"受信任的根证书颁发机构"选项卡，可查看当前计算机获取的数字证书信息。

项目 12　配置数字证书服务器

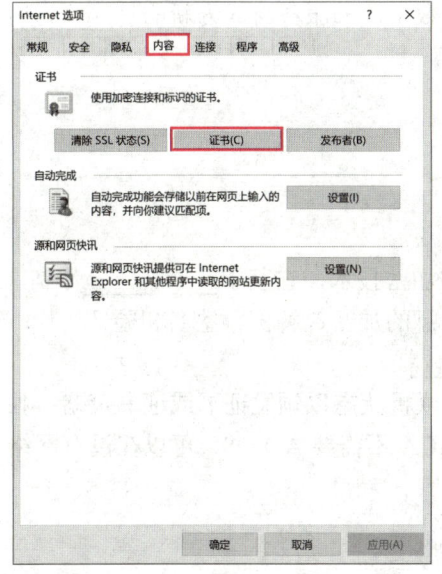

图 12-56　"Internet 选项"对话框

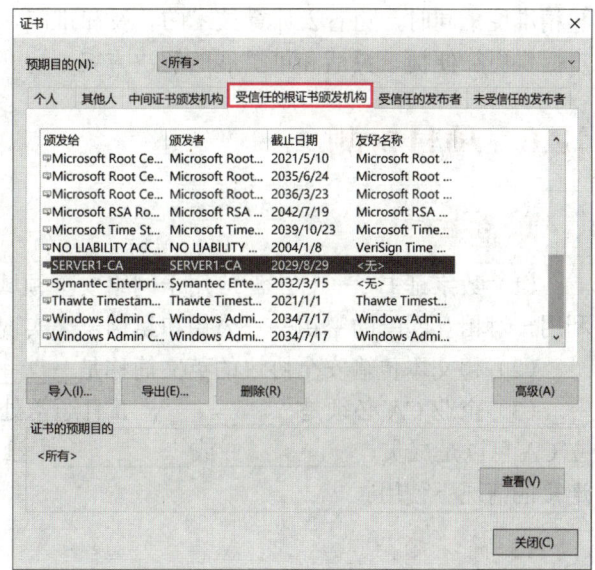

图 12-57　"证书"对话框

12.4　举一反三

在 Web 服务器上部署一个需要数字证书保护的 Web 网站。该 Web 网站的域名为"www.abc.cn"。

12.5　拓展阅读——数字证书服务器：安全与信任的保障者

在当前全球范围内被数字化浪潮所席卷的时代背景下，数字证书服务器的作用正日益凸显。数字证书服务器的主要职责在于为网络中的通信和数据传输环节提供强有力的安全保障。它通过发放数字证书的方式来验证用户或设备的身份，从而确保数据在传输过程中的完整性、保密性及不可抵赖性。这就像在数字领域中为每一个实体赋予了一张独一无二的"身份证"，使得网络交流和数据传输变得更加可信和可靠。

随着人们对网络安全意识的不断增强，越来越多的企业和组织开始关注并应用数字证书。无论是金融行业、电子商务领域，还是政务工作，数字证书服务器已经成为保障信息安全的关键性基础设施。同时，随着科技的不断发展和进步，数字证书服务器的性能和稳定性也得到了显著的提高，能够有效应对日益复杂的网络环境和庞大的证书管理需求。

在我国，数字证书服务器的应用同样广泛。例如，CFCA（中国金融认证中心）的数字证书服务在金融领域取得了显著的成果，得到了广泛的应用，有效保障了金融交易的安全。同时，BJCA（北京数字认证股份有限公司）的产品也广受好评，为众多的政务和企业网站提供了坚实可靠的数字证书支持，确保了数据传输的完整性和安全性。

展望未来，数字证书服务器的发展将进入一个更加智能化、自动化和云化的全新阶段。人工智能和机器学习技术将被广泛应用于证书管理和风险预测，从而提高安全防护的效率和精准度。同时，随着云计算技术的普及和推广，云数字证书服务将成为新的趋势，为用户提供更加便捷、灵活和可扩展的解决方案。

12.6　项目检测

1. 填空题

（1）数字证书是一种广泛应用于网络安全领域的加密技术，它基于_____体制，利用一对相互匹配的密钥——公钥和私钥，来实现信息的加密、解密、签名和验证。

（2）超文本传输安全协议的英文简称是_____。

（3）企业 CA 必须是_____，并且通常处于联机状态以颁发证书或证书策略；独立 CA 可以是成员、_____或_____，独立 CA 不需要 AD DS，可以在没有网络连接的情况下使用。

2. 简答题

（1）数字证书是什么？
（2）简述数字证书的工作原理。

参考文献

[1] 杜大志. 网络服务器配置与管理：Windows Server 2022［M］. 北京：高等教育出版社，2024.

[2] 戴有炜. Windows Server 2022 系统与网站配置实战［M］. 北京：清华大学出版社，2023.

[3] 张文硕，杨昊龙，刘乐平. Windows Server 组网技术项目教程：Windows Server 2019：微课版［M］. 北京：人民邮电出版社，2023.

[4] 夏笠芹，方颂. Windows Server 2012 R2 网络组建项目化教程［M］. 大连：大连理工大学出版社，2018.

[5] 盛立军. 计算机网络技术基础［M］. 上海：上海交通大学出版社，2017.